混凝土复合保温填充砌块及装饰保温贴面砌块生产与应用技术问答

金立虎 主编

中国建材工业出版社

图书在版编目（CIP）数据

混凝土复合保温填充砌块及装饰保温贴面砌块生产与
应用技术问答／金立虎主编．—北京：中国建材工业
出版社，2015.5
　ISBN 978-7-5160-0940-6

　Ⅰ.①混…　Ⅱ.①金…　Ⅲ.①混凝土－填充－保温砌
块－生产工艺－问题解答②装饰混凝土－保温砌块－生产
工艺－问题解答　Ⅳ.①TU522.3-44

　中国版本图书馆 CIP 数据核字（2014）第 203867 号

内 容 提 要

　　本书共 15 章，主要介绍混凝土复合保温填充砌块及装饰保温贴面砌块相关概
念，我国现行建筑节能外保温系统及其存在的问题，混凝土复合保温填充砌块的块
型，混凝土复合保温填充砌块及装饰保温贴面砌块所用的原材料，混凝土复合保温
填充砌块生产设备，混凝土复合保温填充砌块生产工艺，复合保温砌块模振成型设
备与工艺，混凝土复合保温填充砌块建筑构造体系，混凝土复合保温填充砌块施工
工艺，混凝土装饰保温贴面砌块的块型，混凝土装饰保温贴面砌块生产设备及生产
工艺，混凝土装饰保温贴面砌块建筑构造体系，混凝土复合保温填充砌块及装饰保
温贴面砌块或砌体的相关热工性能计算，装饰保温贴面砌块的施工工艺，混凝土复
合保温填充砌块及装饰保温贴面砌块的建筑应用等内容。图文并茂，内容丰富，通
俗易懂，实用性强。

　　本书主要适合混凝土复合保温砌块生产企业的工程技术人员和管理人员使用，
也可供相关的建筑设计人员、建筑施工技术人员、建筑工程监理人员、相关科研院
所、大专院校师生等参考。

混凝土复合保温填充砌块及装饰保温贴面砌块生产与应用技术问答

金立虎　主编

出版发行　中国建材工业出版社

地　　址：北京市西城区车公庄大街 6 号
邮　　编：100044
经　　销：全国各地新华书店
印　　刷：北京鑫正大印刷有限公司
开　　本：787mm×1092mm　1/16
印　　张：18.25
字　　数：450 千字
版　　次：2015 年 5 月第 1 版
印　　次：2015 年 5 月第 1 次
定　　价：86.80 元

————————————————————————————

本社网址：www.jccbs.com.cn　　公众微信号：zgjcgycbs
本书如出现印装质量问题，由我社网络直销部负责调换。联系电话：(010) 88386906

编委会名单

主　任　滕军力

副主任　侯贵祥

编　委　（按姓氏笔画为序）

王　挥　齐齐哈尔市建筑材料管理办公室

刘彦清　大庆市天晟建筑材料厂

朱传晟　山东省墙材革新与建筑节能办公室

陈恩哲　黑龙江省墙体材料改革办公室

张万仓　保定市华锐方正机械制造有限公司

侯贵祥　保定市泰华机械制造有限公司

康玉范　哈尔滨天硕建材工业有限公司

秦大春　齐齐哈尔中齐建材开发有限公司

扈宝军　长春加亿科技有限公司

前　言

　　建筑节能是一项长期的发展战略，我国普遍采用胶粉聚苯颗粒外墙外保温系统和聚苯板薄抹灰外墙外保温系统进行外墙外保温。由于南北方气候差异较大，该类型的外墙外保温系统暴露出来的问题相当多：外墙外保温产品耐久性差；施工质量控制管理难度大；保温层达不到设计的使用年限；保温层质保期过后的维修问题突出；保温层不能与建筑物同寿命；在施工和使用过程中频发火灾等。因此，结合各地的实际，探索和发展保温节能与墙体结构一体化的新型建筑体系已经成为重中之重的问题。

　　2009年5月，由住房和城乡建设部建筑节能与科技司在北京主办，住房和城乡建设部科技发展促进中心、中国建筑材料联合会、中国建筑科学研究院、中国建筑标准设计研究院承办的"首届新型建筑结构体系——节能与结构一体化技术研讨会"在北京召开。2009年8月，中国资源综合利用协会墙材革新工作委员会、黑龙江省墙改办联合主办的"全国自保温复合墙体材料生产应用技术现场交流会"在哈尔滨召开，就如何结合实际大力发展和推广保温节能与砌体结构一体化的新型建筑体系，进行了认真的研究和讨论，提出了导向性的意见。此后，全国各地积极探索，如山东省在2011年出台了《关于加快我省建筑节能与结构一体化技术推广应用工作的意见》，要求到2013年，全省县城（含县城）以上区域，新建建筑工程建筑节能与结构一体化技术使用率要达到60%以上，到"十二五"末，新建建筑全部采用建筑节能与结构一体化技术。几年的建筑实践证明：混凝土复合保温砌块建筑结构体系，是一种具有保温与结构一体化，保温材料与建筑结构同寿命的显著特点的新型建筑结构体系。

　　为了更好地推行保温与结构一体化新型建筑构造体系，国家制定了我国第一部相关国家标准《复合保温砖和复合保温砌块》（GB/T 29060—2012）。新型复合保温砌块建筑构造体系，包括了三种体系：混凝土复合保温承重砌块建筑构造体系；混凝土复合保温填充砌块建筑构造体系；混凝土装饰保温贴面砌块建筑构造体系。依据南、北方对建筑物的外围护墙的传热系数要求不同，可以增加或减薄绝热材料的厚度，既适合我国北方的冬季保温，也适用我国南方的夏季隔热，具有南、北方的广泛适应性。混凝土复合保温承重砌块建筑构造体系，已被用于低层和多层混凝土小砌块建筑；混凝土复合保温填充砌块建筑构造体系，用于框架结构的填充墙建筑构造；混凝土装饰保温贴面砌块可应用于高层钢筋混凝土剪力墙建筑物外墙外保温，与建筑物外墙形成一种特殊的双叶墙夹芯结构，满足节能65%（或75%）的节能标准，符合《建筑设计防火规范》（GB 50016—2014）的要求。

　　为了推进全国节能与结构一体化的发展，住房和城乡建设部2013年9月在山东省临沂市召开了"全国建筑节能与结构一体化技术现场交流会"，总结了经验，找出了不足，提出改进措施，规定了一体化的时间表。为配合全国混凝土复合保温砌块建筑构造体系的推广应用，编写了这本书，旨在对混凝土复合保温砌块生产企业的工程技术人员和管理人员、建筑设计人员、施工管理与技术人员和监理管理与技术人员有所帮助。

本书是国内第一部较系统介绍混凝土复合保温填充砌块及装饰保温贴面砌块生产与应用的专业书籍，由于时间紧，水平有限，经验不足，如有不妥或错漏之处，恳请广大读者提出批评指正。

金立虎

2015 年 2 月

目 录

中国建材工业出版社
China Building Materials Press

我们提供

图书出版、图书广告宣传、企业/个人定向出版、设计业务、企业内刊等外包、代选代购图书、团体用书、会议、培训，其他深度合作等优质高效服务。

编辑部
010-68365565

宣传推广
010-68361706

出版咨询
010-68343948

图书销售
010-88386906

设计业务
010-68361706

邮箱：jccbs-zbs@163.com　　　网址：www.jccbs.com.cn

发展出版传媒　　服务经济建设

传播科技进步　　满足社会需求

（版权专有，盗版必究。未经出版者预先书面许可，不得以任何方式复制或抄袭本书的任何部分。举报电话：010-68343948）

第一章 混凝土复合保温填充砌块及装饰保温贴面砌块相关概念

1. 什么是混凝土复合保温砌块？

混凝土复合保温砌块是指：混凝土与绝热材料复合成型的、具有良好保温隔热性能的、不需要再做保温处理就能达到本地区建筑节能标准砌块的总称，其代码为 CBL。

混凝土复合保温砌块依其复合结构形式分类，可分类标记为：填充型复合保温砌块（Ⅰ）、夹芯型复合保温砌块（Ⅱ）和贴面型复合保温砌块（Ⅲ）。

混凝土复合保温砌块按其在建筑物中使用部位分为：混凝土复合保温承重砌块、混凝土复合保温填充砌块和混凝土复合保温贴面砌块。

2. 什么是混凝土复合保温填充砌块？其最低强度等级是多少？

混凝土复合保温填充砌块是指：堆积密度小于 $1000kg/m^3$ 的、用于框架结构中砌筑或填充的、不起承重作用的混凝土复合保温砌块。

《砌体结构设计规范》（GB 50003—2011）中 3.1.2 规定，填充墙使用的自承重砌块强度等级为 MU3.5，MU5.0，MU7.5，MU10.0 四个等级。《墙体材料应用统一技术规范》（GB 50574—2010）规定，应用在框架结构中的填充砌块或自承重砌块，其强度等级不低于 MU3.5，用于建筑物的外围护墙体的填充砌块，其强度等级提高到 MU5.0。《混凝土小型空心砌块建筑技术规程》中规定，框架结构填充墙使用的填充（自承重）砌块的最低强度等级为 MU3.5。

3. 混凝土复合保温填充砌块是如何分类的？

混凝土复合保温填充砌块的分类，可以按复合结构形式、成型方式、混凝土保护面层的装饰效果、砌块的高度、冷桥的阻断效果、绝热材料的不同等进行分类。

（1）按混凝土复合保温填充砌块的复合结构形式分为：填充型混凝土复合保温填充砌块；夹芯型混凝土复合保温填充砌块；

（2）按混凝土复合保温填充砌块的成型方式分为：一次成型的混凝土复合保温填充砌块；二次装配成型的混凝土复合保温填充砌块；

（3）按混凝土复合保温填充砌块的混凝土保护面层的装饰效果分为：带装饰面层的混凝土复合保温填充砌块；不带装饰面层的混凝土复合保温填充砌块；

（4）按混凝土复合保温填充砌块的高度分为：高度为 190mm 的混凝土复合保温填充砌块；高度为 115mm 的混凝土复合保温填充砌块；

（5）按混凝土复合保温填充砌块冷桥的阻断效果分为：彻底阻断冷桥混凝土复合保温填充块；不彻底阻断冷桥的混凝土复合保温填充砌块；

（6）按混凝土复合保温填充砌块的夹芯保温材料成型方法不同分为：后模塑发泡成型聚苯夹芯复合保温填充砌块；后发泡成型泡沫混凝土夹芯复合保温填充砌块；

（7）按混凝土复合保温填充砌块的孔洞填充绝热材料的性能分为：填充有机绝热材料的混凝土复合保温填充砌块；填充无机绝热材料的混凝土复合保温填充砌块；

（8）按无机绝热材料与混凝土结构材料的结合方式分为：完全阻断冷桥的无机复合保温填充砌块；完全不能阻断冷桥的无机复合保温砌块。

4. 什么是混凝土装饰保温贴面砌块？

贴面型混凝土复合保温砌块是指：沿墙体厚度方向的任意剖面，由受力块体或护壁材料（如混凝土）与绝热材料的双层复合结构，组合为一体的复合保温砌块。

混凝土装饰保温贴面砌块是指：沿墙体厚度方向的任意剖面，由受力块体或护壁材料（如混凝土）和装饰面层与绝热材料的三层复合结构，组合为一体的复合保温砌块。该种混凝土装饰保温贴面砌块是由特殊加工的聚苯保温板 1，混凝土保护层 2 和装饰面层 3 复合为一个整体（该种混凝土装饰保温贴面砌块的专利号为：201020571840.0），如图 1-1、图 1-2 所示。

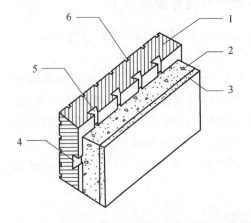

图 1-1　混凝土装饰保温贴面砌块立体结构示意
1—聚苯保温板；2—混凝土保护层；3—装饰面层；
4—水平燕尾槽；5—竖直燕尾槽；6—井字形沟槽

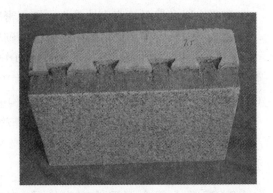

图 1-2　混凝土装饰保温贴面砌块实物照片

5. 混凝土装饰保温贴面砌块的构造、分类及特点是什么？

混凝土装饰保温贴面砌块是由特殊加工的聚苯保温板 1、混凝土保护层 2 和装饰面层 3 复合为一个整体，聚苯保温板 1 的一个大面上设有若干个竖直（垂直）燕尾槽 5，并在其高度的 1/2 处设有一个水平燕尾槽 4，聚苯保温板 1 的另一侧设有井字形沟槽 6。聚苯保温板 1 的长度为 400mm，高度为 200mm，厚度根据各地区的建筑节能标准不同和聚苯保温板的导热系数大小确定，混凝土保护层 2 和装饰面层 3 的长度为 390mm，高度为 190mm，混凝土保护层 2 的厚度为 35～60mm，如图 1-1 所示。

按混凝土装饰保温贴面砌块使用的绝热材料性能分为：装饰保温泡沫混凝土贴面砌块，装饰保温聚苯乙烯泡沫塑料贴面砌块和装饰保温硬质聚氨酯泡沫塑料贴面砌块。

按混凝土装饰保温贴面砌块的尺寸和在建筑中使用的部位不同分为：主块、半块、长阴角主块、长阴角半块、阴角主块、阴角半块、阳角块、洞口块、模数补块和挑檐保温装饰块十种类型。

混凝土装饰保温贴面砌块具有五大特点：

（1）防火性能好，保温板的燃烧性能宜为 A 级，且不应低于 B1 级；

（2）耐冲击强度高；

（3）节能与结构一体化；

（4）保温材料与建筑物同寿命；

（5）保温、装饰与建筑主体一体化。

6. 什么是夹芯复合保温砌块、受力块体、内叶块体、外叶块体？

夹芯复合保温砌块是指：主块型沿砌筑使用时的墙厚方向的任意剖面，均由内叶块体、绝热材料和外叶块体三层组合，并通过一定数量的拉接件紧密拉接为一个整体的复合保温砌块。

受力块体是指：产品使用中主要承受墙体轴向应力的块体部分。

内叶块体是指：夹芯复合保温砌块中的受力块体，通常是块体较厚的、使用过程中承压面积大于护壁材料的块体。

外叶块体是指：夹芯复合保温砌块中的护壁材料，通常是块体较薄的、使用过程中承压面积小于受力块体。

在建筑实践中，人们还对混凝土复合保温填充砌块的块型进行改进，其内叶块体和外叶块体的厚度完全相同，承受压力的面积完全等同。

7. 夹芯型混凝土复合保温填充砌块使用的绝热材料主要有哪几种？何为绝热材料的有效厚度？

夹芯型混凝土复合保温填充砌块是从国外引进的一种先进的、多功能的新型墙体材料产品，主要使用的聚苯乙烯泡沫塑料板，也就是我们所说的聚苯板，聚苯板分为两种：一种是模塑聚苯保温板，其绝热性能好，符合《绝热用模塑聚苯乙烯泡沫塑料》（GB/T 10801.1）技术要求；另一种是挤塑聚苯保温板，符合《绝热用挤塑聚苯乙烯泡沫塑料》（GB/T 10801.2）的技术要求。夹芯型复合保温填充砌块使用模塑聚苯乙烯泡沫塑料（EPS），其表观密度不应小于 18kg/m^3。这两种绝热材料的保温隔热性能的确无可挑剔，价格又低廉，使用起来也比较方便较受欢迎。事物总是一分为二的，其不如人意是防火性能极差，导致很多的重大火灾的发生。因而，从事建材开发研究的科技人员研发出无机绝热材料，虽然其绝热性能不如聚苯乙烯泡沫塑料好，但防火性能极为突出，于是人们将其作为聚苯保温板的替代物，生产保温防火墙体材料。其必须满足《泡沫混凝土砌块》（JC/T 1062—2007）的技术要求，或者满足《泡沫混凝土》（JC/T 266—2011）的技术要求。

绝热材料的有效厚度是指整块夹芯复合保温砌块在墙厚方向剖面的绝热材料层厚度的最小值。

8. 填充型混凝土复合保温填充砌块使用的绝热材料主要有哪些？

填充型复合保温砌块是混凝土复合保温填充砌块中一大类，填充型混凝土复合保温填充砌块是指：采用在受力块体的孔洞中填充块状绝热材料或浇注绝热材料的方法制成的复合保温砌块。通常生产填充型复合保温填充砌块，使用轻集料混凝土事先制成具有孔洞的砌块，等到砌块具有一定的强度以后，再向砌块的孔洞内插入或注入绝热材料。从国内生产填充型混凝土复合保温填充砌块来看，在其孔洞内填充的绝热材料主要有如下几种：

（1）膨胀珍珠岩颗粒或板，膨胀珍珠岩板应符合 GB/T 10303 对憎水产品的要求；

（2）挤塑保温板（XPS）；

（3）模塑保温板（EPS）；

（4）硅酸钙保温板，应符合 GB/T 10699 对 I 型制品的要求，其憎水率应不小于 98%；

（5）岩棉、矿棉制品，应满足 GB/T 11835 的要求，其质量吸湿率应不大于 5%，憎水率应不小于 98%；

（6）膨胀蛭石颗粒或制品，应满足 JC/T 442 对合格品的要求；填充膨胀蛭石颗粒的密度和含水率标准，应满足 JC/T 441 对合格品的要求；

（7）泡沫混凝土浆料或制品板或块状材料，泡沫混凝土干表观密度不大于 500kg/m³，其他标准应满足 JC/T 1062 的要求；

（8）硬质酚醛泡沫制品（PF）应满足 GB/T 20974 的规定；

（9）硬质聚氨酯泡沫塑料（PU）应满足 GB/T 21558 的规定；

（10）胶粉聚苯颗粒浆料，应符合 JG 158 对胶粉聚苯颗粒保温浆料的要求等。如果采用其他类型绝热保温材料，应满足绝干表观密度不大于 500kg/m³、最大质量吸水率不大于 8% 的要求。

9. 何为填充型混凝土复合保温填充砌块绝热材料的体积比？

填充型混凝土复合保温填充砌块绝热材料体积比是指填充型混凝土复合保温填充砌块的孔洞中填充绝热材料的体积所占产品整个块体体积的百分比。在《复合保温砖和复合保温砌块》（GB/T 29060—2012）中，对"绝热材料体积比"概念进行定义，主要是为该标准对产品中，填充绝热材料体积的大小误差加以控制，防止在生产应用中，不法厂商用少填加绝热材料的方式来降低生产成本，导致使用该种砌块砌筑的外围护墙体达不到所要求的建筑节能标准。

10. 混凝土复合保温填充砌块的承载面指的是什么？其强度等级如何分级？

混凝土复合保温填充砌块的承载面是指在建筑设计时，设计师计算混凝土复合保温填充砌块承受轴向压应力的面。相同宽度的、不同类型的，混凝土复合保温填充砌块的承载面是不同的。填充型混凝土复合保温填充砌块，其承载面的面积等于该砌块的长度与宽度的乘积；夹芯型混凝土复合保温填充砌块，其承载面等于复合保温砌块的长度与宽度的乘积并减去砌块中所夹的保温材料的面积后，才能作为该种复合保温填充砌块的承载面面积。

混凝土复合保温填充砌块的强度等级，以其受力块体的抗压强度值进行标记。根据《砌体结构设计规范》（GB 50003—2011）《混凝土小型空心砌块建筑技术规程》（JGJ/T 14—2011）《墙体材料应用统一技术规范》（GB 59574—2010）和《复合保温砖和复合保温砌块》（GB/T 29060—2012）的要求，外围护墙体使用的混凝土复合保温填充砌块，其受力块体的强度等级见表1-1。

表1-1　强度等级　　　　　　　　　　　　　　　　　　MPa

强度等级	抗压强度	
	平均值，不小于	单块最小值，不小于
MU5.0	5.0	4.0
MU7.5	7.5	6.0
MU10.0	10.0	8.0

11. 什么是导热系数？什么是当量导热系数？

导热系数是指在稳定传热条件下，1m 厚的材料，两侧表面的温差为1度（K，℃），在 1h 内通过 $1m^2$ 面积传递的热量，单位为瓦/米·度（W/(m·K)，此处的 K 也可用℃代替）。

导热系数与材料的组成、密度、含水率、温度等因素有关。非晶体结构、密度较低的材料，导热系数较小。材料的含水率、温度较低时，导热系数较小。通常把导热系数较低的材料称为保温材料，而把导热系数在 0.05W/(m·K) 以下的材料称为高效保温材料。

当量导热系数是一种表征混凝土复合保温砌块砌体传热能力的参数，其数值等于砌体的厚度（d_{ma}）与热阻（R_{ma}）的比值。用符号 λ_{eq} 表示，单位为：W/(m·K)

12. 什么是墙体的传热系数与传热阻？混凝土复合保温填充砌块与装饰保温贴面砌块墙体传热系数的分级是多少？

传热系数以往称总传热系数，国家现行标准规范统一定名为传热系数。传热系数 K 值是指：在稳定传热条件下，围护结构两侧空气温差为1度（K，℃），1h 内通过 $1m^2$ 面积传递的热量，单位是瓦/平方米·度（W/(m^2·K)，此处 K 也可用℃代替）。

传热阻以往称总热阻，现统一定名为传热阻。传热阻 R_0 是传热系数 K 的倒数，即 $R_0=1/K$，单位是平方米·度/瓦（m^2·K/W）。围护结构的传热系数 K 值愈小，或传热阻 R_0 值愈大，保温性能愈好。

混凝土复合保温填充砌块的热工性能是以保温砌块墙体的传热系数来标识，根据《复合保温砌块和复合保温砌块》（GB/T 29060—2012）中的规定，混凝土复合保温填充砌块与装饰保温贴面砌块的墙体传热系数 K 值，应满足表1-2的要求。

表1-2　传热系数 *K* 值标记　　　　　　　W/(m² · K)

传热系数 K 值标记	传热系数 K 值实测值	传热系数 K 值标记	传热系数 K 值实测值
1.2	≤1.2	0.45	≤0.45
1.1	≤1.1	0.42	≤0.42
1.0	≤1.0	0.40	≤0.40
0.9	≤0.9	0.38	≤0.38
0.8	≤0.8	0.36	≤0.36
0.75	≤0.75	0.34	≤0.34
0.7	≤0.7	0.32	≤0.32
0.65	≤0.65	0.30	≤0.30
0.6	≤0.6	0.28	≤0.28
0.57	≤0.57	0.26	≤0.26
0.54	≤0.54	0.24	≤0.24
0.51	≤0.51	0.22	≤0.22
0.48	≤0.48	0.20	≤0.20

13. 什么是混凝土复合保温填充砌块的表观密度？其密度等级与强度等级是如何双控的？

混凝土复合保温填充砌块的表观密度是指 1m³ 混凝土复合保温填充砌块，在绝干状态下的质量，单位是：kg/m³。混凝土复合保温填充砌块的密度等级用表观密度来表征，是产品应用的主要性能指标之一，根据我国《轻集料混凝土小型空心砌块》（GB/T 15229—2011）《砌体结构设计规范》（GB 50003—2011）《混凝土小型空心砌块建筑技术规程》（JGJ/T 14—2011）《墙体材料应用统一技术规范》（GB 59574—2010）和《复合保温砖和复合保温砌块》（GB/T 29060—2012）的规定，实行强度等级与密度等级双控，根据强度等级来控制密度等级，混凝土复合保温填充砌块的强度等级最低不能低于 MU3.5，当应用在外围护墙体时，强度等级不能低于 MU5.0，二者必须同时满足要求，见表1-3。

表1-3　密度等级与强度等级双控

强度等级	抗压强度（MPa）		密度等级范围（kg/m³）
	平均值	最小值	
MU3.5	≥3.5	≥2.8	≤900
MU5.0	≥5.0	≥4.0	≤1000
MU7.5	≥7.5	≥6.0	≤1100
MU10.0	≥10.0	≥8.0	≤1200

14. 什么是热惰性指标？什么是蓄热系数？当量蓄热系数是如何计算的？

热惰性指标 *D* 值是表征围护结构对周期性温度波在其内部衰减快慢程度的一个无量纲

指标，单一材料围护结构，$D = R \cdot S$；多层材料围护结构，$D = \Sigma R \cdot S$。式中 R 为围护结构材料层的热阻，S 为相应材料层的蓄热系数。D 值越大，周期性温度波在其内部的衰减越快，围护结构的热稳定性越好。

蓄热系数分为材料蓄热系数和表面蓄热系数。

材料蓄热系数是指当某一足够厚度的单一材料层一侧受到谐波热作用时，表面温度将按同一周期波动，通过表面的热流波幅与表面温度波幅的比值，可表征材料热稳定性的优劣。其值越大，材料的热稳定性越好。

表面蓄热系数是指在周期性热作用下，物体表面温度升高或降低 1℃ 时，在 1h 内，$1m^2$ 表面积储存或释放的热量。

当量蓄热系数是表征混凝土复合保温填充砌块砌体在周期性热作用条件下热稳定性能力的参数，用符合 S_{eq} 表示，单位为 $W/(m^2 \cdot K)$。

混凝土复合保温填充砌块砌体的当量蓄热系数，可以根据式（1-1）进行计算。

$$S_{eq} = \{(2\pi/T) \times 1000 C_{ma} \times \rho_{ma} \times \lambda_{ma}\}^{1/2} \qquad (1-1)$$

式中　S_{eq}——混凝土复合保温填充砌块墙体的当量蓄热系数，$W/(m^2 \cdot K)$；

　　　　T——计算周期，其值取 24×3600，s；

　　　C_{ma}——混凝土复合保温填充砌块墙体的平均比热容，$kJ/(kg \cdot K)$；

　　　P_{ma}——混凝土复合保温填充砌块墙体的平均密度，kg/m^3；

　　　λ_{ma}——混凝土复合保温填充砌块墙体的当量导热系数，$W/(m \cdot K)$。

15. 什么是无机复合保温防火填充砌块？其块型特点是什么？

一次成型无机复合防火保温填充砌块（专利号为 201120370427.2），是一种新型的多功能的墙体材料，主要原材料为轻集料混凝土与无机绝热材料通过砌块成型机一次复合而成，满足 A 级防火等级。其力学性能、热工性能均能满足相关标准要求。一次成型无机复合防火保温填充砌块主块如图 1-3 所示，一次成型无机复合防火保温填充砌块洞口块如图 1-4 所示。

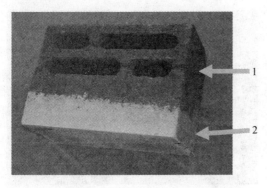 

图 1-3　一次成型无机复合防火保温填充砌块主块　图 1-4　一次成型无机复合防火保温填充砌块洞口块
1—混凝土砌块主体；2—无机复合防水保温层

一次成型无机复合防火保温填充砌块具有四大特点：

（1）防火性能好，保温材料为无机防火，其燃烧性能为 A 级；

（2）集保温与防火于一身；

（3）节能与结构一体化；

（4）保温材料与建筑物同寿命。

力学性能检测，主要检测抗压强度，在检测抗压强度时，不考虑无机复合防火保温层的作用，主要考虑混凝土砌块主体的作用。当混凝土砌块主体为轻集料时，采用《轻集料混凝土小型空心砌块》（GB/T 15229）的技术要求检测；当混凝土砌块主体为普通混凝土时，采用《普通混凝土小型空心砌块》（GB 8239）的技术要求检测。检测时去掉无机防火保温材料层。

齐齐哈尔市某建材有限公司，将一次成型无机复合防火保温砌块产品，送到黑龙江省寒地建筑设计研究院建筑材料测试中心检测，检测的相关数据如下：

（1）轻集料混凝土小型空心砌块主体的抗压强度3.9MPa；

（2）普通混凝土小型空心砌块主体的抗压强度13.6MPa。

一次成型无机复合防火保温砌块的规格尺寸390mm×310mm×190mm，轻集料混凝土砌块主体的尺寸为390mm×190mm×190mm，无机防火保温材料层（燃烧性能为A级），其厚度为120mm，轻集料混凝土砌块主体在砌筑时，采用混合砂浆砌筑；无机防火保温材料层在砌筑时采用相同材料的保温砂浆砌筑。在无机防火保温材料层上抹10mm厚度的水泥抹面砂浆，在轻集料混凝土砌块主体上抹20mm的抹面砂浆。其热阻$R = 2.5$（$m^2 \cdot K/W$），其传热系数$K = 0.38W/(m^2 \cdot K)$，完全可以满足黑龙江地区节能65%（传热系数$K \leqslant 0.40W/(m^2 \cdot K)$）的要求。

16. 什么是后模塑发泡成型聚苯夹芯复合保温填充砌块？其块型特点是什么？

后模塑发泡成型聚苯夹芯复合保温砌块（烟台乾润泰建材有限公司研发生产的产品，专利号ZL201320114658.6），由一面带凸燕尾槽的混凝土内叶块体和一面带凹燕尾槽的外叶块体、非金属高强度斜工字型和V字型拉接件（专利号ZL201320114629.X）与后模塑发泡成型的聚苯夹芯保温板构成，如图1-5、图1-6所示。

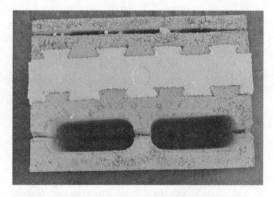

图1-5 一面带凸燕尾槽的混凝土内叶块体和一面带凹燕尾槽的外叶块体块型

图1-6 后模塑发泡成型聚苯夹芯复合保温填充砌块主块

后模塑发泡成型聚苯夹芯复合保温填充砌块生产工艺特点是：生产效率比一次成型法

生产保温砌块高，成品率高，生产效率高，尺寸偏差小，混凝土内外叶块体与聚苯保温板之间，不论是生产过程、还是运输过程都不开裂。

后模塑发泡成型聚苯夹芯复合保温填充砌块产品具有五大特点：

（1）混凝土凹凸燕尾槽与聚苯保温板的凸凹燕尾槽连接处不开裂；

（2）后置的拉接件不变形，强度高，不产生冷桥；

（3）产品尺寸偏差小；

（4）外观质量好；

（5）装饰、保温与结构一体化。

17. 什么是后发泡成型泡沫混凝土夹芯复合保温填充砌块？其块型特点及成型过程是什么？

后发泡成型泡沫混凝土夹芯复合保温填充砌块，是一种新型的无机材料复合而成具有保温、防火、装饰和承重或自承重（填充）的多功能墙体材料（专利号：201320332297.2），其构造形式如图1-7、图1-8所示。

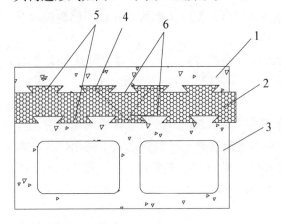

图1-7　后发泡成型泡沫混凝土夹芯
复合保温砌块构造

1—外叶块体；2—泡沫混凝土保温板；3—内叶块体；
4—拉接件；5—母燕尾槽；6—公燕尾槽

图1-8　后发泡成型泡沫混凝土
夹芯复合保温砌块

它是由混凝土内叶块体、后发泡成型的泡沫混凝土保温板、混凝土外叶块体和拉接件一次复合而成，内叶块体的一大面上有若干个竖直母燕尾槽，外叶块体的一大面上有与内叶块体母燕尾槽数量相等的公燕尾槽，拉接件置于内叶块体和外叶块体的母燕尾槽内，其与后发泡成型的泡沫混凝土保温板的燕尾槽一起，将内叶块体与外叶块体拉接牢固；在后发泡成型的泡沫混凝土保温板的两个竖直端面各超出半个灰缝的长度。该种后发泡成型泡沫混凝土夹芯复合保温防火砌块，其特征在于：混凝土外叶块体和混凝土内叶块体是事先加工好的，泡沫混凝土夹芯复合保温防火板是后发泡成型的，其密度不大于$200kg/m^3$，后发泡成型泡沫混凝土夹芯复合保温防火板的高度，与内叶块体和外叶块体高度相等。

该种后发泡成型泡沫混凝土夹芯复合保温防火砌块，其特征在于：在水平砌筑后发泡成型泡沫混凝土夹芯复合保温防火砌块时，两层后发泡成型泡沫混凝土夹芯复合保温防火板之间，使用与后发泡成型泡沫混凝土夹芯复合保温防火板等宽的、等密度的、且厚度为10mm 的泡沫混凝土板条作为密封压条。

该种后发泡成型泡沫混凝土夹芯复合保温防火砌块，其特征在于：外叶块体可以由各种彩色混凝土材料制成，如图1-5所示。

（1）混凝土拌合料经砌块成型机成型，外叶块体和内叶块体，从砌块成型机的模具中脱出落在托板上，链条输送机带动托板及其上面的产品到下一个工位；

（2）将拉接件置于外叶块体和内叶块体的母燕尾槽内，链条输送机带动托板及其上面的产品到下一个工位；

（3）将两块加工有一定宽度的竖直凹槽的端部挡支板，分别放置在先成型好的外叶块体和内叶块体的两端，且与外叶块体和内叶块体紧密相贴，最后将连接杆扣在连接柱上，此时，外叶块体、内叶块体、两块端部挡支板与托板组成一个底部和四周封闭的空腔，链条输送机带动托板及其上面的产品到下一个工位；

（4）将搅拌好的泡沫混凝土液体浆料注入到封闭的空腔内，其高度与外叶块体和内叶块体等高；链条输送机带动托板及其上面的产品到下一个工位；

（5）叠板机将成型好的后发泡成型泡沫混凝土复合保温防火砌块及托板一起叠放四至五层高，用叉车将其送到蒸汽养护窑内进行养护；

（6）先静停2h，然后以每小时20°C 逐渐升温，当温度达到80°C 时，恒温8h，然后以每小时20°C 逐渐降温，直至达到环境温度时，打开养护窑门，进行出窑；

（7）检验、码垛；

（8）后发泡成型泡沫混凝土复合保温防火砌块产品砌筑时，外叶块体之间砌筑时、内叶块体之间砌筑时均使用水泥砂浆；后发泡成型的泡沫混凝土保温板之间不使用砂浆，而使用与后发泡成型泡沫混凝土夹芯复合保温防火板等宽的、等密度的、且厚度为10mm 的泡沫混凝土板条作为密封压条。解决了水平灰缝砂浆冷桥问题，提高了建筑物的保温效果和建筑物防火问题。

18. 什么是露点温度？什么是冷凝或结露？围护结构内表面和内部温度是如何计算的？

露点温度是指在大气压一定，含湿量不变的情况下，未饱和的空气因冷却而达到饱和状态时的温度。

冷凝或结露是指围护结构表面温度低于附近空气露点温度时，表面出现冷凝水的现象。

建筑物内部产生冷凝的条件：内部某处的水蒸气分压力 P_M 大于该处的饱和水蒸气分压力 P_s。

围护结构内表面和内部温度的计算：

（1）围护结构内表面温度计算公式为

$$\theta_i = t_i - \frac{t_i - t_e}{R_0} R_i \qquad (1-2)$$

（2）围护结构内部第 m 层内表面温度

$$\theta_m = t_i - \frac{t_i - t_e}{R_0}(R_0 + R_{1-m})$$　　　　　　(1-3)

式中　t_i、t_e——室内和室外计算温度，℃；

　　R_0、R_i——围护结构传热阻和内表面换热阻，$m^2 \cdot K/W$；

　　R_{1-m}——第 1~m-1 层热阻之和。

（3）热桥部位内表面温度的计算

常见的热桥内表面温度计算公式为：

$$\theta'_m = \frac{R'_0 + \eta(R_0 - R'_0)}{R'_0 R_0} R_i(t_i - t_e)$$　　　　　　(1-4)

式中　t_i、t_e——室内和室外计算温度，℃，t_e 取 I 型计算温度；

　　R_0、R'_0——非热桥部位和热桥部位传热阻，$m^2 \cdot K/W$；

　　R_i——内表面换热阻，$m^2 \cdot K/W$；

　　η——修正系数。

19. 围护结构内表面结露案例分析

在 20 世纪的 60 年代末及 70 年代初期，在北京和沈阳等地区，建造了一大批装配式大板住宅和相当数量的简易住宅。由于这些建筑的外墙和屋面过于单薄，且存在许多明显的热桥，在供暖不足室温偏低的条件下，冬天结露相当普遍，而且十分严重，特别是有体弱老人和产妇的住户，因为怕风怕冷而紧闭门窗，结露情况尤为严重。在调查中发现，装配式住宅和简易住宅的外墙和屋面中的热桥部位，特别是外墙的四大角、屋面檐口、外墙与内隔墙、外墙与楼板连接处、墙板与屋面板中的混凝土肋等热桥部位的内表面，以至整个山墙和屋面等表面都结露或严重结露，甚至淌水或滴水。在有橱柜、床铺等遮盖的墙面和壁柜的内侧，严重结露和长霉，住户室内潮湿，衣物及粮食受潮、长霉，严重影响了居民生活和身体健康。这一问题引起有关主管部门的高度重视，并组织人力进行调查，找出原因，提出解决办法。调查报告认为，引起结露的原因是多方面的，其中主要原因有：

（1）由于受到采暖用煤指标的限制，锅炉房采用一天一次或两次大间歇的供暖方式，供暖严重不足，住户室温偏低，（常常低至 10~12℃，甚至 8~9℃）。

（2）由于室温偏低，居民只好紧闭门窗或封闭窗户，导致室内湿度偏高，（相对湿度常常高达 80%~95%）。室温偏低，湿度偏高，则露点温度必然偏高（当室内温度为18℃，相对湿度为60%时，露点温度为10.1℃，当室内温度为12℃，相对湿度为90%，露点温度为10.5℃）。

（3）由于外墙和屋面过于单薄，且存在着许多明显的热桥，这些热桥部位在室温偏低的情况下，其内表面温度必然更低（常常低至 4~5℃，甚至 2~3℃）。这一温度大大低于室内空气的露点温度。

因此，外墙和屋面过于单薄，且存在许多明显的热桥是引起结露的内在原因；供暖不足、室温偏低、湿度偏高，则是引起结露的外部条件。

通过调查研究，弄清楚结露原因和条件后，针对性采取措施，结露问题就得到缓解或解决。当时主要采取的措施有：

（1）采暖用煤指标稍有增加，锅炉房采用低温连续供暖代替以往的大间歇供暖，室温即有明显改善（大多数室温可达 16～18℃）。由于室温升高，外墙和屋面以及热桥部位内表面温度也相应升高。

（2）在外墙，特别是山墙和北墙内侧加贴 50mm 厚的加气混凝土砌块，或聚苯乙烯板或其他保温材料，使外墙和热桥部位的保温得到加强，从而提高了内表面温度。

第二章 我国现行建筑节能外保温系统及其存在问题

1. 胶粉聚苯颗粒外墙外保温系统的内容是什么?

胶粉聚苯颗粒外墙外保温系统是指设置在外墙外侧，由界面剂胶粉聚苯颗粒保温层、抗裂防护层和装饰层构成，起保温隔热、防护和装饰作用的构造系统，如图2-1所示。

进入21世纪后，我国政府提出建筑节能要求，向欧洲先进国家学习建筑节能技术的同时，我国的科学家与企业家也在深入实践研究建筑保温系统，2004年我国政府的主管部门，组织制定了建工行业标准《胶粉聚苯颗粒外墙外保温系统》（JG 158—2004），提出了使用聚苯颗粒与胶粉为主的材料实施外墙外保温。该标准出台后，用于许多的建筑物外墙外保温，效果比较理想。胶粉聚苯颗粒外墙外保温系统使用的材料主要有：界面砂浆、胶粉聚苯颗粒保温浆料、胶粉料聚苯颗粒、抗裂砂浆、耐碱涂塑玻璃纤维网格布、高分子乳液弹性底层涂料、抗裂柔性耐水腻子、塑料锚栓、面砖粘结砂浆。

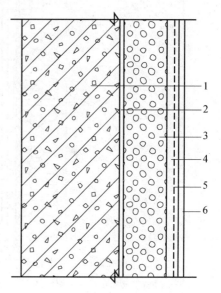

图2-1　胶粉聚苯颗粒外墙外保温系统
1—基层；2—界面砂浆；3—胶粉聚苯颗粒；
4—抗裂砂浆薄抹灰面层；
5—玻纤网；6—饰面层

胶粉聚苯颗粒外墙外保温系统分为涂料饰面（缩写为C）和面砖饰面（缩写为T）两种类型。

2. 什么是膨胀聚苯板薄抹灰外墙外保温系统?

膨胀聚苯板薄抹灰外墙外保温系统是指置于建筑物外墙外侧的保温及饰面系统，由膨胀聚苯板、胶粘剂和必要时使用的锚栓、抹面胶浆和耐碱网布及涂料等组成的系统产品。薄抹灰增强防护层的厚度宜控制在：普通型3~5mm，加强型宜控制在5~7mm。该系统采用粘接固定方式，与基层墙体拉接，也可以附有锚栓。国家在2003年制定了建材行业标准《膨胀聚苯板薄抹灰外墙外保温系统》（JC 149—2003）。该项外墙外保温技术是从欧洲引进的，其构造如图2-2所示。

3. 什么是膨胀聚苯板现浇混凝土外墙外保温系统？

膨胀聚苯板现浇外墙外保温系统是指以现浇混凝土外墙为基层，聚苯板为保温层。聚苯板内表面（与现浇混凝土接触的表面）沿水平方向开有矩形齿槽，内外表面均满涂界面砂浆。在施工时将聚苯板置于外模板内侧，并安装锚栓作为辅助固定件，浇灌混凝土后，墙体与聚苯板以及锚栓结合为一体。聚苯板表面抹抗裂砂浆薄抹面层，外表面以涂料为装饰面层，薄抹灰层中满铺玻纤网，简称为无网现浇系统。其技术标准和产品性能必须符合《外墙外保温工程技术规程》（JGJ 144—2004）的要求，其构造形式如图2-3所示。

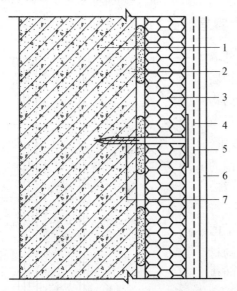 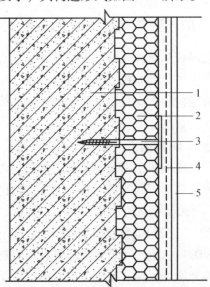

图 2-2　膨胀聚苯板薄抹灰外墙外保温系统　　　图 2-3　无网现浇外墙外保温系统
1—基层；2—胶粘剂；3—聚苯板；4—玻纤网；　　1—现浇混凝土外墙；2—聚苯板；3—锚栓；
5—薄抹灰面层；6—装饰涂层；7—锚栓　　　　　4—抗裂砂浆薄抹面层；5—装饰面层

4. 什么是 EPS 钢丝网架板现浇混凝土外墙外保温系统？

EPS 钢丝网架板现浇混凝土外墙外保温系统（有网现浇系统）是指以现浇混凝土为基层，EPS 单面钢丝网架板置于外墙外模板内侧，并安装ϕ6钢筋作为辅助固定件。浇灌混凝土后，EPS 单面钢丝网架挑头钢丝和ϕ6钢筋与混凝土结合为一体，EPS 单面钢丝网架板表面抹掺外加剂的水泥砂浆形成后抹面层，外表面做装饰面层，以涂料做装饰面层时，应加抹玻纤网抗裂砂浆薄抹灰面层，其技术标准和产品性能必须符合《外墙外保温工程技术规程》（JGJ 144—2004）的要求，如图2-4所示。

有网现浇系统 EPS 钢丝网架板厚度、每平方米腹丝数量和表面荷载值应通过试验确定。EPS 钢丝网架板构造设计和施工安装应考虑现浇混凝土侧压力的影响，抹面层厚度应均匀，钢丝网架完全包覆在抹面层中。ϕ6钢筋每$1m^2$宜设4根，锚固深度不得小于100mm。

5. 什么是机械固定 EPS 钢丝网架板外墙外保温系统？

机械固定 EPS 钢丝网架板外墙外保温系统（机械固定系统）是指：由机械固定装置、

腹丝非穿透型 EPS 钢丝网架板、掺外加剂的水泥砂浆厚抹面层和装饰面层构成。其技术指标和产品性能必须满足《外墙外保温工程技术规程》（JGJ 144—2004）的要求，如图 2-5 所示。

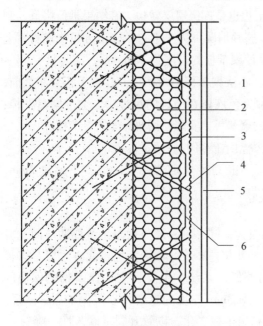

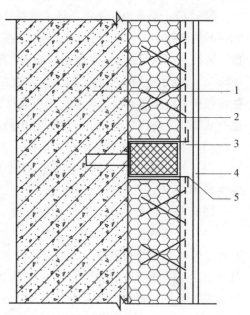

图 2-4　有网现浇系统

1—现浇混凝土外墙；2—EPS 单面钢丝网架板；

3—掺外加剂的水泥砂浆后抹面层；

4—钢丝网架；5—饰面层；6—ϕ6 钢筋

图 2-5　机械固定系统

1—基层；2—EPS 钢丝网架板；

3—掺外加剂的水泥厚抹面层；

4—装饰面层；5—机械固定装置

　　机械固定系统不适用于加气混凝土和轻集料混凝土基层。机械固定系统锚栓、预埋金属固定件数量应通过试验确定，并且每 $1\,m^2$ 不应小于 7 个。单个锚栓拔出力和基层力学性能应符合设计要求。机械固定系统固定 EPS 钢丝网架板时应逐层设置承托件，承托件应固定在结构件上。

　　机械固定系统金属固定件、钢丝网片、金属锚栓和承托件应做防锈处理；应按设计要求设置分隔缝；应严格控制抹灰层厚度并采取可靠措施确保抹灰层不开裂。

6. 现行的外墙外保温系统存在的问题是什么？

　　外墙外保温系统是由保温层、保护层和固定材料（胶粘剂、锚固件等）构件并用于安装在外墙外表面的非承重保温构造的总称。其包括胶粉聚苯颗粒外墙外保温系统、膨胀聚苯板薄抹灰外墙外保温系统、膨胀聚苯板现浇外墙外保温系统、EPS 钢丝网架板现浇混凝土外墙外保温系统和机械固定 EPS 钢丝网架板外墙外保温系统等。由于这几个保温系统的构造方式各有差异，实际的使用要求大不相同。单从施工方便这一点来讲，膨胀聚苯板现浇外墙外保温系统是人们首选的保温系统，这一点已被十多年的建筑外墙外保温实践所证明。

　　尽管我国出台了《外墙外保温工程技术规程》（JGJ 144—2004），但执行该规程存在相当多的问题：

　　（1）生产和使用的外墙外保温材料不符合规定要求，包括聚苯板、胶粉、玻璃纤维网

15

格布、塑料锚栓等，不法厂商为谋取最大化的利润，在产品质量上大打折扣，为此，中央电视台在 2011 年的 3 月 15 日的消费者日进行全面曝光。

（2）施工质量也是逐年下降，建筑外保温工程也是逐级层层转包，其结果是价格低，利润空间越来越小，价格到了不能再低的情况。在这种情况下为了生存，施工方只能在材料上偷工减料，如从保温板的密度进行缩水，原来设计聚苯板的密度为 20kg/m³，实际只有 14 ~ 15kg/m³，为了应对在交货时的称重和验方检查，不法聚苯板的生产厂商在聚苯板装车之前，往每张聚苯板上浇一种增重剂的无色液体，这种无色液体在使用的过程中，会逐渐蒸发掉；也有从厚度上进行缩水，如应该使用 100mm 厚的聚苯板，实际使用 80mm 的聚苯板。

（3）将粘结砂浆的满粘改为点粘，为了减少粘结砂浆的使用量。

（4）减少抹面砂浆的使用量，导致其厚度不能满足规定的要求，最多不超过 2mm，厚度减薄 33%。

（5）塑料锚栓的质量降低和数量减少。

（6）由于我国幅员辽阔，南北方气候差异极大，同一种外墙外保温系统要适应南北方的外墙外保温和外墙隔热，的确存在许多问题。南方主要是以隔热为主，北方主要是以保温为主。从欧洲引进的膨胀聚苯板薄抹灰外墙外保温系统，主要解决了建筑物的保温问题，隔热不是主要的。因为南方夏天温度极高，对 3mm 厚度的聚合物砂浆保护层暴晒后，外表面温度极高，导致抹面砂浆中有机胶老化和聚苯板老化，以致开裂，耐久性下降等。

（7）施工不能依照《外墙外保温工程技术规程》（JGJ 144—2004）和《民用建筑外保温系统及外墙装饰防火暂行规定》公安部、住建部公通字［2009］第 46 号的要求，施工随意性很大，由于在高空，监理人员无法监管其施工质量。最为突出的是，施工人员不能遵守"可燃、难燃保温材料应分区段进行，各区段应保持足够的防火间距，并应做到边固定保温材料边涂抹防护层。未涂抹防护层的外保温材料高度不应超过三层"。而实际是从底层到顶层全是未涂抹防护层的聚苯板保温材料，如图 2-6 所示。

图 2-6　未涂抹防护层的外保温材料高度达 30 多层

这种外墙外保温存在的问题是：（1）外墙外保温层开裂；（2）外墙外保温层脱落；（3）保温层耐冲击性能差，容易损坏；（4）保温材料不能与建筑物同寿命；（5）容易发生重大火灾等。

7. 我国现行的外墙外保温系统发生过哪些特别重大火灾？

由于众所周知的原因，我国近几年建筑物外墙外保温系统发生重大火灾主要有：北京央视新址 2009 年 2 月 9 日大火、上海胶州路 2010 年 11 月 15 大火；沈阳万鑫 2011 年 2 月 3 日大火，此外，还有济南的奥体中心体育馆大火、哈尔滨双子星大厦大火等多起，特别重大的是北京央视新址 2009 年 2 月 9 日大火、上海胶州路 2010 年 11 月 15 大火；沈阳万鑫 2011 年 2 月 3 日大火。

（1）北京央视新址 2009 年 2 月 9 日大火的起火原因：央视新址办违反烟花爆竹安全管理相关规定，未经有关部门许可，在施工工地内，违法组织大型礼花焰火燃放活动，在安全距离明显不足的情况下，礼花弹爆炸后的高温火星体落入文化中心主体建筑顶部擦窗机检修孔内，引燃检修通道内壁裸露的易燃材料（XPS）引起火灾。

（2）上海胶州路 2010 年 11 月 15 日大火起火原因：经过对起火的大楼进行了仔细勘察，发现大楼存在多种致灾因素：一是，楼房四周搭得满满的全是脚手架，将整幢楼完全包围；二是，外面还包裹着尼龙织网；三是，脚手架上都是毛竹片做的踏板；四是，楼房外立面上有大量的聚氨酯泡沫保温材料；五是施工人员电焊违章操作。

（3）沈阳万鑫 2011 年 2 月 3 日大火的起火原因：沈阳市公安局调查发现，2011 年 2 月 3 日零时，沈阳皇朝万鑫国际大厦 A 座住宿人员李某、冯某某等二人，在位于沈阳皇朝万鑫国际大厦 B 座室外南侧停车场西南角处（与 B 座南墙距离 10.8m，与西南角距离 16m），燃放两箱烟花，引燃 B 座 11 层 1109 房间南侧室外平台地面塑料草坪。塑料草坪被引燃后，引燃铝塑板结合处可燃胶条、泡沫棒、挤塑板，火势迅速蔓延、扩大，致使建筑外窗破碎，引燃室内可燃物，形成大面积立体燃烧。

8. 控制外墙外保温系统发生火灾的思路是什么？

解决外墙外保温系统发生火灾思路或措施主要有三个方面：

（1）继续执行现行的外墙外保温系统，要严格按照目前所有的外墙外保温技术文件、标准和规程的规定进行设计、施工和检查验收，与此同时要对目前所有的文件、标准和规程进行修订，去掉不合理的条款，增加新的强制性条款。

（2）研究开发新型节能保温防火无机绝热材料，代替目前使用的 EPS、XPS 和 PU 等有机可燃性绝热材料，EPS、XPS 等应用时间较长，新型无机保温绝热材料恐怕不能在短期内取代 EPS、XPS，但是，这个方向必须坚持。

（3）利用现有的 EPS、XPS 和 PU 等可燃性有机绝热材料，从节能与结构的结合上替代现行的外墙外保温体系，达到节能与结构一体化。

研究新型的建筑体系——保温与结构一体化技术替代传统的外墙外保温系统。

①国家级的节能与结构一体化技术研讨

2009 年 5 月，《首届新型建筑结构体系——节能与结构一体化技术研讨会》在北京召开。主办单位：住房和城乡建设部建筑节能与科技司；承办单位：住房和城乡建设部科技发展促进中心、中国建筑材料联合会、中国建筑科学研究院、中国建筑标准设计研究院，如图2-7所示。

图2-7　首届新型建筑结构体系——节能与结构一体化技术研讨会

②全国行业建筑节能与结构一体化技术研讨交流

2009年8月，《全国自保温复合墙材生产应用技术现场交流会》在哈尔滨召开。主办单位：国家发改委资源综合利用处、墙材革新与建筑节能协会；协办单位：黑龙江省墙材革新与建筑节能办公室；参加单位：各省、市墙改节能办、建设局、设计院、监理公司、全国各省、市重点建材企业，如图2-8、图2-9所示。

图2-8　全国自保温复合墙材生产应用技术现场交流会

图2-9　全国自保温复合墙材生产应用技术现场交流会代表观看复合保温砌块构造模型

③制定复合保温砌块国家标准

由中国建材检验认证集团西安有限公司与中国建筑砌块协会牵头，起草制定《复合保温砖和复合保温砌块》国家标准，2009年8月召开了标准起草编制组第一次工作会议，经过几年的努力，《复合保温砖和复合保温砌块》（GB/T 29060—2012），在2012年12月31号发布，2013年9月1号实施。

④各省市积极探索节能与结构一体化

北京、黑龙江、青海省等都把混凝土复合保温砌块作为新的建筑体系之一，在本地区推广。新体系的特点是：节能与结构一体化，保温材料与建筑物同寿命。

北京出台了《框架填充墙（轻集料砌块）设计及施工技术规程》（DB11/T742—2010）《框架填充轻集料砌块建筑构造通用图集》（08BJ2—2）《保温砌块（节能65%）建筑构造专项图集》（88JZ26），《混凝土小型空心砌块建筑构造通用图集》（08BJ2—8）；北京制定了《外墙夹芯保温建筑构造通用图集》（11BJ2—4），在全国首次提出，将夹芯墙保温结构用于建筑高度在80m以下抗震设防烈度为7度（0.15g）和8度（0.20g）的地区，具有创新性。

山东省出台加快推广节能与结构一体化技术推广应用文件，《关于加快我省建筑节能与结构一体化技术推广应用工作的意见》和《非承重砌块自保温体系应用技术规程》（DBJ/T14—079—2011）。

黑龙江省也出台了地方图集，《混凝土自保温复合承重砌块（节能65%）图集》（DB JT07—207—10）。

青海省把混凝土复合保温承重砌块列为灾区重建的节能与结构一体化新体系推广。为配合混凝土复合保温砌块建筑结构体系的推广与应用，2010年，中国建材工业出版社出版了我国第一本混凝土复合保温砌块专著——《混凝土自保温复合砌块生产与应用技术问答》。

9. 黑龙江省外墙外保温墙体运行状况的调研结果

黑龙江省地处我国严寒地区，其建筑外墙外保温墙体的运行状况是节能建筑及其墙体的耐久性中的重要环节，以黑龙江省寒地建筑科学研究院为主组成的调研小组，对哈尔滨市的绿园小区、文化小区、道里花圃大厦等建筑工程，以及齐齐哈尔市的王子花苑小区、锦湖名苑—秀水园，牡丹江市的牡丹园小区、景苑小区、佳木斯农垦南苑、大庆的银河家园、阳光家园等工程进行调研，发现近几年来黑龙江省的建筑节能墙体主要发展外墙外保温技术，而大部分都采用外挂式外保温，不仅在节能改造工程中应用，在高层建筑中也是主导节能构造形式，在多层住宅建筑中也应用的比较广泛，由于外墙外保温墙体构造体系有其独特优点，可以有效地减少建筑结构中的热桥，增加建筑的有效空间，因此，在全省应用广泛，最长使用时间已达九年，最少的也使用两年以上，是当前外墙外保温节能达标的主要途径。

然而在调查中发现，外墙外保温技术，当保温层未发生变化时，其保温性能，特别在消除"热桥"方面有明显的效果，这是不可否认的事实，但是，在调查的多数工程施工后，最短时间使用两年多就发现不同程度的起鼓、裂缝、损坏和保温层脱落等现象，严重时出现在施工中发生火灾等危害。

（1）起鼓、裂缝、损坏、掉皮脱落等现象调查

在调查的小区工程中发现外墙外保温工程，均有不同程度的起鼓、裂缝现象，最长裂缝上下贯通山墙，有的裂缝宽达 10mm 以上，空鼓现象比较普遍，还有掉皮、墙面损坏瓷砖、聚苯板脱落等多种形式发生，且多发生在山墙、阳台以及落水管等易积水、雨淋渗水等部位，山墙出现大面积起鼓、裂缝，与外贴聚苯板尺寸大小相近，也有山墙大面积脱落的工程。

①起鼓、裂缝现象

在调查的小区中均有不同程度的起鼓、裂缝，而且比较普遍。落水管处的起鼓、裂缝，由于水的浸入，起鼓裂缝更为明显；由于山墙大面积暴露在外，受到雨水侵蚀的影响，因此起鼓、裂缝比较严重；由于阳台暴露在外，上下窗间墙容易受雨水的侵蚀和玻璃窗结冰融化流入到聚苯板内，加之聚苯板是点铺，存在空心状态，水流入空腔经湿胀冷缩以及冻融的影响，产生起鼓、裂缝特别明显。

②墙面损坏情况

主要表现在一层山墙面和拐角处，有的是碰撞损坏，有的是人为造成墙面全是窟窿，不仅影响外观，也对住户的保温带来很大的影响。

③外墙聚苯板掉皮脱落情况

由于聚苯板起鼓、裂缝加上冻融的影响，面层特别是外贴瓷砖，很容易产生脱落的危害。

（2）外墙外保温系统火灾情况调查

2006 年 8 月 15 日晨，哈尔滨道里区爱建路 9 号工地发生火灾，大火将工地院内存放的部分聚苯板以及一栋正在施工中的楼体外部防护网烧毁。2008 年 10 月 9 日，哈尔滨道里区经纬街与田地街交口处正在建设的"经纬 360"高层建筑发生火灾，直接损失为21559 万元。

10. 公通字【2009】第 46 号文的主要内容是什么？

公安部、住房和建设部公通字【2009】第 46 号文件的要点：

（1）住宅建筑应符合下列规定：

①高度大于等于 100m 的建筑，其保温材料燃烧性能应为 A 级。

②高度大于等于 60m 小于 100m 的建筑，其保温材料燃烧性能应不低于 B2 级；当采用 B2 级时，每层设置水平防火隔离带。

③高度大于等于 24m 小于 60m 的建筑，其保温材料燃烧性能应不低于 B2 级；当采用 B2 级时，每两层设置水平防火隔离带。

④高度小于 24m 的建筑，其保温材料燃烧性能应不低于 B2 级；其中，当采用 B2 级时，每三层设置水平防火隔离带。

（2）其他民用建筑应符合下列规定：

①高度大于等于 50m 的建筑，其保温材料燃烧性能应为 A 级。

②高度大于等于 24m 小于 50m 的建筑，其保温材料燃烧性能应为 A 级或 B1 级。其中，当采用 B1 级保温材料时，每两层应设置水平防火隔离带。

③高度小于 24m 的建筑，其保温材料燃烧性能应不低于 B2 级。其中，当采用 B2 级时，每层应设置水平防火隔离带。

（3）外保温系统在采用不燃或难燃材料作防护层。防护层应将保温材料完全覆盖。首层的防护层厚度应不小于 6mm，其他层不应小于 3mm。

（4）采用外墙外保温系统的建筑，其基层墙体耐火极限应符合现行防火规范的有关规定。

（5）按规定需要设置防火隔离带时，应沿楼板位置设水平宽度不小于 300mm 的 A 级保温材料。防火隔离带与墙面应进行全面积粘贴。

（6）建筑外墙的装饰层，除采用涂料外，应采用不燃材料。当建筑外墙采用可燃材料时，不宜采用着火后易脱落的瓷砖等材料。

（7）难燃保温材料的施工应分区段进行，各区段应保持足够的防火距离，并宜做到边固定保温材料边涂抹防护层。未涂抹防护层的外保温材料高度不应超过 3 层。

（8）保温材料进场后，应远离火源，加强对火源的管理。

11. 公消字【2011】65 号文的主要内容是什么？

《关于进一步明确民用建筑外保温材料消防监督管理有关要求的通知》公消【2011】65 号文的要点：

（1）将民用建筑外保温材料纳入建设工程消防设计审核、消防验收和备案抽查范围。凡建设工程消防设计审核和消防验收范围内的设有外保温材料的民用建筑，均应将建筑外保温材料燃烧性能纳入审核和验收内容。对于《建设工程消防监督管理规定》（公安部令第 106 号）第十三条、第十四条规定范围以外设有外保温材料的民用建筑，全部纳入抽查范围。在新标准颁布之前，从严执行《民用建筑外保温系统及外墙装饰防火暂行规定》（公安部、住建部公通字【2009】46 号）第二条规定，民用建筑外保温材料采用燃烧性能为 A 级的材料。

（2）加强民用建筑外保温材料的消防监督管理。2011 年 3 月 15 日起，各地受理的建设工程消防设计审核和消防验收申报项目，应严格执行本通知要求。对已经审批同意的在建工程，如建筑外保温采用易燃、可燃材料的，应提请政府，组织有关主管部门督促建设单位拆除易燃、可燃保温材料；对已经审批同意但尚未开工的建设工程，建筑外保温材料采用易燃、可燃材料的，应督促建设单位更改设计、选用不燃材料，重新申报。

12. 公消字【2012】350 号文的主要内容是什么？

公安部消防局 2012 年 12 月 3 日下发了《关于民用建筑外保温材料消防监督管理有关事项的通知》，公消【2012】350 号文的主要内容是：为认真吸取上海胶州路教师公寓"11·15"和沈阳皇朝万鑫大厦大火教训，2011 年 3 月 14 日，公安部消防局下发了《关于进一步明确民用建筑外保温材料消防监督管理有关要求的通知》公消【2011】65 号文，对建筑外保温材料使用及管理提出了应急性要求。2011 年 12 月 30 日，国务院下发的《国务院关于加强和改进消防工作的意见》[国发（2011）46 号]和 2012 年 7 月 17 日新颁布的《建设工程消防监督管理规定》，对新建、扩建、改建建设工程使用外墙外保温材料的防火性能及监督管理工作做了明确规定。经研究，《关于进一步明确民用建筑外保温材料消防监督管理有关要求的通知》（公消[2011]65 号文）不再执行。

13.《建筑设计防火规范》（GB 50016—2014）标准的主要变化有哪些？

该标准将《建筑设计防火规范》（GB 50016—2006）和《高层民用建筑设计防火规范》（GB 50045—95（2005 年版））修订合并，自 2015 年 5 月执行。本规范与上两个旧版本规范的主要变化有如下几个方面：

（1）合并了《建筑设计防火规范》和《高层民用建筑设计防火规范》，调整了两项标准间不协调的要求，将住宅建筑的分类统一按照建筑高度划分；（2）增加了灭火救援设施和木结构建筑两章，完善了有关灭火救援的要求，系统规范了木结构建筑的防火要求；（3）补充了建筑外保温系统的防火要求；（4）将消防设施的设置独立成章并完善有关内容；取消消防给水系统和防烟排烟系统设计的要求，分别由相应的国家标准作出规定；（5）适当提高了高层住宅建筑和建筑高度大于 100m 的高层民用建筑的防火技术要求；（6）补充了利用有顶步行街进行安全疏散时的防火要求；调整、补充了建材、家具、灯饰商店和展览厅的设计人员密度；（7）补充了地下仓库、物流建筑、大型可燃气体储罐（区）、液氨储罐、液化天然气储罐的防火要求，调整了液氧储罐等的防火间距；；（8）完善了防止建筑火灾竖向或水平蔓延的相关要求。

14. 我国外墙保温的火灾特点是什么？

（1）按外保温工程火灾发生的时段分：保温材料进入施工现场码放时段发生的火灾；保温材料施工上墙时段发生的火灾；外墙外保温系统投入使用时发生的火灾。

（2）按外保温系统的构造形式划分：幕墙保温工程火灾；彩钢板夹芯保温工程；住宅建筑外墙外保温火灾。

第三章　混凝土复合保温填充砌块块型

1. 混凝土复合保温填充砌块的代表性块型有哪几种？

根据国标《复合保温砖和复合保温砌块》（GB/T 29060—2012）的分类，混凝土复合保温填充砌块的代表性块型主要有如下几种：

（1）填充绝热材料的复合保温填充砌块，是在其全部或部分孔洞内填充绝热材料，既可以填充无机绝热材料，可以填充有机绝热材料，其代表性块型如图 3-1 ~ 图 3-4 所示。

图 3-1　单排孔内填充泡沫混凝土绝热
材料的复合保温填充砌块

图 3-2　单排孔内填充泡沫混凝土绝热
材料的复合保温填充砌块

图 3-3　多排孔内填充聚苯板绝热
材料的复合保温填充砌块

图 3-4　多排孔混凝土孔洞内填充聚苯板绝热
材料的复合保温填充砌块

（2）夹芯型混凝土复合保温砌块代表性块型：夹芯型混凝土复合保温填充砌块由内叶块体、绝热材料、外叶块体及拉接件组合而成。块型结构基本相同，成型方式有较大差异，有一次成型的混凝土夹芯复合保温砌块，也有二次人工（或机械）插装复合的保温砌块；有带彩色混凝土装饰面层的复合保温砌块，也有带有真石漆装饰面层的复合保温砌块；有后模塑成型聚苯夹芯复合的保温砌块，还有后发泡成型泡沫混凝土夹芯复合的保温砌块；有带彩色装饰层的保温砌块，也有不带彩色装饰面层的保温砌块；此外，还有一次成型无机复合保温防火填充砌块，主要块型如图 3-5 ~ 图 3-18 所示。

图 3-5　夹芯为无机泡沫混凝土绝热材料的通孔结构的混凝土复合保温填充砌块

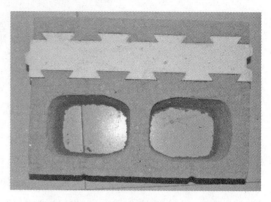

图 3-6　夹芯为有机聚苯板（EPS）绝热材料的通孔结构的混凝土复合保温填充砌块

图 3-7　一次成型的夹芯为有机聚苯板（XPS）绝热材料并带彩色混凝土装饰面层的复合保温填充砌块

图 3-8　夹芯为聚苯板（EPS）绝热材料并带彩色真石漆装饰面层的复合保温填充砌块

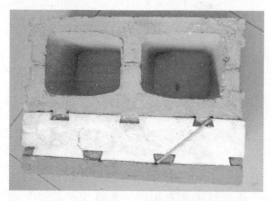

图 3-9　夹芯为聚苯板（EPS）绝热材料并带劈裂彩色装饰面层插装式复合保温填充砌块

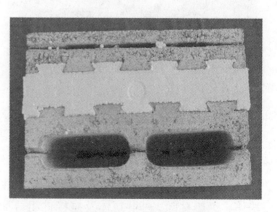

图 3-10　后模塑发泡成型聚苯夹芯复合保温填充砌块主块

图 3-11　一次成型聚苯夹芯复合保温
双排孔芯柱填充砌块主块

图 3-12　一次成型聚苯夹芯复合保温
陶粒双排错孔填充砌块主块

图 3-13　一次成型无机复合保温防火
双排错孔填充砌块主块

图 3-14　一次成型聚苯夹芯复合保温
双排孔填充砌块主块

图 3-15　一次成型聚苯板位于中心的夹芯复合保温双排孔填充砌块主块

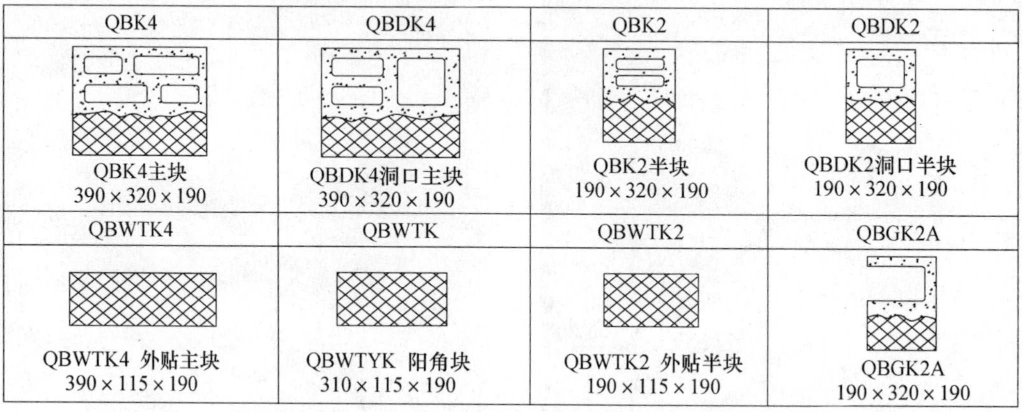

QBK4	QBDK4	QBK2	QBDK2
QBK4主块 390×320×190	QBDK4洞口主块 390×320×190	QBK2半块 190×320×190	QBDK2洞口半块 190×320×190
QBWTK4	QBWTK	QBWTK2	QBGK2A
QBWTK4 外贴主块 390×115×190	QBWTYK 阳角块 310×115×190	QBWTK2 外贴半块 190×115×190	QBGK2A 190×320×190

图 3-16　一次成型无机防火保温填充砌块块型图

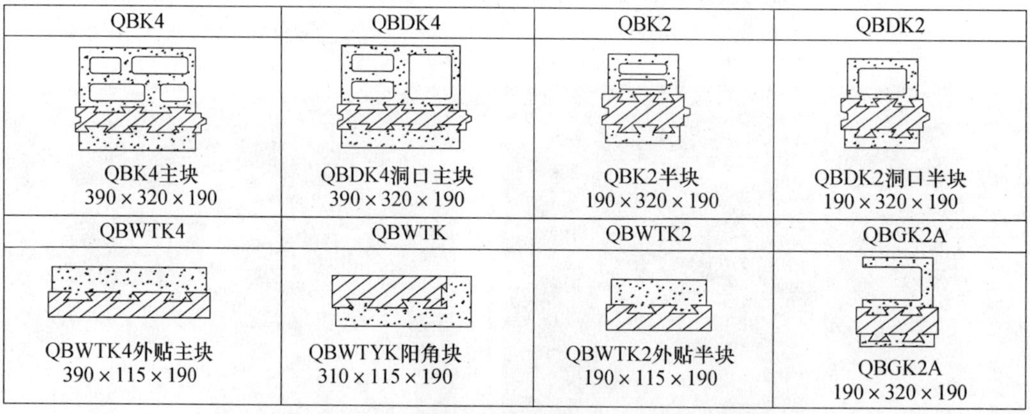

QBK4	QBDK4	QBK2	QBDK2
QBK4主块 390×320×190	QBDK4洞口主块 390×320×190	QBK2半块 190×320×190	QBDK2洞口半块 190×320×190
QBWTK4	QBWTK	QBWTK2	QBGK2A
QBWTK4外贴主块 390×115×190	QBWTYK阳角块 310×115×190	QBWTK2外贴半块 190×115×190	QBGK2A 190×320×190

图 3-17　夹芯型混凝土复合保温填充砌块块型图

图 3-18　一次成型装饰保温外贴砌块（专利号：201020571840.0）

2. 混凝土复合保温填充砌块的特点是什么?

（1）施工速度快：混凝土复合保温填充砌块在砌筑建筑主体的同时，也完成了保温施工，而现行的建筑主体完成后，还要进行二次保温施工，混凝土复合保温填充砌块的施工速度快。

（2）保温性能好：混凝土复合保温填充砌块的聚苯保温板上下、左右形成一个整体保温墙体，彻底阻断了冷桥。

（3）耐久性能好：混凝土复合保温填充砌块的保护层厚度为50mm的密实混凝土，混凝土保护层把聚苯保温板严密的保护起来，形成了一个密闭的空间，有效地防止了聚苯保温材料受到外界紫外线的照射和化学物质的侵蚀，同时混凝土面层又把聚苯保温板与空气隔开，防止了聚苯板的氧化，这就大大的增强了聚苯保温材料的耐久性，基本上可以实现与建筑物同寿命。

（4）耐火性能好：混凝土复合保温填充砌块保温墙体构造，无论是从建筑结构设计，还是从节能设计的角度，都将其作为有别于"外墙外保温技术"的一种特殊的、预制化的夹芯复合墙技术。混凝土复合保温砌块在我国推广应用十余年来，在工程施工阶段还没有听说发生过与该产品有关联的火灾事故；在建筑应用过程中，也未见有火灾烧塌混凝土复合保温砌块墙体或块材中保温材料的烟气致人死亡的报道。这与混凝土复合保温砌块受到内外叶块体保护，火势不会蔓延有关。

上海奥伯公司和北京金阳新建材公司分别委托进行了混凝土复合保温砖墙片的耐火极限、混凝土复合保温砌块的燃烧性能测试，结果证明：只要外叶墙的等效厚度≥30mm，墙体的耐火极限就可以满足《建筑设计防火规范》（GB 50016）和《高层民用建筑设计防火规范》（GB 50045）的要求，不小于3h；混凝土复合保温砌块的燃烧性能能满足"A"级（夹芯复合材料）GB 8624—1997标准的要求。在通过试验并与当地的公安消防部门沟通，一些地方的公消防部门认为，"公消【2011】（65号）不针对混凝土复合保温砌块墙体的建筑保温构造，并希望大力推进此种预制化的混凝土复合保温砌块类产品"。

（5）工程造价低：在建筑过程中缩短施工周期；减少砌筑砂浆的使用量；还免去了在建筑物的使用寿命期限内，需要重复做外墙外保温的麻烦与额外的费用，减轻了物业和广大业主的经济负担。

（6）复合保温砌块的成型方式和绝热材料的多样化：有一次复合成型的复合保温砌块，也有二次插装式二次成型的复合保温砌块；有传统的生产混凝土复合保温砌块，也有后模塑发泡成型聚苯夹芯复合保温砌块，后发泡成型泡沫混凝土硬质聚氨酯夹芯复合保温砌块，有榫槽构造结合的复合保温砌块，也有粘结型复合保温砌块。

（7）安全性好：汶川地震和试验证明，承重的190墙体刚度较大时，受力过程中都是承重层首先出现裂缝，然后30mm厚的混凝土外保护层才会产生裂缝；且承重层裂缝发展较快、开裂严重，墙体破坏时主要是承重层破坏为主，而混凝土外保护层从墙体加载到破坏，都没有发生明显的鼓凸和脱落现象。

混凝土复合保温填充砌块中的榫键粘结强度，若取抗拉强度20kPa，抗剪强度25kPa，则与EPS（密度20kg/m³）的最低强度（抗拉170kPa，抗剪120kPa）相比要低得多，EPS作为拉接件的强度取值是安全可靠的。混凝土复合保温复合填充砌块中的保温夹层，当其抗拉强度和抗剪强度分别满足20kPa和25kPa时，可以不附加连接钢丝，对其受力和耐久性影响很小，可以简化生产工艺和降低成本，实现保温与结构一体化，保温材料与建筑物同寿命。

3. 混凝土复合保温填充砌块的 EPS 保温板厚度与外墙的传热系数 *K* 的关系如何？

天津某公司生产混凝土复合保温填充砌块的主规格尺寸为390mm×（205 + *B*）mm×

190mm，其中 B 为 EPS 保温板的有效厚度，其取值取决于能满足该地区节能要求的围护结构的传热系数。不同的 EPS 保温板的 B 值与外墙传热系数的关系，见表3-1。

表3-1 EPS 保温板 B 值与外墙的传热系数的关系

外墙厚度 (mm)	EPS 保温板 B 值 (mm)	砌块设计热阻 (m²·K/W)	外墙传热系数 [W/(m²·K)]	备 注
290	30	1.25	0.8	
295	35	1.37	0.73	
300	40	1.50	0.67	
305	45	1.62	0.62	
310	50	1.74	0.57	
315	55	1.86	0.54	
320	60	1.98	0.51	

黑龙江省大庆市肇州县建筑工程预制构件厂、黑龙江省齐齐哈尔中齐建材开发有限公司、烟台乾润泰新型建材有限公司等企业的混凝土复合保温砌块的墙体传热系数见表3-2。

表3-2 EPS（XPS）保温板 B 值与外墙的传热系数的关系

外墙厚度 (mm)	EPS 保温板 B 值 (mm)	砌块设计热阻 (m²·K/W)	外墙传热系数 [W/(m²·K)]	备 注
310	75	1.98	0.47	大庆市肇州县建筑工程预制构件厂
330	95	2.46	0.38	
300	65（XPS）	2.33	0.40	齐齐哈尔中齐建材开发公司
240	80	2.218	0.42	烟台乾润泰新型建材有限公司
240	95	2.50	0.38	

4. 什么是填充型混凝土复合保温填充砌块？

填充型混凝土复合保温填充砌块是指在混凝土小型空心砌块的部分孔洞或全部孔洞内填充绝热材料后形成的复合保温填充砌块。该种砌块所使用的混凝土为轻集料混凝土，轻集料混凝土是用轻粗集料、轻砂（或普通砂）水泥和水等原材料配置而成的干表观密度不大于 1950kg/m³ 的混凝土。用于填充型混凝土复合保温砌块的块型主要有多排孔砌块，如图3-19、图3-20 所示。

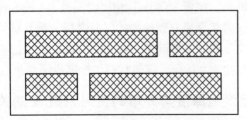

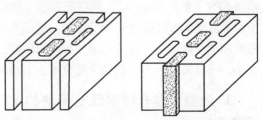

图 3-19 填充型混凝土复合保温填充砌块主块　　　图 3-20 填充型混凝土复合保温填充砌块主块

该种填充型复合保温砌块在混凝土砌块的孔洞内填充绝热材料，只能提高孔洞内的热阻，并不有效地阻止热桥存在，因作为导热系数较大（轻集料混凝土的导热系数为 0.9 左右）的混凝土连通室内和室外，由于热传导实现了室内外的热量流动，温差越大传导越快。该种复合保温砌块不适用于北方严寒地区的建筑节能，因为北方建筑主要是以建筑保温为主，尤其是北方属于寒冷地区和严寒地区，2014 年好几个北方省份开始执行建筑节能 75% 的标准，此种砌块在不增加产品厚度的前提下，是根本无法满足这个技术要求的。而在我国的南方，建筑节能主要是以隔热为主，要求复合保温砌块的蓄热系数较大的产品，蓄热系数大，混凝土复合保温砌块的热惰性指标（D 值）就越大，围护结构墙体的稳定性就越好。热惰性指标 D 值，是表征围护结构对周期性温度波在其内部衰减快慢程度的一个无量纲指标，单一材料围护结构，$D = R \cdot S$；多层材料围护结构，$D = \Sigma R \cdot S$。式中，R 为围护结构材料层的热阻，S 为相应材料层的蓄热系数。D 值越大，周期性温度波在其内部的衰减越快，围护结构的热稳定性越明显。由此可见，该种填充型混凝土复合保温填充砌块在南方具有广泛的应用。该种砌块生产和施工相对比较容易，比较受到施工方的欢迎。

5. 什么是夹芯型混凝土复合保温填充砌块？

复合保温砌块主块型沿砌筑使用时的墙厚方向的任意剖面，均由内叶块体、绝热材料和外叶块体三层结构组合为一体的复合保温砌块。其结构如图 3-21 ~ 图 3-27 所示。

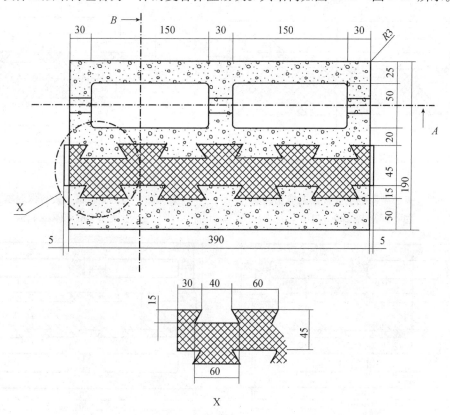

图 3-21　夹芯型混凝土复合保温填充砌块主块型 390×190×190

29

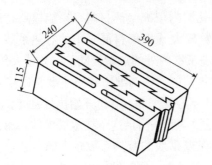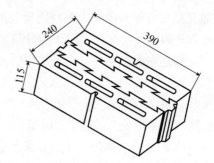

图 3-22　夹芯型混凝土复合保温填充砌块主块型 390×240×115

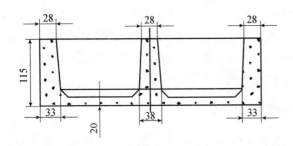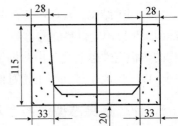

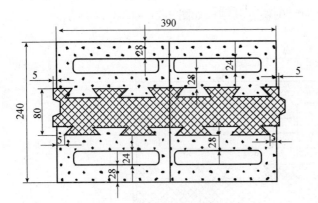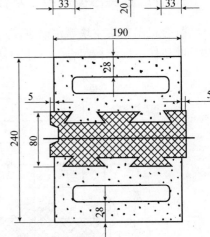

图 3-23　夹芯型混凝土复合保温填充砌块
　　　　　主块型 390×240×115

图 3-24　夹芯型混凝土复合保温填充砌块
　　　　　半块型 190×240×115

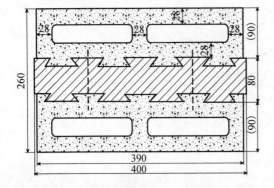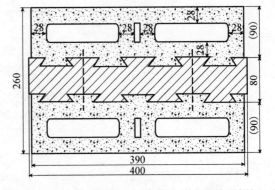

图 3-25　夹芯型混凝土复合保温填充
　　　　砌块主块型 390×260×190

图 3-26　夹芯型混凝土复合保温填充砌块可锯切
　　　　成半块的主块型 390×260×190

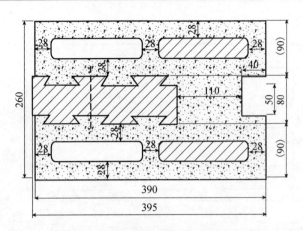

图 3-27　夹芯型混凝土复合保温填充砌块洞口块型 390×260×190

在四川汶川大地震后，我国的建筑界的专家们，对于抗震结构的抗破坏情况进行分析和试验验证，取消了以前的轻集料混凝土砌块填充墙体与框架结构式刚性连接，每个 400mm，从柱内伸出拉结钢筋嵌入填充墙体中，实际形成刚性连接做法。所谓的刚性连接做法，就是框架梁、柱中的填充墙体与框架形成一体，应考虑填充墙体的刚度和强度对整个框架结构变形的影响。为了实行填充墙体与框架的梁、柱采用柔性拉接，为了保证填充墙体在抗震时填充墙体达到出平面的稳定性，柔性拉接的具体做法是：填充墙体与框架柱和框架梁完全脱开，脱开的距离为 20mm，用 EPS 保温板挤实，在填充墙体的中部设有一个水平系梁，在门窗洞口处设有芯柱，该芯柱与上下框架梁连接。为了满足新型框架与填充墙体的柔性连接方式的需要，夹芯型混凝土复合保温填充砌块的块型必须进行创新，如图 3-28～图 3-33 所示。

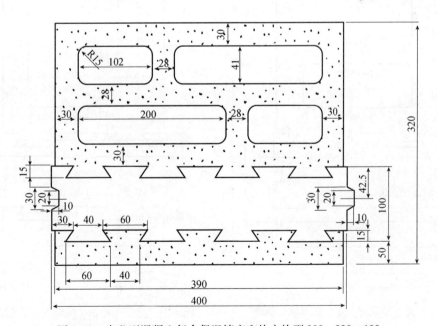

图 3-28　夹芯型混凝土复合保温填充砌块主块型 390×320×190

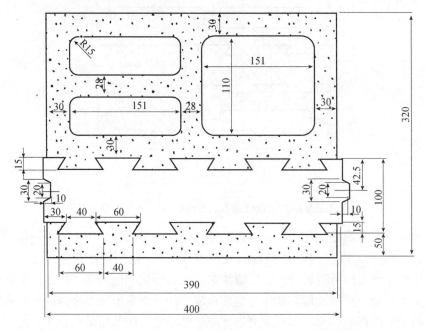

图 3-29　夹芯型混凝土复合保温填充砌块洞口主块型 390×320×190

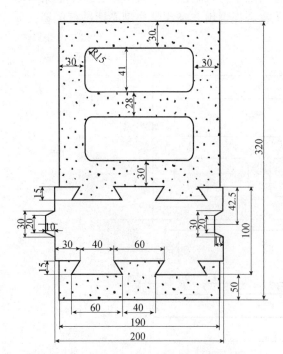

图 3-30　夹芯型混凝土复合保温填充砌块
半块块型 190×320×190

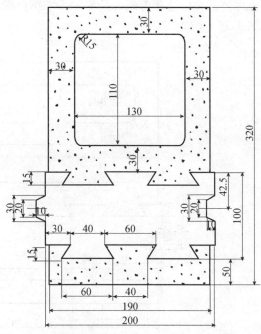

图 3-31　夹芯型混凝土复合保温填充砌块洞口
半块块型 190×320×190

图 3-32　夹芯型混凝土复合保温填充砌块
半块块型 190×320×190

图 3-33　夹芯型混凝土复合保温填充砌块洞口
半块块型 190×320×190

6. 什么是一次成型无机复合防火保温填充砌块？

一次成型无机复合防火保温填充砌块（图 3-34），由无机防火保温材料 2 和混凝土砌块主体 1 组成，它是一种新型的多功能型建筑墙体材料，具有"集保温与防火于一身，保温与结构一体化，保温材料与建筑物同寿命"的显著特点，具有广泛的适用性。由于在北京、上海和沈阳的三场特大火灾发生之后，公安部下发了［2011］65 号文件，一律要求使用 A 级防火保温材料，即无机保温材料。于是人们研究使用 A 级防火保温砂浆进行外墙外保温，代替聚苯板薄抹灰外墙外保温系统；由于是湿法作业，需要人工一层一层的将无机防火保温砂浆抹在外围护墙外表面上，因此带来了许多问题：如人工费增加；施工周期延长；A 级防火保温材料浪费严重等。根据《墙体材料应用统一技术规范》（GB 50574—2010）的中的规定："浆体材料保温层设计厚度不得大于 50mm"，《外墙外保温工程技术规程》（JGJ 144—2004）规定："外保温液体浆料宜分遍抹灰，每遍间隔时间应在 24h 以上，每遍厚度不宜超过 20mm"。由此可见，将保温砂浆涂抹在外墙外表面的施工工艺是有问题的。探索出一种将保温砂浆与轻集料混凝土材料通过砌块成型机一次复合成型为无机复合保温砌块，经过大量实践和探索，设计出生产一次成型无机复合保温砌块用专用模具和送料装置，很成功的将轻集料混凝土拌合料与无机保温砂浆拌合料复合成为一体，有效地解决了外墙外表面涂抹保温砂浆的难题。一次成型无机复合保温防火砌块的块型有好几种，构成一个保温构造体系，如图 3-34～图 3-40 所示。

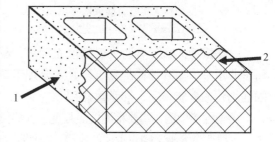

图 3-34　一次成型无机复合防火保温
砌块块型立体示意图

1—混凝土砌块主体；2—A 级无机防火保温材料

33

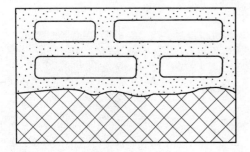

图 3-35　一次成型无机复合防火保温填充
砌块主块块型 390×310×190

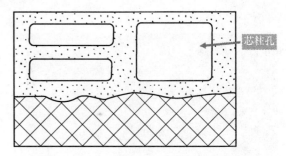

图 3-36　一次成型无机复合防火保温填充
砌块洞口主块块型 390×310×190

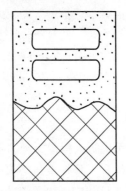

图 3-37　一次成型无机复合防火保温填充
砌块半块块型 190×310×190

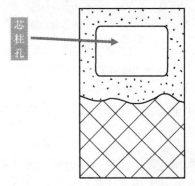

图 3-38　一次成型无机复合防火保温填充砌块
洞口半块块型 190×310×190

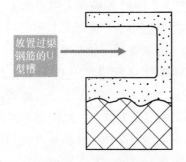

图 3-39　一次成型无机复合防火保温填充砌块
过梁块块型 190×310×190

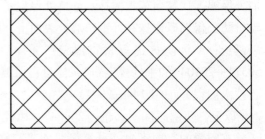

图 3-40　无机复合防火保温填充砌块阳角保温
填充砌块块型 390×120×190

　　一次成型无机复合防火保温填充砌块，不但可以用于承重保温外墙体的砌筑，而且适用于非承重保温外墙体的砌筑。其主要用于填充结构的建筑体系，起填充作用；用于芯柱配筋结构的建筑体系，起承重作用。

　　力学性能检测，主要检测抗压强度。在检测抗压强度时，不考虑无机复合防火保温层的作用，主要考虑混凝土砌块主体的作用。当混凝土砌块主体为轻集料时，采用《轻集料混凝土小型空心砌块》（GB/T 15229）的技术要求检测；当混凝土砌块主体为普通混凝土时，采用《普通混凝土小型空心砌块》（GB 8239）的技术要求检测。检测时去掉无机防火保温材料层。

　　齐齐哈尔市中齐建材有限公司将一次成型无机复合防火保温砌块产品，送交黑龙江省寒地设计研究院建筑材料测试中心检测，检测的相关数据如下：轻集料混凝土小型空心砌块主体的抗压强度 5.9MPa。一次成型无机复合防火保温填充砌块的规格尺寸 390mm × 310mm × 190mm，轻集料混凝土砌块主体的尺寸为390mm × 190mm × 190mm，无机防火保温材料层（燃烧性能为 A 级），其厚度为120mm，轻集料混凝土砌块主体在砌筑时，采用混合砂浆砌筑；无机防火保温材料层在砌筑时采用相同材料的保温砂浆砌筑。在无机防火保温材料层上抹 10mm 厚度的水泥抹面砂浆，在轻集料混凝土砌块主体上抹 20mm 的抹面砂浆，其热阻 $R = 2.5$（$m^2 \cdot K/W$），其传热系数$K = 0.38W/(m^2 \cdot K)$。此检测数据完全可以满足黑龙江地区节能 65%（传热系数 $K \leqslant 0.40W/(m^2 \cdot K)$）的要求。

7. 什么是后模塑发泡成型聚苯夹芯复合保温填充砌块？

后模塑发泡成型聚苯夹芯复合保温填充砌块具有五大特点：（1）混凝土凹凸燕尾槽与聚苯保温板的凸凹燕尾槽连接处不开裂；（2）后置的拉接件不变形，强度高，不产生冷桥；（3）产品尺寸偏差小；（4）外观质量好；（5）装饰、保温与结构一体化。

烟台乾润泰建材有限公司研发、生产的后模塑发泡成型聚苯夹芯复合保温砌块（专利号 ZL201320114658.6；ZL201420293802.1；ZL201430166094.0），由一面带凸燕尾槽的混凝土内叶块体和一面带凹燕尾槽的外叶块体、非金属高强度斜工字形和 V 字形拉接件（专利号 ZL201320114629.X）与后模塑发泡成型的聚苯夹芯保温板构成，如图3-41 ~ 图3-45 所示。

图 3-41　带凸燕尾槽的混凝土内叶块体和一面带凹燕尾槽的外叶块体块型 390 × 240 × 190

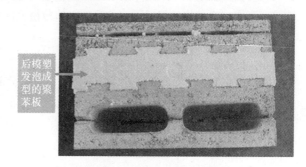

图 3-42　后模塑发泡成型聚苯夹芯复合保温填充砌块主块块型 390 × 240 × 190

图 3-43　混凝土填充砌块半块块型 190 × 240 × 190

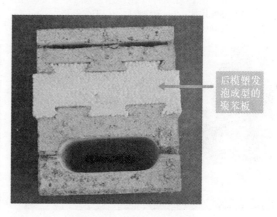

图 3-44　后模塑发泡成型聚苯夹芯复合保温砌块半块块型 190 × 240 × 190

图 3-45　后模塑发泡成型聚苯夹芯复合保温装饰一体化砌块主块 390×240×190

8. 什么是后发泡成型泡沫混凝土夹芯复合保温填充砌块？

后发泡成型泡沫混凝土夹芯复合保温填充砌块，其特点是由混凝土内叶块体、后发泡成型的泡沫混凝土保温复合板、混凝土外叶块体和拉接件一次复合而成；内叶块体的一大面上有若干个竖直母燕尾槽，外叶块体的一大面上有与内叶块体母燕尾槽个数相等的公燕尾槽，拉接件置于内叶块体和外叶块体的母燕尾槽内，与后发泡成型的泡沫混凝土形成的燕尾槽一起，将内叶块体与外叶块体拉接牢固；在后发泡成型的泡沫混凝土保温板的两个竖直端面各超出半个灰缝的长度；后发泡成型的泡沫混凝土保温板上下之间通过断面为"一"泡沫混凝土保温封压条连接；形成一个整体的保温隔墙，阻断砌体冷桥又防火，如图 3-46～图 3-51 所示。

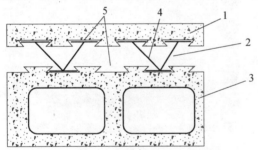

图 3-46　拉接件 4 拉接外叶块体 1 与
内叶块体 3 俯视示意图
1—外叶块体；2—泡沫混凝土保温复合板；
3—内叶块体；4—拉接件；5—母燕尾槽

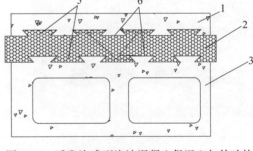

图 3-47　后发泡成型泡沫混凝土保温 2 与外叶块
体 1 和内叶块体 3 相结合的俯视示意图
1—外叶块体；2—泡沫混凝土保温复合板；
3—内叶块体；4—拉接件；5—母燕尾槽

图 3-48　彩色混凝土外叶块体 1 与本色
混凝土内叶块体 3 的俯视图

图 3-49　彩色混凝土外叶块体 1 与本色混凝土
内叶块体 3 与 U 形拉接件的俯视图

图 3-50　泡沫混凝土浇注在内、外叶块体
形成的空腔俯视图

图 3-51　彩色混凝土外叶块体 1 与本色内叶
块体 3 和后发泡成型的泡沫混凝土
2 组成的保温砌块

9. 混凝土复合保温填充砌块块型设计注意事项是什么？

混凝土复合保温填充砌块设计应注意的事项：

（1）必须弄清楚该种复合保温填充砌块的用途

如果是北方的建筑保温，则选择夹芯型混凝土复合保温填充砌块；如果是用于南方的建筑隔热，则应选择填充型的混凝土复合保温填充砌块，因为填充型混凝土复合保温砌块墙体的热惰性指标 D 值高，对墙体的运行的热稳定性好。热惰性 D 值越高保温墙体的热稳定性越好。

（2）必须知道混凝土复合保温填充砌块的强度等级与密度等级

混凝土复合保温填充砌块的强度与密度等级是两个极其重要的技术指标，根据《墙体材料应用统一技术规范》（GB 50574—2010）《砌体结构设计规范》（GB 50003—2011）的规定，用于外围护墙体的最低的强度等级为 MU5.0，如果按照《轻集料混凝土小型空心砌块》（GB/T 15229—2011）的规定，必须对强度等级和密度等级实行双控，也就是说混凝土复合保温填充砌块必须满足规定的强度等级的同时，还必须满足该强度等级所对应的密度等级。在轻集料混凝土小型空心砌块的标准中，强度等级 MU5.0的轻集料混凝土砌块，其对应的密度等级为 $\leqslant 1200 \text{kg/m}^3$；强度等级 MU7.5 的轻集料混凝土砌块，其对应的密度等级为 $\leqslant 1200 \text{kg/m}^3$；强度等级 MU10.0 的轻集料混凝土砌块，其对应的密度等级为 $\leqslant 1200 \text{kg/m}^3$。轻集料混凝土如此，混凝土复合保温填充砌块也是如此。设计人员在满足强度等级和密度等级前提下，进行混凝土复合保温的块型结构设计。

（3）必须知道混凝土复合保温填充砌块的热工性能要求

在混凝土复合保温填充砌块的热工性能一定的前提下，选择何种绝热材料，是绝热材料还是选择无机的绝热材料，在有机的材料中是选择聚苯乙烯泡沫塑料还是选择硬质聚氨酯；聚苯板是选择 EPS 板，还是选择 XPS 板；是选择阻燃型板，还是选择普通型板。在无机绝热材料中，是选择保温砂浆液体浆料，还是选择后发泡成型的泡沫混凝土等，设计人员必须因地、原材料、热工指标、生产设备及工艺条件、成本等因素而确定。同时还必须考虑绝热材料的厚度以及加工和成型方法等问题。

（4）必须知道混凝土复合保温填充砌块有无彩色装饰面层

如果混凝土复合保温填充砌块没有装饰面层，在块型设计是比较简单的。如有装饰面层，再设计时必须严格去考虑，因为是填充砌块，内叶块体是轻集料混凝土小型块型砌块，执行的是《轻集料混凝土小型空心砌块》（GB/T 15229—2012）的标准，而具有彩色装饰效果的混凝土外叶块体，则执行的是《装饰混凝土砌块》（JC/T 641—2008）的规定，在配合比设计时，必须考虑抗渗性和抗冻性问题。

（5）必须明白混凝土复合保温填充砌块的其他物理力学等性能

在混凝土复合保温填充砌块的块型设计时，还必须考虑到混凝土配合比设计，以满足相对含水率、干缩率、吸水率、抗冻性、软化系数、碳化系数和放射性核素限量等技术指标。

（6）在设计填充型混凝土复合保温砌块的块体结构时不能一味地减少热桥

如果这样，会使混凝土砌块的肋数降低且截面尺寸变小，变小时必须考虑其块体安全性，因为《复合保温砖和复合保温砌块》（GB/T 29060—2012）中规定：肋不能少于2条，肋的剖面面积之和不得小于产品对应的剖面面积的1/20。

10. 俄罗斯混凝土夹芯复合保温砌块的块型及特点是什么？

俄罗斯的严寒程度要比我国的严寒地区更加严峻，由此可见，其对建筑物的外围护墙体的建筑保温要求是非常高的，根据作者的了解，混凝土聚苯夹芯复合保温砌块应用的也是非常普遍，其使用最多的是（EPS）普通型保温板，其厚度加厚了许多，如图3-52～图3-55所示。

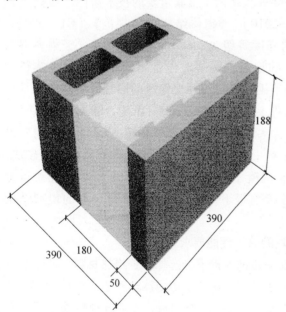

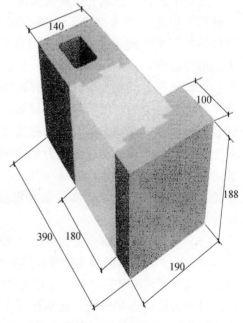

图3-52　俄罗斯的混凝土聚苯夹芯复合保温砌块主块型 390×390×190（EPS保温板厚度为180mm）

图3-53　俄罗斯的混凝土聚苯夹芯复合保温砌块洞口半块型 190×390×190（EPS保温板厚度为180mm）

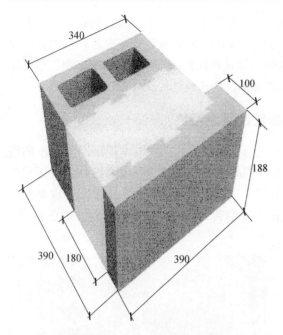

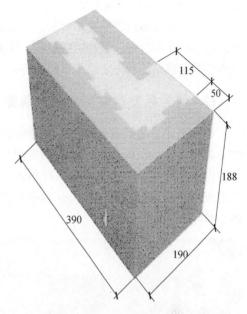

图 3-54 俄罗斯的混凝土聚苯夹芯复合保温砌块 洞口主块块型 390×390×190 （EPS 保温板厚度为 180mm）

图 3-55 俄罗斯的混凝土聚苯夹芯复合保温砌块 阳角块块型 190×390×190 （EPS 保温板厚度为 115mm）

11. 什么是粘结型混凝土夹芯复合保温砌块?

粘结型混凝土夹芯复合保温砌块是指沿墙厚方向的任意剖面，均由较厚的混凝土外叶块体、绝热材料和较薄的混凝土内叶块体三层通过胶粘剂粘结而成一个整体的，而不是通过物理结构相连接的夹芯复合保温砌块。通常较厚的外叶块体厚度为 25mm，内叶块体厚度为 15mm，其规格尺寸为 390mm×（25+d+15）×190mm，其中 d 为夹芯绝热材料的厚度（专利号：ZL200720093944.1），该种粘结型混凝土夹芯复合保温砌块主要用在外墙保温，砌筑在外墙的外侧，与建筑外墙一起构成双叶墙，粘结型混凝土复合保温砌块起保温和自承重的作用，建筑物的外墙起承重作用，如图 3-56 所示。通过砌筑砂浆和拉接筋与建筑物外墙体结

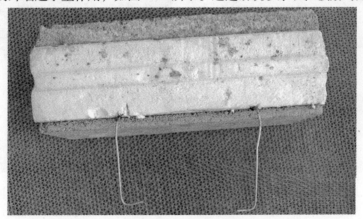

图 3-56 粘结型混凝土夹芯复合保温砌块主块型

合为一个整体。提高了墙体的保温和防火性能，耐火极限超过了1.5h，经吉林省消防与公共安全技术产品质量监督检验站检测，其燃烧性能符合GB 8624 A级复合（夹芯）材料标准要求，具有防火性能好，耐冲击强度高，保温材料与建筑物同寿命，产品可用于多层、小高层和高层等建筑结构和外墙结构材料，特别适用严寒地区的建筑结构保温和装饰工程。

12. 何为后发泡成型硬质聚氨酯夹芯复合保温砌块？

后发泡成型硬质聚氨酯夹芯复合保温砌块是指在由预先加工好的一面带凸燕尾槽的混凝土内叶块体、预先加工好的一面带凹燕尾槽的混凝土外叶块体、托板和特殊工装围成的空腔内浇注硬质聚氨酯发泡绝热材料得到的混凝土进行复核保温砌块。该种工艺成型的后发泡成型硬质聚氨酯夹芯复合保温砌块已获得国家专利（ZL201420253441.8），如图3-57~图3-60所示。

图3-57 预先加工好的带凸燕尾槽的普通混凝土内叶块体和预先加工好的带凹燕尾槽的普通混凝土外叶块体

图3-58 后发泡成型硬质聚氨酯夹芯复合保温承重砌块

图3-59 预先加工好的带凸燕尾槽的轻集料混凝土内叶块体和预先加工好的带凹燕尾槽的轻集料混凝土外叶块

图3-60 后发泡成型硬质聚氨酯夹芯复合保温轻集料混凝土填充砌块

13. Z形混凝土复合保温填充砌块的块型构造是什么？

Z形混凝土复合保温砌块用于砌筑工业与民用建筑框架填充墙墙体。其特点是：混凝土复合保温砌块形状是Z形，Z形混凝土复合保温砌块有条面定位凸台、端面定位凸台，复合保温砌块上平面有凹槽，复合保温砌块内部有两排相错的四个空心孔和一个10～12mm的空气层。在四个空心孔中有保温材料，保温材料为有机保温板或发泡混凝土。Z形混凝土复合保温填充砌块系列块型是由哈尔滨天硕建材工业有限公司研发生产的一种多功能的专利产品，发明专利ZL：200910072070.7，实用新型ZL：200920099566.7。

该种复合保温砌块的优点是：在建筑现场用本实用新型砌筑节能墙体时，以Z形外形和凸台为基准保证砌体立面平整度和墙体厚度，并形成强化保温的静止空气层。节能砌块上平面凹槽内放置保温板后有效控制水平铺浆厚度并封闭节能砌块原有空气层和砌筑形成的空气层同时切断水平砌筑砂浆层热桥，达到提高保温效果的目的。端面凸台有效避免垂直铺浆滑落。本实用新型具有较高强度、耐候性能和稳定的物理性能，并可以以合理的不同厚度满足各地区节能65%以上标准要求，而无需再做墙体内或外保温。

Z形混凝土复合保温填充砌块的生产过程：在工厂内将混合好的砌块配料或者用建筑垃圾送入砌块成型机模具内，生产出具有Z形形状并带有定位凸台、上平面有凹槽、内部有两排相错的四个空心孔和一个10～12mm空气层的Z形初级砌块。初级砌块进行养护，经检验强度达标合格后，在专用机上将保温材料（有机保温板或发泡混凝土）加入初级砌块四个空心孔中，生成Z形混凝土复合保温填充砌块，然后再自然养护待用，如图3-61、图3-62所示。

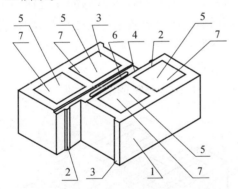 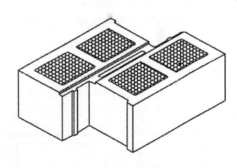

图 3-61　Z形混凝土复合保温填充砌块的块型主块型
1—混凝土砌块；2—条面定位凸台；3—端面定位凸台；
4—凹槽；5—孔洞；6—空气层；7—保温材料

图 3-62　Z形混凝土复合保温填充砌块的块型主块型

14. Z形混凝土复合保温填充砌块的相关性能指标有哪些？

Z形混凝土复合保温填充砌块可以使用的原材料比较广泛，通过哈尔滨天硕公司研发的TS结石剂（外加剂），可以使用80%以上的废弃物，如粉煤灰、建筑垃圾、尾矿砂、江河淤泥、炉渣等工业固体废弃物等。梁柱采用ZTS无机保温装饰复合板外贴处理，由TS无机保温板与PU自粘结复合而成，经黑龙江省寒地研究院检测中心检测，其性能指标完全满足，并高于相关标准的指标要求，其数据如下：

（1）堆积密度：810kg/m³；

（2）抗压强度：平均6.3MPa；

（3）吸水率：14.7%；

（4）干缩值：0.46mm/m；

（5）抗冻性D50：质量损失3.5%　强度损失15%；

（6）软化系数：0.87；

（7）碳化系数：0.86；

（8）热阻：1.83m²·K/W（墙体厚度为250mm）2.41m²·K/W（墙体厚度为300mm）。

Z形混凝土复合保温填充砌块墙体具有防火、保温、抗渗、高强度、质轻、耐候耐久等综合特点，并形成保温装饰一体化。其与Z形砌块形成材质同一、饰面同一、寿命同一的一体化的显著特点，满足建筑节能65%的要求。

15. 什么是 TS 轻集料混凝土复合自保温砌块？

TS 轻集料混凝土复合自保温砌块的特征在于：砌块体 1 上侧横向均布有两个上下贯通的上隔断腔 2，砌块体 1 中部横向居中有一个上下贯通的中隔断腔 3，中隔断腔 3 左右分别有上下贯通的隔断豁口 4，一侧隔断豁口 4 上下沿有由上至下的凸台 5，砌块体 1 下侧横向均布有两个上下贯通的下隔断腔 6，上隔断腔 2、中隔断腔 3 和下隔断腔 6 内填充有复合保温浆料，隔断豁口 4 内填充有苯板。由大庆市天晟建筑材料厂研发、生产的，具有自主知识产权（专利号：ZL201220151708.3）的 TS 轻集料混凝土复合自保温砌块，如图 3-63 ～图 3-67 所示。利用上隔断腔、中隔断腔、下隔断腔以及其内的复合保温浆料，还有隔断豁口及其内的苯板，隔断热传导，进而增加墙体保温效果，省去外挂苯板，降低成本，而且防火。该种混凝土复合保温砌块具有保温效果极好的特点，隔断墙体内外热量传导，由该 TS 轻集料混凝土复合自保温砌块砌筑的墙体热工性能为：热阻为3.33m²·K/W，传热系数为0.29W/(m²·K)，满足我国严寒地区紧张节能75%的节能标准。

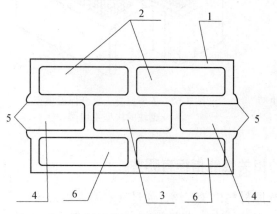

图 3-63　TS 轻集料混凝土复合
自保温砌块结构图（一）

1—砌块体；2—上隔断空腔；3—中隔断空腔；
4—隔断豁口；5—凸台；6—下隔断空腔

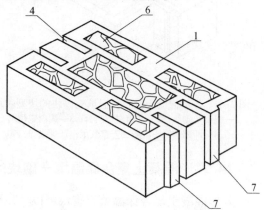

图 3-64　TS 轻集料混凝土复合
自保温砌块结构图（二）

1—砌块体；2—上隔断空腔；3—中隔断空腔；
4—隔断豁口；5—凸台；6—下隔断空腔

图 3-65 TS 轻集料混凝土复合自保温砌块主块型（封闭孔内填充聚苯颗粒浆料，开放孔填充聚苯板，其主规格尺寸 390×340×190）

图 3-66 TS 轻集料混凝土复合自保温砌块主块型（所有孔洞内均填充聚苯板，其主规格尺寸 390×340×190）

图 3-67 TS 轻集料混凝土复合自保温砌块半块（所有孔洞内均填充聚苯板，中心孔为空气层，其主规格尺寸 190×340×190）

16. TS 轻集料混凝土复合自保温砌块的相关性能指标有哪些?

TS 轻集料混凝土复合保温砌块应满足国家和行业标准《复合保温砖和复合保温砌块》（GB/T 29060—2012），《自保温混凝土复合砌块》（JG/T 407—2013）的要求。大庆市天晟建筑材料厂研发、生产的 TS 轻集料混凝土复合自保温填充砌块的相关性能，经过国家级或省级的权威检测检验机构检测，其检测的相关指标如下：

（1）砌块的当量导热系数：0.1W/(m·K)；[主规格尺寸：(390×390×190) mm]。

（2）砌体的传热系数：$K = 0.25W/(m^2·K)$；[主规格尺寸：(390×390×190) mm]。

（3）砌体热阻：$R = 3.33 (m^2·K) /W$；[主规格尺寸：(390×340×190) mm]。

（4）砌体的传热系数：$K = 0.29W/(m^2·K)$；[主规格尺寸：(390×340×190) mm]。

（5）砌体热阻：$R = 2.74 (m^2·K) /W$；[主规格尺寸：(390×290×190) mm]。

（6）砌体的传热系数：$R = 0.35W/(m^2·K)$；[主规格尺寸：(390×290×190) mm]。

（7）堆积密度：$870kg/m^3$。

（8）抗压强度：平均 6.1MPa。

（9）吸水率：13.8%。

（10）干缩值：0.48mm/m。

（11）抗冻性 D50：质量损失 4.1%　强度损失 13%。

（12）软化系数：0.91。

（13）碳化系数：0.89。

（14）耐火完整性和耐火隔热性均大于3.00h。

除了TS轻集料混凝土自保温填充砌块外，还对配套应用的TS系列保温砂浆（砌筑保温砂浆、外墙外表面抹面保温砂浆，外墙内表面抹面保温砂浆）进行检测，砂浆的强度和保温性能符合相关的标准。其检测指标如下：

（1）砌筑保温砂浆

①强度等级（MPa）：大于M5.0、大于M7.5、大于M10.0；

②稠度：62mm；

③分层度：10.2mm；

④保水率：90.2%；

⑤导热系数：0.23W/(m·K)；

⑥收缩率：0.19%；

⑦抗冻性：50次冻融循环；

⑧堆积密度：1350kg/m³；

⑨M5的抗冻性：强度损失：11.2%，质量损失：2.2%；

⑩M10.0的抗冻性：强度损失8.1%，质量损失1.6%。

⑪放射性：合格。

（2）外墙外表面抹面保温砂浆

①强度等级（MPa）：M4.2；

②稠度：68mm；

③分层度，8mm；

④保水率：90.3%；

⑤导热系数：0.278W/(m·K)；

⑥收缩率，0.26%；

⑦抗冻性（50次冻融循环）；

⑧堆积密度：1020kg/m³；

⑨M3.5的抗冻性：强度损失12.6%，质量损失2.6%；

⑩放射性：合格。

（3）外墙内表面抹面保温砂浆

①强度等级（MPa）：M3.9；

②稠度：79mm；

③分层度：9mm；

④保水率，92.3%；

⑤导热系数：0.187W/(m·K)；

⑥收缩率，0.21%；

⑦抗冻性（50次冻融循环）；

⑧堆积密度：1300kg/m³；

⑨M3.5的抗冻性：强度损失16.9%，质量损失3.6%；

⑩放射性：合格。

第四章　混凝土复合保温填充砌块及装饰保温贴面砌块使用原材料

1. 混凝土复合保温填充砌块及装饰保温贴面砌块用的胶凝材料有哪些？其主要性能的技术指标有哪些？

混凝土复合保温填充砌块及装饰保温贴面砌块使用的胶凝材料主要有：硅酸盐水泥、普通硅酸盐水泥、复合硅酸盐水泥和彩色硅酸盐水泥等。

1. 硅酸盐水泥

凡由硅酸盐水泥熟料、0~5%石灰石或粒化高炉矿渣、适量的石膏磨细制成的水硬性胶凝材料，称为硅酸盐水泥。硅酸盐水泥在磨细时不掺加混合材的称Ⅰ型硅酸盐水泥，代号P·Ⅰ。在磨细时掺加不超过水泥质量5%石灰石或粒化高炉矿渣混合材的称为Ⅱ型硅酸盐水泥，代号为P·Ⅱ。

（1）硅酸盐水泥的生产及矿物组成

硅酸盐水泥熟料的主要矿物组成及其含量，见表4-1。

表 4-1　硅酸盐水泥熟料的主要矿物组成及含量

化合物名称	氧化物成分	缩写符号	含量（%）
硅酸三钙	$3CaO \cdot SiO_2$	C_3S	44~62
硅酸二钙	$2CaO \cdot SiO_2$	C_2S	18~30
铝酸三钙	$3CaO \cdot Al_2O_3$	C_3A	5~12
铁铝酸四钙	$4CaO \cdot Al_2O_3 \cdot Fe_2O_3$	C_4AF	10~18

（2）硅酸盐水泥的凝结硬化

水泥加水拌合后，最初形成具有可塑性的浆体，并发生一系列物理化学变化，然后逐渐变稠失去可塑性，但未具有强度的过程，称为凝结。以后，强度逐渐提高，并变成坚硬的石状物体——水泥石，这一过程称为硬化。水泥的凝结和硬化过程是人为划分的，实际上水泥的凝结硬化是一个连续的复杂物理化学变化过程，这对于了解水泥的性能和使用是很重要的。水泥遇水后，熟料中各矿物与水发生化学反应，生成水化物，并放出一定热量。

硅酸三钙水化后生成含水硅酸钙，并析出氢氧化钙。其反应方程式如下：

$$2 (3CaO \cdot SiO_2) + 6H_2O = 3CaO \cdot 2SiO_2 \cdot 3H_2O + 3Ca(OH)_2$$

$\quad\quad$ 硅酸三钙 $\quad\quad\quad\quad$ 含水硅酸钙 $\quad\quad$ 氢氧化钙

硅酸二钙水化后也生成含水硅酸钙，并析出少量氢氧化钙。其反应方程式如下：

$$2(2CaO \cdot SiO_2) + 4H_2O \Longrightarrow 3CaO \cdot 2SiO_2 \cdot 3H_2O + Ca(OH)_2$$

　　硅酸二钙　　　　　　　　含水硅酸钙　　　氢氧化钙

铝酸三钙水化后生成含水铝酸三钙。其反应方程式如下：

$$3CaO \cdot Al_2O_3 + 6H_2O \Longrightarrow 3CaO \cdot Al_2O_3 \cdot 6H_2O$$

　　　　铝酸三钙　　　　　　　含水铝酸三钙

铁铝酸四钙水化后生成含水铝酸钙和含水铁酸钙。其反应方程式如下：

$$4CaO \cdot Al_2O_3 \cdot Fe_2O_3 + 7H_2O \Longrightarrow 3CaO \cdot Al_2O_3 \cdot 6H_2O + CaO \cdot Fe_2O_3 \cdot H_2O$$

　　　　铁铝酸四钙　　　　　　　　　含水铝酸三钙　　　　含水铁酸钙

　　纯熟料磨细后，凝结时间太短，不便使用。为了调节水泥的凝结时间，熟料磨细时，掺加适量（3%左右）石膏，这些石膏与部分水化铝酸三钙反应，生成难溶的水化硫铝酸钙（延缓水泥凝结），呈针状晶体存在。其反应方程式如下：

$$3CaO \cdot Al_2O_3 \cdot 6H_2O + 3(CaSO_4 \cdot 2H_2O) + 19H_2O \Longrightarrow 3CaO \cdot Al_2O_3 \cdot 3CaSO_4 \cdot 31H_2O$$

　　含水铝酸三钙　　　　　　石膏　　　　　　　　　　水化硫铝酸钙

　　（3）硅酸盐水泥的主要技术性质

　　①细度与密度。水泥细度表示水泥颗粒的粗细程度，水泥颗粒越细，水化反应速度越快，水化放热快，凝结硬化速度快，早期强度越高。由于过细水泥硬化过程收缩率大，易引起开裂。密度一般在 3.0～3.2g/cm³ 之间。松散状态时的堆积密度，一般在 900～1300g/cm³ 之间。紧密状态时的堆积密度可达 1400～1700g/cm³。

　　②不溶物。Ⅰ型硅酸盐水泥中不溶物不超过 0.75%，Ⅱ型硅酸盐水泥中不溶物不超过 1.50%。

　　③氧化镁含量。水泥中的氧化镁（MgO）含量不得超过 5.0%。

　　④三氧化硫含量。水泥中三氧化硫（SO_3）不超过 3.5%。

　　⑤烧失量。烧失量是指水泥在一定温度和燃烧时间内，失去质量所占的百分数。Ⅰ型硅酸盐水泥烧失量不大于 3.0%，Ⅱ型硅酸盐水泥烧失量不得大于 3.5%。

　　⑥凝结时间。水泥的凝结时间分为初凝和终凝，初凝时间是以水泥加水拌合水泥浆开始失去可塑性所需的时间；终凝时间则从加水拌合起至水泥浆完全失去可塑性并开始产生强度所需的时间。初凝时间为不小于 45min，终凝时间不大于 390min。

　　⑦安定性。水泥的安定性是指水泥在凝结硬化过程中体积变化的均匀性。安定性不良的水泥，会使已经硬化的混凝土结构出现体积膨胀造成开裂，引发严重的工程质量事故。引发水泥的安定性不良的原因有三：第一是在生产熟料矿物时残留较多的游离氧化钙（f-CaO）；第二是原料中过多的氧化镁（MgO）；第三是水泥中含有过多的三氧化硫（SO_3）。

　　⑧标准稠度用水量。标准稠度用水量是指按一定的方法将水泥调制成具有标准稠度的净浆所需的用水量。标准稠度用水量是作为测定水泥的凝结时间及安定性所需净浆拌合水量的依据。按规定水泥标准稠度需水量可采用"不变水量法"或"调整水量法"进行测定。

　　⑨强度等级。水泥的强度是水泥性能的重要指标。国家规定水泥强度用软炼法检验，

即将水泥和标准砂按 1：2.5 的比例混合，加入一定量的水（水灰比为 0.5），按规定方法制成 40mm×40mm×160mm 的水泥胶砂试件，在标准条件下养护后进行抗折强度、抗压强度试验。其 3d 的强度可以达到 28d 强度的 40% 左右。其强度等级为 42.5 和 42.5R、52.5 和 52.5R、62.5 和 62.5R。其中"R"代表早强型水泥。在相同强度等级的水泥中，带"R"和不带"R"主要区别是 3d 强度不同。

⑩水化热。水泥的水化是放热反应，水泥在凝结硬化过程中放出热量称为水泥的水化热。水泥的水化放热量和放热速度主要取决于水泥矿物组成和细度。大部分水化在水泥水化初期放出。硅酸盐水泥的水化热是所有水泥中最大的，放热速度也是最快的。水泥的水化热多，有利于冬季施工，可在一定程度上防止冻坏，有利于混凝土制品的养护。但不利于大体积工程，大量水化热聚集于内部，造成内部和表面有较大的温差，内部受热膨胀，表面冷却收缩，使大体积混凝土在温度应力下严重受损。

⑪碱含量。水泥中碱含量按 $Na_2O + 0.658K_2O$ 计算值表示，若使用活性集料时，应选用低碱性水泥，一般碱含量小于 0.6%，以避免发生碱－集料反应。

（4）硅酸盐水泥的性能

①早期强度高，3d 强度能达到 28d 强度的 40%；

②水泥强度等级高，可用于配制高强度混凝土；

③水化热高，抗硫酸盐侵蚀性差；

④抗冻性及耐磨性好；

⑤硅酸盐水泥在一般贮存条件下，三个月后，水泥强度约降低 10%～20%；六个月后约降低 15%～30%；一年后约降低 25%～40%。

2. 通用硅酸盐水泥

以硅酸盐水泥熟料和适量的石膏及规定的混合材料制成的水硬性胶凝材料。

普通硅酸盐水泥的组分：熟料＋石膏≥80 且＜95；活性混合材料（粒化高炉矿渣、火山灰质混合材、粉煤灰、石灰石）＞5 且≤20。

《通用硅酸盐水泥》（GB 175—2007）对普通水泥提出了如下技术要求：

（1）细度。普通水泥 80μm 方孔筛筛余不得超过 10%。

（2）凝结时间。普通水泥初凝不小于 45min，终凝不大于 600min。

（3）化学指标。氧化镁（MgO）质量分数≤5.0%；三氧化硫（SO_3）质量分数≤3.5%。

（4）强度等级分为 42.5 和 42.5R、52.5 和 52.5R。

3. 复合硅酸盐水泥

凡是由硅酸盐水泥熟料、两种或两种以上规定的混合材料与适量石膏磨细制成的水硬性胶凝材料称为复合硅酸盐水泥（简称复合水泥），代号为 P·C。水泥中混合材的总掺量按质量的百分比应大于 20%，不超过 50%，水泥中不允许用超过 8% 的窑灰代替部分混合材；掺矿渣时混合材料掺量不得与矿渣硅酸盐水泥重复。其技术要求：

（1）细度。80μm 方孔筛筛余不超过 10%。

（2）凝结时间。初凝不小于 45min，终凝不大于 600min。

（3）安定性。用沸煮法检验必须合格。

（4）强度等级分为 32.5 和 32.5R、42.5 和 42.5R、52.5 和 52.5R。

4. 彩色硅酸盐水泥

由硅酸盐水泥熟料及适量石膏（或白色硅酸盐水泥）混合材及着色剂磨细或混合制成的带有色彩的水硬性胶凝材料称为彩色硅酸盐水泥。彩色硅酸盐水泥基本色有：红色、黄色、蓝色、绿色、棕色和黑色等。其他颜色的彩色硅酸盐水泥的生产，可由供需双方协商。彩色硅酸盐水泥的强度等级分为：27.5、32.5、42.5。

2. 轻集料的定义及相关概念是什么？

轻集料是指堆积密度不大于 $1200kg/m^3$ 粗、细砂的总称。轻粗集料为粒径在 5mm 以上的轻质集料，其堆积密度小于 $1000kg/m^3$。轻细集料为粒径不大于 5mm 的轻质集料（以下简称轻砂），其堆积密度小于 $1100kg/m^3$。配制轻混凝土时，也可采用普通砂作为细集料。

普通集料是指普通混凝土和砂浆所用的集料。一般是指砂、碎石、卵石。堆积密度为 $1500\sim2000kg/m^3$。

人造轻集料是指采用无机材料经加工制粒、高温焙烧而制成的轻粗集料（陶粒等）及轻细集料（陶砂等）。

天然轻集料是指由火山爆发形成的多孔岩石经破碎、筛分而制成的轻集料。如浮石、火山渣等。

工业废渣轻集料是指由工业副产品或固体废弃物经破碎筛分而制成的一种工业废渣轻集料。

煤渣是指煤在锅炉中燃烧后形成的多孔残渣，经破碎、筛分而成的一种工业废渣轻集料（有时也叫炉渣）。

自燃煤矸石是指在采煤选煤过程中排出的煤矸石，经过堆积、自燃、破碎、筛分而制成的一种废渣轻集料。

重集料是指相对密度特别大（$3.75\sim7.78g/cm^3$）的集料。

集料密度是指单位体积内的集料质量。通常分为三种：堆积密度（原称松散容重）、紧密密度（原称紧密容重）和表观密度（原称视密度）。

堆积密度是指经烘干后集料试样在自然堆积状态下单位体积内的质量。集料的堆积密度与其颗粒级配和岩石的种类有关，一般在 $1400\sim1650kg/m^3$ 之间波动。

紧密密度是指经烘干后的集料试样在容积筒内按规定方法填实后单位体积的质量。集料的紧密密度与其颗粒级配和岩石的种类有关。

表观密度是指经烘干后的集料颗粒单位体积（包括内部封闭空隙）的质量。集料的表观密度主要与集料的种类有关。

碱活性集料是指能与水泥或混凝土中碱发生化学反应的集料。碱－集料反应是指某些活性集料在一定条件下，能与混凝土中的碱发生化学反应。这种反应的后果是引起混凝土膨胀开裂甚至破坏，极大地影响混凝土的耐久性。一类是碱－硅酸盐反应，另一类是碱－碳酸盐反应。

3. 轻集料及其混凝土制品应符合哪些标准和规范？

轻集料及其制品应符合的规范和标准如下：

《轻集料及其试验方法　第 1 部分：轻集料》（GB/T 17431.1）；

《轻集料及其试验方法　第 2 部分：轻集料试验方法》（GB/T 17431.2）；

《通用硅酸盐水泥》（GB 175）；

《用于水泥和混凝土中的粉煤灰》（GB/T 1596）；

《建设用砂》（GB/T 14684）；

《混凝土小型空心砌块试验方法》（GB/T 4111）；

《建筑材料及制品燃烧性能分级》（GB 8624）；

《绝热用模塑聚苯乙烯泡沫塑料》（GB/T 10801.1）（EPS）；

《绝热用挤塑聚苯乙烯泡沫塑料》（GB/T 10801.2）（XPS）；

《建筑绝热用硬质聚氨酯泡沫塑料》（GB/T 21558）；

《装饰混凝土砌块》（JC/T 641）；

《泡沫混凝土砌块》（JC/T 1062）；

《轻集料混凝土小型空心砌块》（GB/T 15229）；

《彩色硅酸盐水泥》（JC/T 870）；

《建筑材料放射性核素限量》（GB 6566）；

《墙体材料应用统一技术规范》（GB 50574）；

《建筑外墙外保温系统的防火性能试验方法》（GB/T 29416）；

《建筑设计防火规范》（GB 50016）；

《建筑构件耐火试验方法》（GB/T 9978.8）；

《混凝土小型空心砌块建筑技术规程》（JGJ 14）。

4. 混凝土复合保温填充砌块可以使用哪些轻集料？

混凝土复合保温填充砌块是一种多功能的集围护、保温、装饰、利废、环保于一身的新型墙体材料，可以使用的陶粒种类很多。如除粉煤灰陶粒作为轻集料外，可以使用利用淤泥生产出的污泥陶粒，利用赤泥生产的烧结陶粒，利用黄金尾矿粉生产的烧结陶粒（发明专利号 201110293978.8），利用铁尾矿粉烧结的陶粒（发明专利号 201110328894.3），利用铜尾矿粉烧结的陶粒（发明专利号 201110107325.6），利用铸造工业排放的废弃型砂粉尘烧结的陶粒（发明专利号 201110314495.1），利用油脂加工企业排放的含油脂废白土烧结的陶粒（发明专利号 201110336722.0），利用钴尾矿粉烧结的陶粒（发明专利号 201110294988.3），利用陈腐垃圾渣粉烧结的陶粒（发明专利号 201210278543.0），利用陈腐垃圾、粉煤灰烧结的陶粒（发明专利号 201210282957.0），利用建筑垃圾等等。其主要目的是利废、环保、循环、绿色、节能。上述的轻集料均是利用工业废弃物生产陶粒和陈腐垃圾生产陶粒，减少对环境的污染，使得这些废弃物具有使用价值，真正达到工业固体废弃物和陈腐垃圾治理的零排放和资源化利用。

在广泛利用工业废弃物和陈腐垃圾生产工业废弃物陶粒和陈腐垃圾陶粒的过程中，还生产出工业废弃物和陈腐垃圾陶砂，陶粒作为轻粗集料，陶砂作为轻细集料，完全可以满足混凝土复合保温填充砌块对粗细轻集料的需求。

5. 混凝土复合保温填充砌块所用轻集料应如何选择？

轻集料虽然没有活性，但却是轻集料混凝土的骨架，按质量计约占70%以上，其性能及质量对混凝土性能起重要作用。20世纪80年代以前，由于混凝土强度等级较低（一般使用范围是C10～C25，C30以上即为高强混凝土），混凝土抗压强度主要与水泥质量和水灰比有关，认为集料只起填充作用。随着混凝土强度等级的大幅度提高（一般使用C20～C60），高强混凝土或高性能混凝土的大量使用，集料的作用日益明显，以高强混凝土为例，当单方水泥用量达500kg时，水泥用量继续增加对混凝土抗压强度的提高已无明显作用，而集料的粒径、粒形、表面状况、级配乃至最佳砂率则上升为混凝土高强的主要因素，从而使集料选择合适与否成为轻质高强混凝土配制成败的关键。

另一方面，轻集料是大宗材料，鉴于货源、生产条件、运输及堆放条件的差别，其均匀性如何也属是否选用的条件之一，特别是工程量较大的混凝土，轻集料均匀性差，将直接造成轻集料混凝土制品质量不均匀。

此外，轻集料属地方材料，从经济考虑它不可能舍近求远长途跋涉从外地运来，所以集料大都在当地选择，如果当地轻集料质量欠佳，只有采取其他措施加以补救，在技术经济综合分析可行时，有的轻集料也从外地供应。

选择轻集料除视其有害物质是否合格之外，应从混凝土对轻集料的要求、轻集料本身的性能及其成本等方面试验、分析，加以确定。可以肯定，没有适用于一切混凝土的集料，各种混凝土对集料的要求也不能完全一样，有的集料可能某一指标很好，而另一指标可能较差，因此，要针对轻集料的实测指标和轻集料混凝土制品的技术要求，具体情况具体分析，同时应作混凝土拌合物及力学试验，确定轻集料在混凝土中使用的实际效果，使其选择符合实际情况，这种选择将是成功的。

（1）轻粗集料的选择

①最大粒径：级配合格的粗集料当最大粒径较大时，级配范围较宽，其空隙率及表面面积较小，使混凝土用水量相对较小，能得到比较密实的混凝土，而且在坍落度不变的情况下，相对水泥用量较少，所以对于一般强度等级的混凝土，只要模板及钢筋间距允许，或者模具的空腔足够宽的话，应尽量使用最大粒径的轻集料。因此，高轻质高强混凝土砌块的最大粒径不宜过大，以不超过20mm为宜。

②粒径及表面状况：碎石形陶粒与球形陶粒轻集料在这方面有明显区别，球形陶粒形状浑圆表面光滑，可使混凝土工作性提高，而且比碎石形陶粒的用水量小，单方水泥用量比碎石陶粒混凝土低，但因此带来的问题是降低了与水泥砂浆的粘结力。

③级配：级配是粗集料选择时重要的技术指标，因为它直接影响轻集料混凝土拌合物及硬化混凝土的性能。目前所供应的轻集料大都是连续级配，这与具有一定的天然级配有关，轻集料粉碎后，只要筛掉大颗粒即可。

《轻集料及其试验方法　第1部分：轻集料》（GB/T 17431.1）中规定，最大人造轻集料粒径不宜大于19.0mm。各种粗细混合的轻集料，宜满足下列要求：（a）2.36mm筛上累计筛余为（60±2）%；（b）筛除2.36mm以下颗粒后，2.36mm筛上的颗粒级配满足5～10mm的颗粒级配的要求。

（2）轻细集料的选择

粒径和级配。轻细集料的粒径大小以细度模数表示，其级配对混凝土性能影响很大。如果选用单一粒径的陶粒作为轻粗集料时，可以选择中砂作为细集料。因为，粗砂因缺乏细颗粒，使轻集料混凝土较为干涩，黏性下降，工作性不好，筛除轻细集料混凝土使砌块和易性不好；细砂和特细砂不但使混凝土极易离析，而且需水量大，从而提高了水泥用量；级配较好的中砂适于各种轻集料混凝土和有特殊要求的轻集料混凝土制品，如泵送混凝土、高强混凝土、抗渗混凝土等，其细度模数以 2.5～3.0 为宜。应该说明的是，细度模数公式不仅是一个通过筛分析试验求出的经验公式，事实它从理论上表示粒径大小，具有平均粒径的概念，故为多数国家采用。细度模数的不足之处在于：对细颗粒含量的变动比较迟钝，对于细颗粒含量的增减，反应变化不大，有时可能细颗粒含量较多，而模数并不很小，从而做出粒径级配良好的误判，细度模数是各筛筛余的加权平均值，它强调粗颗粒的作用，配给较大的权值，所以对细颗粒含量的变动不够灵敏。

6. 混凝土复合保温填充砌块使用的掺合料有哪几种？

掺合料不同于生产水泥时与熟料一起磨细的混合材料，它是在混凝土（或砂浆）搅拌前或在搅拌过程中，与混凝土（或砂浆）其他组分一样，直接加入的一种外掺料。用于混凝土的掺合料绝大多数是具有一定活性的固体工业废渣。掺合料不仅可以取代部分水泥、减少混凝土的水泥用量、降低成本，而且可以改善轻集料混凝土拌合物和硬化混凝土的各项性能。因此，轻集料混凝土中掺用掺合料，其技术、经济和环境效益是十分显著的。

用作轻集料混凝土砌块的掺合料有粉煤灰、硅灰、磨细矿渣粉、磨细自燃煤矸石以及其他工业废渣。其中粉煤灰是目前用量最大、使用范围最广的一种掺合料，被称为是混凝土除胶结料、砂、石、水、外加剂外的第六组分。

1. 粉煤灰

（1）粉煤灰的种类及技术要求

粉煤灰（fly ash）是指电厂煤粉炉烟道气体中收集的粉末。按粉煤灰中氧化钙的含量，分为高钙和低钙灰两类。我国绝大多数电厂排放的粉煤灰都是低钙粉煤灰。它又根据排放方法分为湿排灰和干排灰，前者的质量不如后者。

用于混凝土的低钙粉煤灰，按《用于水泥和混凝土中的粉煤灰》（GB/T 1596—2005）规定，分为Ⅰ、Ⅱ、Ⅲ三个等级，其相应的技术要求列于表4-2。

表4-2　用于混凝土中的粉煤灰技术要求

粉煤灰等级	细度（45μm 方孔筛筛余，%）	烧失量（%）	需水量比*（%）	三氧化硫含量（%）
Ⅰ	≤12	≤5	≤95	≤3
Ⅱ	≤25	≤8	≤105	≤3
Ⅲ	≤45	≤15	≤115	≤3

* 30%粉煤灰与不掺的硅酸盐水泥，二者胶砂达到相同流动度时的加水量之比值。

凡氧化钙的含量大于 8% 或 F 类粉煤灰的游离氧化钙含量大于 1%；或 C 类粉煤灰游离氧化钙含量大于 4% 的粉煤灰称为高钙粉煤灰。与低钙粉煤灰相比，高钙粉煤灰一般具有需水量比小、活性高和自硬性好等特征。但由于氧化钙含量高时，粉煤灰中往往含有游离氧化钙，所以在利用高钙灰作为混凝土掺合料时，必须对其体积安定性进行合格检验。

（2）粉煤灰效应及其对混凝土性质的影响

粉煤灰由于其本身的化学成分、结构和颗粒形状等特征，在轻集料混凝土中可产生下列三种效应，总称为"粉煤灰效应"。

①活性效应。粉煤灰中所含的 SiO_2 和 Al_2O_3 具有化学活性，它们能与水泥水化产生的 $Ca(OH)_2$ 反应，生成类似水泥水化产物中的水化硅酸钙和水化铝酸钙，可作为胶凝材料一部分而起增强作用。

②颗粒形态效应。煤粉在高温燃烧过程中形成的粉煤灰颗粒，绝大多数为玻璃微珠，掺入混凝土中可减小内摩阻力，从而可减少混凝土的用水量，起减水作用。

③微集料效应。粉煤灰中的微细颗粒均匀分布在水泥浆内，填充孔隙和毛细孔，改善了混凝土的孔结构和增大密实度。

由于上述效应的结果，粉煤灰可以改善混凝土拌合物的流动性、保水性、可泵性以及抹面性等性能，并能降低混凝土的水化热，以及提高混凝土的抗化学侵蚀、抗渗、抑制碱–集料反应等耐久性能。

混凝土中掺入粉煤灰取代部分水泥后，混凝土的早期强度将随掺入量增多而有所降低，但 28d 以后长期强度可以赶上甚至超过不掺粉煤灰的混凝土。

（3）混凝土掺用粉煤灰的规定及方法

混凝土工程掺用粉煤灰时，对于不同的混凝土工程，应按《粉煤灰混凝土应用技术规范》（GBJ 146—90）的规定，选用相应等级的粉煤灰。

Ⅰ级灰适用于钢筋混凝土和跨度小于 6m 的预应力钢筋混凝土；

Ⅱ级灰适用于钢筋混凝土和无筋混凝土；

Ⅲ级灰主要用于无筋混凝土；但大于 C30 的无筋混凝土，宜采用Ⅰ、Ⅱ级灰。

混凝土中掺用粉煤灰，一般有以下三种方法：

①等量取代法。以等质量的粉煤灰取代混凝土中的水泥。主要适用于掺加Ⅰ级粉煤灰、混凝土超强以及大体积混凝土工程。

②超量取代法。粉煤灰的掺入量超过其取代水泥的质量，超量的粉煤灰取代部分轻细集料。其目的是增加轻集料混凝土中胶凝材料用量，以补偿由于粉煤灰取代水泥而造成的强度降低。超量取代法可以使掺粉煤灰的轻集料混凝土达到与不掺时相同的强度，并可节约轻细集料用量。粉煤灰的超量系数（粉煤灰掺入质量与取代水泥质量之比）应根据粉煤灰的等级而定。

③外加法。外加法是指在保持混凝土水泥用量不变的情况下，外掺一定数量的粉煤灰，其目的只是为了改善混凝土拌合物的和易性。

实践证明，当粉煤灰取代水泥量过多时，混凝土的抗碳化耐久性将变差，所以粉煤灰取代水泥的最大限量应符合表 4-3 的规定。

表 4-3　粉煤灰取代水泥的最大限量

混凝土种类	粉煤灰取代水泥的最大限量（%）			
	硅酸盐水泥	普通硅酸盐水泥	矿渣硅酸盐水泥	火山灰质硅酸盐水泥
预应力钢筋混凝土	25	15	10	—
钢筋混凝土 高强度混凝土 高抗冻融性混凝土 蒸养混凝土	30	25	20	15
中、低强度混凝土 泵送混凝土 大体积混凝土 水下混凝土 地下混凝土 压浆混凝土	50	40	30	20
碾压混凝土	65	55	45	35

2. 硅灰

硅灰又称凝聚硅灰或硅粉，为电弧炉冶炼硅金属或硅铁合金的副产品。在温度高达 2000℃下，将石英还原成硅时，会产生 SiO 气体，到低温区再氧化成 SiO_2，最后冷凝成极微细的球状颗粒固体。

硅灰成分中，SiO_2 含量高达80%以上，主要是非晶态的无定形 SiO_2。硅灰颗粒的平均粒径为 0.1～0.2μm，比表面积 20000～28000m^2/kg，密度 2.2g/cm^3，堆积密度较小，火山灰活性极高，但因其颗粒极细，单位质量很轻，给收集、装运、管理等带来不少困难。

3. 矿渣微粉

粒化高炉矿渣是水泥的优质混合材料，而经超细粉磨成微粉，又可作为混凝土的掺合料。矿渣微粉不仅可以等量取代水泥，而且可以使混凝土的多项性能获得显著改善，如降低水泥水化热、提高耐蚀性、抑制碱－集料反应和大幅度提高长期强度等。

掺矿渣微粉的轻集料混凝土与普通混凝土的用途一样，可用作钢筋混凝土、预应力钢筋混凝土和素混凝土。大掺量矿渣微粉混凝土更适用于大体积混凝土、地下工程混凝土和水下混凝土等。

矿渣微粉还适用于配制轻质高强度混凝土、高性能混凝土。

7. 混凝土复合保温填充砌块生产中用的减水剂有哪些？其掺加的比例及方式如何？

（1）减水剂定义

在混凝土拌合物坍落度基本相同的条件下，能减少拌合用水量的外加剂称为减水剂。

混凝土掺入减水剂后，若不减少拌合用水量，则能明显提高拌合物的流动性，当减水后则可提高混凝土强度或节约水泥用量。减水剂多为表面活性剂，它的作用效果是由于其表面活性所致。

（2）减水剂的技术经济效果

①在拌合用水量不变时，混凝土拌合物坍落度可增大 100~200mm，用以配制流态混凝土；

②保持混凝土拌合物坍落度和水泥用量不变，可减水 10%~25%，混凝土强度可提高 15%~30%，用以配制高强混凝土；

③保持混凝土强度不变时，可节约水泥用量 10%~15%；

④水泥水化放热速度减慢，热峰出现推迟（指缓凝减水剂）；

⑤混凝土透水性可降低 40%~80%，从而提高混凝土抗渗和抗冻等耐久性；

⑥可用以配制某些特种混凝土（如早强混凝土、防水混凝土、抗腐蚀混凝土等），这将比采用特种水泥更为经济、简便和灵活。

（3）减水剂品种

减水剂品种很多，分类方法也多样。按化学成分分，减水剂主要有木质素系、萘系、树脂类、糖类、腐殖酸等几类；按其塑化作用效果可分为普通减水剂和高效减水剂两类；按其对混凝土凝结时间的影响可分为标准型、早强型和缓凝型三种；按其是否对混凝土引入空气泡，又有引气型和非引气型两种。现将常用减水剂品种简介如下：

①木质素系减水剂

木质素系减水剂为普通减水剂，有木质素磺酸钙（木钙）木质素磺酸钠（木钠）和木质素磺酸镁（木镁）之分，其中以木钙使用最多，并简称 M 剂，它属于阴离子表面活性剂。M 剂是以生产纸浆或纤维浆下来的亚硫酸木浆废液为原料，采用石灰乳中和，经生物发酵除糖、蒸发浓缩、喷雾干燥而制成，为棕黄色粉状物，其性能接近日本产"普蜀里"减水剂。M 剂因原料丰富，价格低廉，并具有较好的塑化效果，故目前应用十分普遍。M 剂为普通减水剂，其适宜掺量为 0.2%~0.3%，减水率 10% 左右，混凝土 28d 强度约提高 10%；若不减水，混凝土坍落度可增大 80~100mm；在混凝土拌合物和易性和强度保持基本不变情况下，可节省水泥用量 5%~10%。

M 剂对混凝土有缓凝作用，一般缓凝 1~3h，低温下缓凝更甚。M 剂的缓凝性主要因其含一定糖分所致，糖是多烃基碳水化合物，亲水性很强，能致使水泥颗粒表面的溶剂化水膜大大增厚，从而在较长时间内水泥粒子难于产生凝聚。同时，M 剂对混凝土具有引气作用，一般引气量为 1%~2%，这对混凝土强度有影响。

M 剂常用于一般混凝土工程，尤其适用于夏季混凝土施工、滑模施工、大体积混凝土和泵送混凝土等施工，以及需要远距离运输的混凝土拌合物。

在混凝土施工中，M 剂的掺量要严格控制，不能超掺使用，否则将出现混凝土数天、甚至数十天不凝固，造成混凝土严重缓凝的工程事故。同时，掺 M 剂的混凝土不宜采用蒸汽养护，以免蒸养后混凝土表面易出现酥松现象。当自然养护时，日最低气温应在 5℃以上。

②萘系减水剂

萘系减水剂为高效减水剂，它是以工业萘或由煤焦油中分馏出的含萘及萘的同系物馏分为原料，经磺化、水解、缩合、中和、过滤、干燥而制成，为棕色粉末，其主要成分为 β-萘磺酸盐甲醛缩合物，属阴离子表面活性剂。这类减水剂品种很多，目前我国生产的主要有 NNO、NF、FDN、UNF、MF、建Ⅰ型、SN-2、AF 等，它们的性能与日本产"迈蒂"高效减水剂相同。

萘系减水剂适宜掺量为 0.5%～1.0%，其减水率大，为 10%～25%，增强效果显著，缓凝性很小，大多为非引气型。在水泥用量及水灰比相同的条件下，混凝土拌合物坍落度随萘系减水剂掺量的增加而明显增大，且混凝土强度不降低。若在保持水泥用量及坍落度相同的条件下，其减水率和混凝土强度将随萘系减水剂掺量的增加而提高。在保持混凝土强度和坍落度相近时，可节省水泥 10%～20%。萘系减水剂对钢筋无锈蚀危害。掺萘系减水剂的混凝土拌合物，易随存放时间延长而产生较大的坍落度损失，因此限制了它在泵送混凝土中单独应用，通常需与缓凝剂复合使用。

萘系减水剂适用于日最低气温 0℃ 以上的所有混凝土工程，尤其适用于配制高强、早强、流态等混凝土。

③树脂类减水剂

此类减水剂为水溶性树脂，主要为磺化三聚氰胺甲醛树脂减水剂，简称密胺树脂减水剂。它是由三聚氰胺、甲醛、亚硫酸钠按适当比例，在一定条件下经磺化、缩聚而成，为阴离子表面活性剂。我国产品有 SM 树脂减水剂，其性能相当于德国生产的被誉为减水剂之王的"美尔门脱"减水剂。

SM 为非引气型早强高效减水剂，其各项功能与效果均比萘系减水剂还好。SM 适宜掺量为 0.5%～2.0%，减水率达 20%～27%。对混凝土早强与增强效果显著，能使混凝土 1d 强度提高一倍以上，7d 强度即可达空白混凝土 28d 的强度，长期强度亦明显提高，并可提高混凝土的抗渗、抗冻性能及弹性模量。对蒸汽养护的适应性优于其他外加剂。

SM 适用于配制高强混凝土、早强混凝土、流态混凝土、蒸养混凝土及铝酸盐水泥耐火混凝土等。它在市场上常以一定浓度的水溶液供应，使用时应注意其有效成分含量。

④糖蜜类减水剂

糖蜜类减水剂为普通减水剂，它是以制糖工业的糖渣、废蜜为原料，采用石灰中和处理而成，为棕色粉状物或糊状物，其中含糖较多，属非离子表面活性剂。国内产品粉状有 3FG、TF、ST 等，糊状有糖蜜。

糖蜜减水剂适宜掺量为 0.2%～0.3%，减水率 10% 左右，能明显降低水泥的早期水化热，其他使用效果基本同 M 剂，不过因含糖更多而缓凝性更强，一般缓凝时间大于 3h，低温尤甚，故属缓凝减水剂，通常多作缓凝剂使用。主要用于大体积混凝土、大坝混凝土及有缓凝要求的混凝土工程。一般冬季工程应用时，应与早强剂复合使用。

（4）减水剂掺入方法

减水剂加入混凝土中的方法有多种，目前主要有先掺法、同掺法、滞水法和后掺法等四种，其中先掺法和滞水法不大采用。通常混凝土施工中均采用同掺法，即将减水剂预先溶于水，配制成一定浓度的溶液，然后在搅拌混凝土时同水一起加入（溶液中的水必须从混凝土拌合用水中扣除）。此法的优点是计量较准确，拌合易均匀。对于商品混凝土则宜采用后掺法，即减水剂不是在搅拌站搅拌时加入，而是在混凝土运输途中或运抵施工现场后分几次或一次加入，混凝土再经二次或多次搅拌。后掺法的优点是可克服混凝土拌合物在运输途中产生的分层离析和坍落度损失，提高减水剂的使用效果，减少减水剂的用量，提高减水剂对水泥的适应性。但此法只有在应用混凝土运输搅拌车时才适用。

8. 如何使用早强剂？常用的早强剂有哪些？

能加速混凝土早期强度发展的外加剂，称为早强剂。早强剂能促进水泥的水化与硬化，缩短混凝土养护周期，加快施工进度，提高模板和场地的周转率。早强剂可用于蒸养混凝土及常温、低温和负温（最低气温不低于 $-5℃$）条件下施工的有早强或防冻要求的混凝土工程。混凝土早强剂主要有氯盐类、硫酸盐类和有机胺类三种，但越来越多的是使用由它们组成的复合早强剂。

（1）氯盐类早强剂

氯盐类早强剂主要有氯化钙、氯化钠、氯化钾、氯化铝及三氯化铁等，其中以氯化钙应用最广。氯化钙是混凝土最早使用的早强剂，为白色粉状物，其适宜掺量为 0.5% ~ 1.0%，早强效果显著，能使混凝土 3d 强度提高 50% ~ 100%，7d 强度提高 20% ~ 40%，同时能降低混凝土中水的冰点，防止混凝土早期受冻。

氯化钙对混凝土产生早强作用的主要原因是：它能与水泥中的 C_3A 作用，生成不溶性水化氯铝酸钙（$C_3A \cdot CaCl_2 \cdot 10H_2O$），并与 C_3S 水化析出的氢氧化钙作用，生成不溶于氯化钙溶液的氧氯化钙（$CaCl_2 \cdot 3Ca(OH)_2 \cdot 12H_2O$）。这些复盐的形成，增加了水泥浆中固相的比例，形成坚强的骨架，有助于水泥石结构的形成。同时，由于氯化钙与氢氧化钙的迅速反应，降低了液相中的碱度，使 C_3S 的水化反应加速，从而也有利于提高水泥石的早期强度。

（2）硫酸盐类早强剂

硫酸盐类早强剂主要有硫酸钠（即元明粉，俗称芒硝）、硫代硫酸钠（即海波）、硫酸钙（即石膏）、硫酸铝及硫酸钾铝（即明矾）等，其中最常用的是硫酸钠早强剂。

硫酸钠早强剂为白色粉状物，一般掺量为 0.5% ~ 2.0%，但根据《混凝土外加剂应用技术规范》（GB 50119—2013）的规定，预应力混凝土硫酸钠掺量不应大于 1%，潮湿环境中的钢筋混凝土硫酸钠掺量不应大于 1.5%。硫酸钠具有较好的早强效果，当掺量为 1% ~ 1.5% 时，达到混凝土设计强度 70% 的时间可缩短一半左右，对矿渣水泥混凝土效果更显著，但 28d 的强度稍有降低。

硫酸钠早强剂常与其他外加剂复合使用。在使用中，应注意硫酸钠不能超量掺加，以免导致混凝土中后期膨胀开裂破坏，以及防止混凝土表面产生"白霜"，影响其外观和表面粘贴装饰层。

（3）有机胺类早强剂

有机胺类早强剂主要有三乙醇胺、三异丙醇胺等，其中常用的为三乙醇胺早强剂。

三乙醇胺为无色或淡黄色油状液体，呈碱性，易溶于水，是一种非离子表面活性剂。三乙醇胺掺量极微，为水泥质量的 0.02% ~ 0.05%，能使水泥的凝结时间延缓 1 ~ 3h，但对混凝土早期强度可提高 50% 左右，28d 强度不变或略有提高，其中对普通水泥的早强作用大于矿渣水泥。

　　三乙醇胺的早强机理目前尚不够清楚，一般认为它是在水泥水化过程中起催化作用，能加速 C_3A 与石膏作用，尽快形成钙矾石而产生早强效果。

　　在工程中三乙醇胺一般不单掺作早强剂，通常将其与其他早强剂复合使用，效果会更好。使用三乙醇胺早强剂时，必须严格控制掺量，不能超量掺用，否则将造成混凝土严重缓凝，当掺量大于 0.1% 时，会使混凝土的强度显著下降。

　　（4）复合早强剂

　　实践证明，采用两种或两种以上的早强剂复合，既可发挥各自的特点，又可弥补不足，早强效果往往大于单掺使用，有时甚至能超过各组分单掺时的早强效果之和。为此，通常将三乙醇胺、硫酸钠、氯化钠、石膏等组成二元、三元或四元的复合早强剂。目前复合早强剂主要有三乙醇胺复合早强剂和硫酸钠复合早强剂两类，它们的常用配方如下：

　　①三乙醇胺复合早强剂主要配方（以占水泥质量%计）

　　a. 三乙醇胺 0.02% ~ 0.05% + 氯化钠 0.5%；

　　b. 三乙醇胺 0.02% ~ 0.05% + 氯化钠 0.5% + 亚硝酸钠 0.5% ~ 1%；

　　c. 三乙醇胺 0.02% ~ 0.05% + 二水石膏 2% + 亚硝酸钠 1%。

表4-4　混凝土常用早强剂掺量限值

混凝土种类及使用条件		早强剂品种	掺量限值（水泥质量,%）
预应力混凝土	干燥环境	硫酸钠 三乙醇胺	0.05 1
钢筋混凝土	干燥环境	氯盐 硫酸钠 硫酸钠与缓凝减水剂复合使用 三乙醇胺	0.6 2.0 3.0 0.05
	潮湿环境	硫酸钠 三乙醇胺	1.5 0.05
有饰面要求的混凝土		硫酸钠	0.8
素混凝土		氯盐	1.8

　　以上配方 a 和 b 的早强效果均较显著，能使混凝土 3d 强度提高 60% 左右，使混凝土拆模或起吊的时间缩短一半，28d 的强度也有所提高，但混凝土收缩将明显增大。配方 a 用于一般的钢筋混凝土，配方 b 因含有阻锈剂亚硝酸钠，故可用于重要的钢筋混凝土工程。配方 c 的早强效果较配方 a 稍差，但它是一种无锈蚀危害的早强剂，适用于严禁使用氯盐的钢筋混凝土工程。混凝土常用早强剂掺量限值见表4-4。

　　②硫酸钠复合早强剂主要配方

　　硫酸钠复合早强剂分含氯盐的甲型和不含氯盐的乙型两种，甲型适用于一般钢筋混凝土结构，乙型可用于预应力钢筋混凝土结构和其他不宜掺氯盐的混凝土结构。但是，预应力钢筋混凝土结构中掺用三乙醇胺时，要考虑混凝土干缩性增大的影响，硫酸钠复合早强剂的主要配方，见表4-5。

表 4-5　硫酸钠复合早强剂主要配方

养护温度	早强剂种类	早强剂的组成及掺量（占水泥质量,%）	
		使用普通硅酸盐水泥时	使用矿渣硅酸盐水泥时
正温度	甲型 – 1	硫酸钠 1.5 ~ 2.0 + 食盐 0.5 ~ 1.0 + 二水石膏 2.0	硫酸钠 1.5 ~ 2.0 + 食盐 0.5 ~ 0.75 + 三乙醇胺 0.05
	乙型 – 1	硫酸钠 1.5 ~ 2.0 + 亚硝酸钠 1.0 + 二水石膏 2.0	硫酸钠 1.5 ~ 2.0 + 亚硝酸钠 1.0 + 三乙醇胺 0.05
	乙型 – 2	硫酸钠 1.5 ~ 2.0 + 二水石膏 2.0 + 三乙醇胺 0.05	硫酸钠 1.5 ~ 2.0 + 三乙醇胺 0.05
–3 ~ –5℃	甲型 – 2	硫酸钠 1.5 ~ 2.0 + 食盐 1.5 + 亚硝酸钠 1.0 + 二水石膏 2.0	硫酸钠 1.5 ~ 2.0 + 食盐 1.5 + 亚硝酸钠 1.0
	乙型 – 1	硫酸钠 1.5 ~ 2.0 + 亚硝酸钠 2.5 + 二水石膏 2.0	硫酸钠 1.5 ~ 2.0 + 亚硝酸钠 2.5 + 三乙醇胺 0.05
–5 ~ –8℃	甲型 – 2	硫酸钠 1.5 ~ 2.0 + 食盐 2.0 + 亚硝酸钠 2.0 + 二水石膏 2.0	硫酸钠 1.5 ~ 2.0 + 食盐 2.0 + 亚硝酸钠 2.0
	乙型 – 1	硫酸钠 1.5 ~ 2.0 + 亚硝酸钠 3.5 + 二水石膏 2.0	硫酸钠 1.5 ~ 2.0 + 亚硝酸钠 3.5 + 三乙醇胺 0.05

9. 复合保温砌块生产使用的防冻剂种类及掺加比例是什么？

能使混凝土在负温下硬化，并在规定时间内达到足够防冻强度的外加剂称为混凝土防冻剂。混凝土防冻剂绝大多数均为复合外加剂，通常由防冻组分、早强组分、减水组分或引气组分等复合而成。各组分常用物质及其作用如下：

（1）防冻组分。常用物质为氯化钙、氯化钠、亚硝酸钠、硝酸钠、硝酸钙、硝酸钾、碳酸钾、硫代硫酸钠、尿素等。其作用是降低水的冰点，使水泥在负温下仍能继续进行水化。

（2）早强组分。常用物质为氯化钙、氯化钠、硫代硫酸钠、硫酸钠等。其作用是提高混凝土的早期强度，抵抗水结冰产生的膨胀应力。

（3）减水组分。如木质素磺酸钙、木质素磺酸钠、煤焦油系减水剂等。其作用是减少混凝土拌合用水量，以达到减少混凝土中的冰含量，并使冰晶粒度细小且均匀分散，减轻对混凝土的破坏应力。

（4）引气组分。如松香热聚物、木质素磺酸钙、木质素磺酸钠等。其作用是向混凝土中引入适量的封闭微小气泡，减轻冰膨胀应力。

目前常用的混凝土防冻剂主要有以下三类：

（1）氯盐类防冻剂。氯盐或以氯盐为主与其他早强剂、引气剂、减水剂复合的外加剂。

（2）氯盐阻锈类防冻剂。以氯盐和阻锈剂（亚硝酸钠）为主复合的外加剂。

（3）无氯盐类防冻剂。以亚硝酸盐、硝酸盐、碳酸盐、乙酸钠或尿素为主复合的外加剂。

以上氯盐类防冻剂适用于无筋混凝土，氯盐阻锈类防冻剂可用于钢筋混凝土，无氯盐类防冻剂可用于钢筋混凝土工程和预应力钢筋混凝土工程。硝酸盐、亚硝酸盐和碳酸盐不得用于预应力混凝土工程，以及与镀锌钢材或与铝铁相接触部位的钢筋混凝土结构。含有六价铬盐、亚硝酸盐等有毒防冻剂，严禁用于饮水工程及与食品接触部位的工程。

防冻剂用于负温条件下施工的混凝土。目前国产混凝土防冻剂品种适用于 0 ~ -15℃ 的气温，当更低气温下施工时，应加用其他混凝土冬季施工措施，如暖棚法、原料（砂、石、水）预热等。混凝土防冻剂参考配方见表4-6。

表4-6　混凝土防冻剂参考配方

规定使用温度	防冻剂配方（占水泥质量,%）	
0℃	食盐2＋硫酸钠2＋木钙0.25 尿素3＋硫酸钠2＋木钙0.25 硝酸钠3＋硫酸钠2＋木钙0.25	亚硝酸钠2＋硫酸钠2＋木钙0.25 碳酸钾3＋硫酸钠2＋木钙0.25
-5℃	食盐5＋硫酸钠2＋木钙0.25 硝酸钠6＋硫酸钠2＋木钙0.25 亚硝酸钠4＋硫酸钠2＋木钙0.25	亚硝酸钠2＋硝酸钠3＋硫酸钠2＋木钙0.25 碳酸钾6＋硫酸钠2＋木钙0.25 尿素2＋硝酸钠4＋硫酸钠2＋木钙0.25
-10℃	亚硝酸钠7＋硫酸钠2＋木钙0.25 乙酸钠2＋硝酸钠6＋硫酸钠2＋木钙0.25	亚硝酸钠3＋硝酸钠5＋硫酸钠2＋木钙0.25 尿素3＋硝酸钠5＋硫酸钠2＋木钙0.25

混凝土防冻剂中防冻组分的含量不宜过少或过多，掺量过少时，混凝土的结冰量可能大于30%，造成对混凝土结构的冻胀破坏；掺量过多，不仅增加成本，还会造成混凝土强度下降等不良影响。按 GB 50119—2013 规定，防冻组分的掺量应符合表4-7 的限值要求。另外，引气剂的掺量不得超过水泥质量的0.005%，混凝土含气量不得大于4%。

表4-7　防冻组分掺量限值

防冻剂类别	防冻组分掺量
氯盐类	氯盐掺量不得大于拌合水质量的7%
氯盐阻锈类	总量不得大于拌合质量的15%；当氯盐掺量为水泥质量的0.5%~1.5%时，亚硝酸钠与氯盐之比应大于1；当氯盐掺量为水泥质量的1.5%~3%时，亚硝酸钠与氯盐之比应大于1.3
无氯盐类	总量不得大于拌合水量的20%，其中亚硝酸钠、亚硝酸钙、硝酸钠、硝酸钙均不得大于水泥质量的8%，尿素不得大于水泥质量的4%，碳酸钾不得大于水泥质量的10%

10. 混凝土复合保温填充及装饰砌块对颜料的要求、种类及其用量与着色强度的关系是什么？

（1）颜料的基本要求

用于混凝土着色的颜料必须符合下列基本要求：

①高着色力，颜料的加入量不能影响砌块的强度。由于颜料是很细的粉末，加入混凝土中会使混凝土的细料有所增加，而细料过多又会对混凝土的稠度、抗冻性和强度产生不利的影响。因此，彩色混凝土所选用的颜料应具备较高的着色力。即用少量颜料已足够使混凝土全面着色，颜料掺入使混凝土中细料增加对混凝土强度的影响降至最低水平。

②耐候性，颜料应能在常年的日照下保持色彩。混凝土是耐久性很好的建材，彩色混凝土应在混凝土使用寿命期内保持其色彩不变，采用的颜料必须能长期经受太阳的照射。

③不溶于水和稀酸，颜料应在水和酸雨中不溶解，否则可能在短时间内被雨水冲走。

④耐碱性，颜色要耐水泥浆的高碱度。由于水泥具有强烈的碱性，新鲜的混凝土是一种侵蚀性很强的物质，彩色混凝土所用颜料必须不怕水泥碱性的侵蚀。

由于彩色混凝土有耐晒性和抗碱性的要求，许多用于油漆和塑料等其他领域的颜料，特别是有机颜料不适用于混凝土着色。因为这些颜料不耐碱，有的耐候性能也很差。

（2）混凝土用着色颜料

对于彩色混凝土，无机氧化物颜料不含有停止或减缓硅酸盐水泥水化作用的分散剂。用于混凝土着色的无机颜料有：

①红，氧化铁红，$\alpha - Fe_2O_3$。氧化铁颜料呈红色粉末状，经 0.08mm 筛的筛余量为 0.5%。因为它是无机颜料中最便宜的一种颜料，对于彩色混凝土是最重要的颜料。

②黄，氧化铁黄。呈黄色粉末状，经 0.08mm 筛的筛余量为 0.5%。

③绿，氧化铬绿，Cr_2O_3。是铅铬黄和普鲁士蓝的混合物，呈绿色粉末状，经 0.08mm 筛的筛余量为 1%。

上述三种颜料的遮盖力都很强，不受大气影响，耐热性较好，除铬绿外都能耐碱。由于这三种颜料的颗粒比水泥还细，因此，掺入混凝土拌合物中，很容易与水泥混合，增加混凝土的密实度。

④蓝，钴蓝，$(Co, Cr) Al_2O_4$。

⑤白，二氧化钛，TiO_2。

⑥黑，氧化铁黑，Fe_3O_4。

⑦棕，氧化铁棕，红、黑、黄混合物。

⑧碳颜料。碳黑可以制成黑灰色，但不能用烟墨。碳黑应限制在硅酸盐水泥质量的 3% 以内，因其耐久性较差。

彩色混凝土的颜料掺入量，按水泥质量的百分比计，灰色水泥的掺量更多一些，白色或浅色水泥可掺得少一些，一般为 3% ~6%。在满足所需色彩的条件下尽可能少用颜料，多用水泥，如超过硅酸盐水泥质量的 10%，就可能影响混凝土的耐久性和强度。

表 4-8 列出了彩色混凝土颜料的掺量，供参考。

表 4-8　各种彩色混凝土的颜料掺入量

彩色混凝土的颜色	采用颜料	占水泥质量（%）	彩色混凝土的颜色	采用颜料	占水泥质量（%）
深　红	红　土	18	浅　黄	铁　黄	3
浅　红	红　土	10	深　绿	铬　绿	6
褐　红	铁　红	6	果　绿	铬　绿	3
深　黄	铁　黄	6	深　黑	黑　烟	10

注：上述彩色混凝土系采用 32.5 级矿渣水泥配制。

对于彩色混凝土，氧化铁颜料是最重要的颜料，因为它是无机颜料，又是无机颜料中最便宜的一种颜料。氧化铬绿及铝酸钴蓝的价格一般较高。

（3）颜料的用量与着色强度

混凝土中集料表面均附上一层薄的硬化水泥浆，因此，混凝土的色彩被这些水泥浆的颜色所支配。所以，颜料的用量不能基于混凝土的总量，而只能基于水泥的用量。

①彩色强度不会随颜料加入量的增加而无限增强，它会逐渐趋向于饱和；

②用等添加量的精加工氧化铁颜料比粗制级氧化铁能做出更高的彩色强度。

从经济角度看，用精加工的氧化铁颜料的加入量，一般不宜高于 4% ~ 5%，由于颜料成本的增加，加入量的增加所带来颜色强度的增加是很小的。

11. 混凝土复合保温填充砌块对水有的要求是什么？

拌合混凝土应用饮用水或洁净的天然水，水中不能含有影响水泥硬化的有害物质。工业废水、pH 值小于 4 的酸性水和硫酸盐含量超过水质量的 1% 的水，均不能使用。一句话，必须符合《混凝土用水标准》（JGJ 63）的规定。

12. 混凝土复合保温填充砌块及装饰保温贴面砌块用的绝热材料有哪些？

根据《复合保温砖和复合保温砌块》（GB/T 29060—2012）的要求，混凝土复合保温填充砌块及装饰保温贴面砌块使用的绝热材料主要有：有机绝热材料，无机绝热材料，胶粉聚苯颗粒浆料，其他类型的绝热保温材料。

（1）有机绝热材料

模塑聚苯乙烯泡沫塑料（EPS），其各项技术要求应符合 GB/T 10801.1 的规定。夹芯型和贴面型复合保温砌块采用的模塑聚苯乙烯泡沫塑料（EPS），其表观密度应不小于 $18kg/m^3$。

挤塑聚苯乙烯泡沫塑料（XPS），其各项技术要求应符合 GB/T 10801.2 的规定。

硬质酚醛泡沫制品（PF），其各项技术要求应符合 GB/T 20974 的规定。

硬质聚氨酯泡沫塑料（PU），其各项技术要求应符合 GB/T 21558 的规定。

（2）无机绝热材料

泡沫混凝土，其干表观密度不大于 $500kg/m^3$，其他技术指标应满足 JC/T 1062 的规定。

膨胀珍珠岩板，其各项技术要求应符合 GB/T 10303 对憎水型产品的要求。

膨胀蛭石制品，其各项物理性能指标应满足 JC/T 442 对合格品的要求；填充型珍珠岩散料的密度和含水率指标，应满足 JC/T 441 对合格品的要求。

泡沫玻璃绝热制品，其抗压强度、密度指标，应满足 JC/T 647—2005 中表 5 对 180 号品种的要求。岩棉板、矿棉板制品，其性能应符合 GB/T 11835 的要求，其质量吸湿率应不大于 5%，憎水率应不小于 98%。

填充于混凝土块体孔洞内的膨胀玻化微珠保温隔热浆料，其性能应符合 GB/T 26000 的规定。

切割的加气混凝土板，其各项性能应符合 GB 11968 的要求，其干密度应不大于 $500kg/m^3$。

（3）胶粉聚苯颗粒浆料

填充于混凝土块体内的胶粉聚苯颗粒浆料，其各项技术指标应符合 JG/T 158 中对胶粉聚苯颗粒浆料的要求。

（4）其他类型绝热保温材料

采用其他类型的绝热保温材料，以满足绝干表观密度不大于500kg/m³、最大质量含水率不大于8%的要求。

13. 夹芯型混凝土复合保温填充砌块及装饰保温贴面砌块无机泡沫混凝土的技术要求是什么？

泡沫混凝土是指用物理方法将泡沫剂制备成泡沫，再将泡沫加入到由水泥、集料、掺合料、外加剂和水制成的浆料中，经混合搅拌、浇注成型、养护而成的轻质微孔混凝土。

其技术指标应满足《泡沫混凝土砌块》（JC/T 1062—2007）的要求，或者满足《泡沫混凝土》（JG/T 266—2011）的要求。根据夹芯型混凝土复合保温砌块和装饰保温贴面砌块的要求和使用条件，对泡沫混凝土的主要技术要求如下：

（1）强度等级

用于夹芯型混凝土复合保温砌块及装饰保温贴面砌块的泡沫混凝土的强度等级应为A0.5、A1.0、A1.2三个等级。

（2）密度等级

用于夹芯型混凝土复合保温砌块及装饰保温贴面砌块的泡沫混凝土的强度等级应为B03、B04、B05三个等级。

（3）导热系数

泡沫混凝土绝热材料的导热系数，在绝干状态下泡沫混凝土应满足的导热系数为：

B03密度等级的导热系数不大于0.08［W/(m·K)］；

B04密度等级的导热系数不大于0.1［W/(m·K)］；

B05密度等级的导热系数不大于0.12［W/(m·K)］。

（4）抗冻性

夹芯型混凝土复合保温填充砌块及装饰保温贴面砌块使用的泡沫混凝土要有抗冻性要求，其必须满足表4-9的规定。

表4-9　抗冻性

使用条件	抗冻指标	质量损失不大于（%）	强度损失不大于（%）
夏热冬暖地区	F15		
夏热冬冷地区	F25	5	20
寒冷地区	F35		
严寒地区	F50		

（5）碳化系数

夹芯型混凝土复合保温填充砌块及装饰保温贴面砌块使用的泡沫混凝土的碳化系数应不小于0.8。

14. 混凝土复合保温填充砌块所用 EPS 板的技术要求是什么？

EPS 板是绝热用聚苯乙烯泡沫塑料板的简称。EPS 由 98% 空气和 2% 的聚苯乙烯组成，其性能应符合《绝热用模塑聚苯乙烯泡沫塑料》（GB/T 10801.1—2002）的要求。

（1）保温性能

热导率与密度及温度相关。聚苯板的热导率与密度的关系是：当密度过大或过小时，其热导率都增加，当密度在 $30 \sim 40kg/m^3$ 时，其热导率最小。随着环境温度的下降，热导率也随着下降。除此之外，热导率还受 EPS 的分子量、颗粒大小、发泡成型后的粘结程度、发泡后本身的孔径等因素的影响。

（2）力学性能

规定用测量在压缩变形为 10% 的压缩应力值来表示压强。当不同密度的泡沫塑料承受相同的压应力，其变形量也不同，密度高的变形小。也可以说，抗压强度、弯曲强度和拉伸强度与 EPS 板的密度成正比。

（3）吸水性能

①吸水率。EPS 聚苯乙烯泡沫塑料吸水率很低，水仅能从熔融的蜂窝颗粒之间的微小通道透入泡沫塑料，吸水率取决于原材料在加工时的性能和加工的条件。随着密度的提高，水的吸收和水蒸气的透过率下降，水蒸气的扩散阻力上升。

②水蒸气穿透性。空气中存在着水蒸气成分（湿气），当有一个适当的湿度梯度，水蒸气便能慢慢地扩散进入泡沫塑料内，出现冷凝。但是，不同材料有着不同程度的水蒸气穿透性阻力，阻力大小取决于阻挡层的厚度（S）乘以穿透性系数（μ）计算得出。阻力系数是一个变数，说明某一种材料与相同厚度的空气层作比较时的阻力倍数。EPS 的阻力系数取决于密度，密度越高，阻力系数越大。

（4）尺寸稳定性

EPS 板的尺寸变化可分为热效应和后收缩两种尺寸变化，热效应引起的膨胀系数为 $0.05 \sim 0.07mm/℃$，即 17℃ 的温度变化会引起 0.1% 的尺寸变化 1mm/m，后收缩是发泡剂扩散而导致的尺寸变化，后收缩量为 0.3% ~0.5%，其过程较长。

（5）化学稳定性

EPS 板暴露在高能量辐射下会起变化，表面发黄变脆，且不耐有机溶剂。

（6）防火性能

①阻燃性能。EPS 是一种有机化合物，其含有石油气，所以一般制品易燃，加入阻燃剂可以改善燃烧性能，如达到离火即熄。

②氧指数。在指定的试验条件和室温下，材料在 O_2、N_2 混合气体刚好维持火焰燃烧时的最小氧浓度，以体积的百分率表示。

（7）抗老化性

EPS 制品在很低的温度下长期使用，在 -150℃ 时也不会发生结构变化，温度高于 70℃ 会发生变形。

（8）聚苯乙烯泡沫塑料板性能

EPS 板性能应符合国家标准《绝热用模塑聚苯乙烯泡沫塑料》（GB/T 10801.1—

2002）的要求，见表4-10。

表 4-10　聚苯乙烯泡沫塑料板性能

项　目		单　位	性　能　指　标					
			Ⅰ	Ⅱ	Ⅲ	Ⅳ	Ⅴ	Ⅵ
表观密度	不小于	kg/m³	15.0	20.0	30.0	40.0	50.0	60.0
压缩强度	不小于	kPa	60	100	150	200	300	400
热导率	不大于	W/(m·K)	0.041			0.039		
尺寸稳定性	不大于	%	4	3	2	2	2	1
水蒸气透湿系数	不大于	ng/(Pa·m·s)	6	4.5	4.5	4	3	2
吸水率（体积分数）	不大于	%	6	4		2		
熔结性	断裂弯曲荷载　不大于	N	15	25	35	60	90	120
	弯曲变形　不小于	mm	20			—		
燃烧性能	氧指数　不小于	%	30					
	燃烧分级　不小于		B2					

15. 混凝土复合保温填充砌块及装饰保温贴面砌块所用 XPS 板的技术要求是什么？

挤塑聚苯乙烯（XPS）保温板是以聚苯乙烯树脂及其添加剂经特殊工艺连续挤出发泡成型的硬质材料，其内部为独立的闭孔式蜂窝结构。产品具有优越的保温性能，热导率约为 0.028W/(m·K) 左右。抗压强度较高，在密度不超过 40kg/m³ 情况下，抗压强度可达 350kPa 以上。良好的防潮性能，水蒸气透湿系数 <2ng/(Pa·m·s)，吸水性能小，在长期与水汽接触的情况下，保温性能基本保持不变，这种性能是其他保温材料所不具有的。挤塑聚苯乙烯泡沫塑料板的性能指标应符合国家标准《绝热用聚苯乙烯泡沫塑料》（GB/T 10801.2—2002）的要求，见表4-11。

表 4-11　挤塑聚苯乙烯泡沫塑料板性能指标

项　目			单　位	性　能　指　标								不带皮	
				带皮									
				X150	X200	X250	X300	X350	X400	X450	X500	W200	W300
压缩强度			kPa	≥150	≥200	≥250	≥300	≥350	≥400	≥450	≥500	≥200	≥300
吸水率（体积分数）			%	≤1.5			≤1.0					≤2.0	≤1.5
热工性能	热阻	10℃	m²·K/W			≥0.89			≥0.93			≥0.76	≥0.83
		20℃				≥0.83			≥0.86			≥0.71	≥0.78
	热导率	10℃	W/(m·K)			≤0.028			≤0.027			≤0.033	≤0.031
		20℃				≤0.030			≤0.029			≤0.035	≤0.032
透湿系数			ng/(Pa·m·s)	≤3.5			≤3.0			≤2.0		≤3.5	≤3.0
尺寸稳定性			%	≤2.0			≤1.5			≤1.0		≤2.0	≤1.5

16. 夹芯型混凝土复合保温填充砌块及装饰保温贴面砌块所用的 EPS 板有哪些基本要求？

夹芯型混凝土复合保温填充砌块及装饰保温贴面砌块中的 EPS 保温层，除了具有保温功能外，还充当夹芯墙的拉接件的作用，因此对其必须有使用年限的限制，否则可能引起外叶块体的脱落、分离。对于一般夹芯墙中的金属拉接件或网片，在使用过程中维持其强度和耐久性是通过钢筋防腐涂层，或采用不锈钢来保证；夹芯型混凝土复合保温填充砌块中的 EPS 拉接件，则只能由所选择的 EPS 材料的性能来保证。显然，夹芯型混凝土复合保温填充砌块中采用的 EPS 性能比一般夹芯墙中采用的 EPS 的性能要高得多；也比墙体外贴 EPS 保温层的要求高。

因此，在制定产品标准时，应该将 EPS 当成混凝土复合保温填充砌块的一个受力构件对待，必须在产品标准上对 EPS 提出物理力学性能和类似耐久性等方面的要求。目前可查询到 EPS 选用时的主要性能与要求，可以归纳为：

（1）EPS 的性能应符合《绝热模塑聚苯乙烯泡沫塑料》（GB/T 10801.1—2002）的规定；

（2）EPS 的表观密度不宜低于 20kg/m^3；

（3）EPS 制品必须达到一定的阻燃要求；

（4）EPS 和已成型的混凝土自保温复合砌块，不宜在露天较长时间储存或在露天存放，特别不应长期存放在阳光、雨水和风综合作用下的环境。

混凝土自保温复合砌块的存放，必须另行做出规定，不能套用普通混凝土小型空心砌块的产品标准。

17. 夹芯型混凝土复合保温填充砌块及装饰保温贴面砌块中的 EPS 板抗拉强度要求是什么？

EPS 保温板的抗拉强度与其密度等级、块材构造密切相关，夹芯型混凝土复合保温填充砌块及装饰保温贴面砌块中的 EPS 应具有足够的连接内外叶块体的能力，尤其当外叶混凝土保护层≤30mm 时，还要考虑外墙面承受极端风压（负压）的能力。夹芯型混凝土复合保温填充砌块中的榫键拉接强度，若取抗拉强度 20kPa，抗剪强度 25kPa，则与 EPS（密度 20kg/m^3）的最低强度（抗拉强度 170kPa，抗剪强度 120kPa）相比要低得多。考虑到 EPS 具有一定的耐久性，因此在有底部支承（或支托）的条件下，EPS 作为拉接件的强度取值是安全可靠的。《复合保温砖和复合保温砌块》（GB/T 29060—2012）中规定："夹芯和贴面复合保温砌块在块体厚度方向的连接强度，应不小于 10kPa"。抗拉强度试验如图 4-1、图 4-2 所示。

夹芯混凝土复合保温砌块中的 EPS 保温夹层，当其抗拉强度和抗剪强度分别满足 20kPa 和 25kPa 时，可以不附加连接钢丝，对其受力和耐久性影响很小，可以简化生产工艺和降低成本。

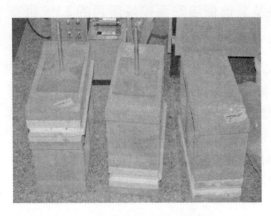

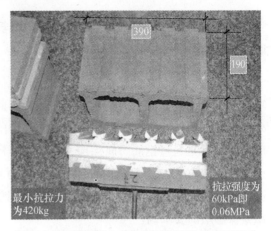

| 图 4-1　夹芯混凝土复合保温填充 | 图 4-2　夹芯混凝土复合保温砌块抗拉强度试验 |
| 砌块抗拉强度试验试块 | 后的试块（抗拉面积 390mm×190mm） |

18. EPS 板在夹芯型混凝土复合保温填充砌块及装饰保温贴面砌块中应用时应注意哪些事项？

（1）未加入阻燃剂的 EPS 板属于易燃品，建筑用的 EPS 制品必须有严格的阻燃要求。

（2）EPS 板最大可使用温度为 85℃。当将温度升到高于泡沫的玻璃化转变温度 100℃时，仅发生制品收缩和尺寸稳定性丧失。化学变化只会在更高温度下发生。

（3）EPS 板几乎不吸水，但是随着密度增加吸水率降低，EPS 板的含水率对导热系数影响很大，每吸收 1% 的体积的水，其导热系数上升 3.4%。因此在任何复合保温墙体结构中，EPS 板尽可能地设置在远离产生冷凝水的位置，必须有排出冷凝水的构造措施。

（4）EPS 板可在温度很低的条件下无时间限制的使用，形成泡沫结构的聚苯乙烯是无定形塑料，即使在 -180℃ 也不会发生根本性的结构性变化。但是其用在冻融场合时，泡沫结构可能被冰的结构破坏。一定要注意 EPS 板的含水率和使用过程中的防水问题。

（5）不得采用掺有无机掺合料的模塑聚苯板、挤塑聚苯板。

（6）当相对变形为 10% 时，模塑聚苯板和挤塑聚苯板的压缩强度分别不应小于 0.1MPa 和 0.2MPa。

19. EPS 保温板和 XPS 保温板能与建筑物同寿命吗？

实验证明，EPS 保温板和 XPS 保温板具有很好的化学稳定性和耐久性，即使使用 30 年，其性能也不会有任何变化，并且 EPS 保温板不含微生物、霉菌、细菌等菌类生存所需要的营养物质，不疏松脆裂，也不会自行腐烂，更不会溶解于水，也不会逸出水溶性物质，使地下水遭到污染，废弃后可以与家庭垃圾一起处理。综上所述不难看出，EPS 保温板的这些性能完全能满足建筑墙体保温承重的需要，而对于夹芯墙或夹芯层中的 EPS 保温板，要比外贴的 EPS 保温板受到更好的保护，这使其抗燃性、耐候性和耐久性大大提高，从而适应和满足与主体结构相同寿命的要求，这一点对这种混凝土自保温复合砌块的墙体结构至关重要。真正达到保温与承重一体化，保温材料与建筑物同寿命。

20. 混凝土自保温复合砌块所用的 EPS（XPS）保温板的尺寸形状有哪些?

　　夹芯型混凝土复合保温填充砌块使用的 EPS（XPS）保温板是连接混凝土砌块内叶块体和混凝土外叶块体，因此，必须将 EPS 保温板当成混凝土复合保温砌块的一个受力构件对待。其密度要达到设计要求，形状要满足墙体节能和结构需要，其结构主要有以下 10 种块型，主块、半块、洞口主块、洞口半块、洞口七分块、阴角半块、阴角七分块、阳角块、七分块、过梁 U 形块，这些保温板的形状和尺寸是不相同的，如图 4-3 ~ 图 4-12 所示。混凝土装饰保温贴面砌块用的保温板的形状尺寸如图 4-13 所示。

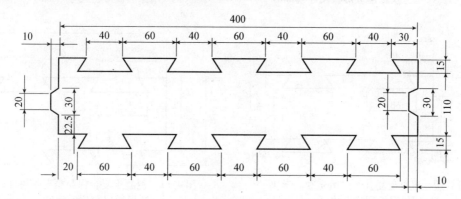

图 4-3　混凝土复合保温填充砌块主块用保温板形状尺寸（mm）

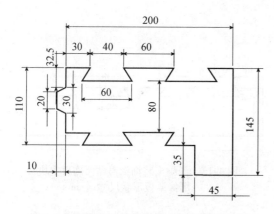

图 4-4　混凝土复合保温填充砌块阴角半块
用保温板形状尺寸（mm）

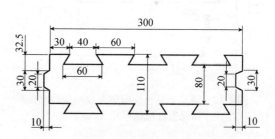

图 4-5　混凝土复合保温填充砌块七分块
用保温板形状尺寸（mm）

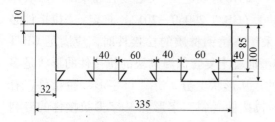

图 4-6　混凝土复合保温填充砌块阳角块
用保温板形状尺寸（mm）

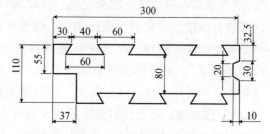

图 4-7　混凝土复合保温填充砌块洞口七分块
保温板形状尺寸（mm）

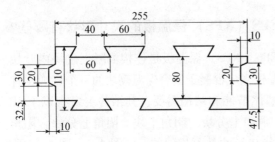

图 4-8　混凝土复合保温填充砌块阴角
七分块保温板形状尺寸（mm）

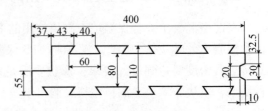

图 4-9　混凝土复合保温填充砌块洞口主块
用保温板形状尺寸（mm）

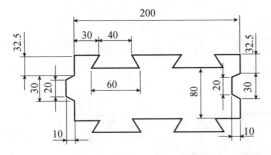

图 4-10　混凝土复合保温填充砌块半块
用保温板形状尺寸（mm）

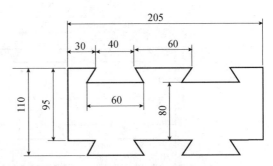

图 4-11　混凝土复合保温填充砌块过梁
U 形块保温板形状尺寸（mm）

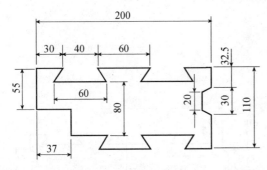

图 4-12　混凝土复合保温填充砌块洞口半块
用保温板形状尺寸（mm）

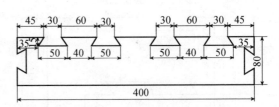

图 4-13　混凝土装饰保温贴面砌块主块
用保温板形状尺寸（mm）

21. 混凝土自保温复合砌块所用的拉接件形状有哪些?

《墙体材料应用统一技术规范》（GB 50574—2010）规定："夹芯复合砌块的二肢块体之间应有拉接"，《复合保温砖和复合保温砌块》（GB/T 29060—2012）规定："拉接件必须是具备防腐、防锈、抗老化性能的材料。采用不锈钢材质的拉接件时，应满足 GB/T 4240 的要求"。从全国的使用情况来看，夹芯型混凝土复合保温砌块的拉接件的形状是多样化的。从材质上分，有金属的，有非金属的；从形状上分，有"口字形"拉接件，有"U 形"拉接件，还有"斜工字形和 V 字形"拉接件（斜工字形和 V 字形拉接件的专利号：ZL 201320114629. X）。金属拉接件的一般用 ϕ4 镀锌处理的钢丝，或不锈钢钢丝。非金属的"斜工字形和 V 字形拉接件"是烟台乾润泰新型建材有限公司研发的专利产品，使用效果很好，拉接力强，热阻大，拉力均匀。拉接件成品如图4-14所示。

图4-14　烟台乾润泰新型建材公司研发的拉接件（ZL 201320114629. X）

第五章 混凝土复合保温填充砌块生产设备

1. 混凝土复合保温填充砌块生产设备有几种类型?

混凝土复合保温填充砌块分为两大类:填充型混凝土复合保温填充砌块和夹芯型混凝土复合保温填充砌块。

生产填充型混凝土复合保温填充砌块的生产设备有混凝土砌块成型机,包括台振混凝土砌块成型机和模振混凝土砌块成型机。因为,填充型混凝土复合保温填充砌块,是在轻集料混凝土砌块部分孔洞或者全部孔洞内填充绝热材料,其生产过程属于二次完成,第一次先生产出带孔洞的轻集料混凝土砌块,该产品养护好了以后,再向其部分或者全部孔洞内填充绝热材料,其生产过程和生产工艺相对比较简单。

夹芯型混凝土复合保温填充砌块的生产设备要比普通的砌块成型机要相对复杂一些,复杂程度主要表现在三个方面:第一,要增加一个自动送聚苯板设备,该设备能将聚苯板自动输送到模具内;第二,要增加专门生产夹芯型混凝土复合保温砌块的操作程序;第三,要有专门用于生产夹芯型混凝土复合保温砌块的模具。一般的混凝土砌块成型机是无法完成的,必须使用既能生产夹芯型混凝土复合保温砌块,也能生产填充型混凝土复合保温砌块的、多功能型混凝土砌块成型机。该种复合保温砌块成型机的多功能表现在:不但可以生产夹芯型复合保温砌块,也可以生产填充型复合保温砌块,还可以生产混凝土实心砖、混凝土多孔砖、混凝土路面砖等混凝土制品。

2. 夹芯型混凝土复合保温填充砌块成型设备技术参数是什么?

FZBW6-30 型混凝土复合保温填充砌块成型设备的主要技术参数见表 5-1。

表 5-1 混凝土复合保温填充砌块成型设备的主要技术参数

1	设备执行标准号	JC/T 920—2003《建材工业用砌块成型机》	
2	模具执行标准号	GB/T 8533—2008《小型砌块成型机》	
3	产品	尺寸	每模成型块数
	复合保温主砌块	390mm×320mm×190mm	6 块/板
	混凝土实心砖	240mm×115mm×53mm	50 块/板
	混凝土多孔砖	240mm×115mm×90mm	25 块/板
	普通混凝土空心砌块	390mm×190mm×190mm	9 块/板
4	成型周期	18~30s/板(与产品高度、操作有关)	
5	年生产能力*	11.7m³(8h/双班产量计算)理论值	

续表

6	产品高度	90～190mm
7	系统工作压力	21MPa（最大输出）
8	托板尺寸	1350mm×720mm×50mm
9	最大激振力	120kN
10	设备总重	13t（主机）
11	设备总功率	88kW
12	电源频率	50Hz

* 年产能力是指混凝土小型空心砌块：390mm×190mm×190mm。

3. 夹芯型混凝土复合保温填充砌块成型设备结构组成是什么？

FZWB6—30型成套设备由送板机、成型机、送苯板机、出砖机、降板机、液压站、操作台七部分组成。

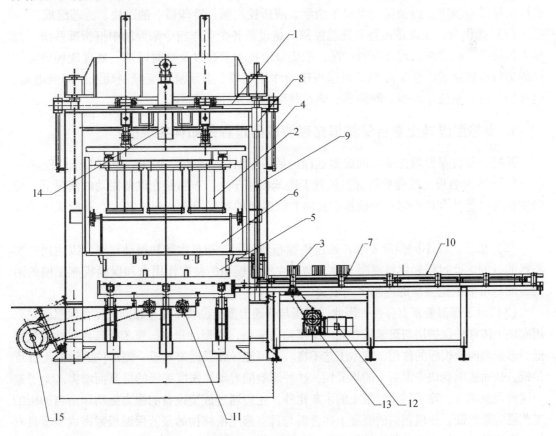

图5-1　FZWB6—30型混凝土复合保温砌块成型机

1—主机架；2—上模头；3—苯板；4—提升杆；5—下模箱；6—布料车；7—限位开关；8—提模油缸；
9—导向柱；10—苯板小车；11—下振总成；12—电机；13—减速机；14—上模油缸；15—电机

（1）送板机：作用是将一定规格、特制托板通过机械传动方式，送入到模箱之下、下振平台之上。保证送板准确，它是由主机架、推爪车架、推板油缸组成。

（2）成型主机：作用是将经过一定配比、搅拌好的物料送入模具内，通过振动挤压，使混凝土拌合料与特制的聚苯乙烯保温板形成一定尺寸、不同规格的建筑砌块，再经过脱模，使产品完全脱离成型机。它是由（图5-1）主机架（1）上模头（2）下模箱（5）导向柱（9）布料车（6）上模油缸（14）提升杆（4）下振总成（11）电机（15）提模油缸（8）等组成。

（3）送苯板机：作用是将一定尺寸规格的聚苯乙烯保温板，由送苯板小车在减速机皮带轮传动下，送入到成型机的模具下方，准备与搅拌好的物料成型。它是由限位开关（7）电机（12）减速机（13）送苯板小车（10）和苯板（3）组成。

（4）出砖机：作用是将成型的产品在送板的作用下，由成型机推出送到固定位置的辅助装置。由皮带轮、电机、减速机、水平导向轮组成。

（5）降板机：是将成型好的产品由出砖机上，依次码放成垛，便于叉车运输。由机架、电机、减速机组成。

（6）液压站：是提供成型机各部分动作动力、控制、完成系统，其动作的完整性、可靠性由操作台负责。由油箱、电机、油泵、液压控制阀、冷却器、油路块、滤芯组成。

（7）操作台：是设备运行系统总控制，是设备各个动作指令来源的中枢指挥系统，操作人员按照产品要求及现场配料情况，准确设定技术参数以及临时调整、处理现场突发情况的运行操作装置。它是由PLC可编程序操作控制器、显示屏、变频制动及中间继电器、电源转换器、交流接触器、断路器、热过载继电器元件组成。

4. 夹芯型混凝土复合保温填充砌块成型过程是如何实现的？

混凝土复合保温填充砌块的成型过程包括装保温板、布料、振压、脱模四个过程。

（1）装保温板是准确地将保温板置于送苯板小车上。布料是在设备振动的情况下，使轻集料混凝土拌合料均匀充填模箱空腔内和保温板的燕尾槽内至预定高度，并形成水平面的过程。

（2）根据产品不同强度要求，通过调整布料时间、布料次数和振动频率，以达到密实布料的目的。此过程轻集料混凝土拌合物要克服与模箱的粘附作用力和保温板燕尾槽的阻力，而尽可能的把狭窄的模箱空间填实。

（3）由于保温板富有弹性，因此，振压与普通混凝土砌块不完全相同，复合保温砌块采用砌块主体和外保护层与聚苯板在同一个模箱内成型，成型过程中，聚苯板具有弹性模量很低，形成侧向软模板的作用，成型工艺不良，有可能导致靠近聚苯板一侧部位的混凝土强度偏低，从而影响砌块中混凝土的均质性，这种影响随着砌块强度等级的提高而增大。为了避免这种现象出现，除了加大混凝土的水灰比外，还应通过成型设备的强力振动和适当加压的工艺措施来保证，使模箱内的混凝土拌合料与具有燕尾槽结构的聚苯保温板紧密成型至具有规定高度的坯体。视产品强度等级的不同，聚苯板燕尾槽的尺寸、形状、密度的不同，可以调整振动频率、振动时间、压力大小，以保证达到密实成型不开裂的目的。

（4）脱模是使复合保温砌块坯体从模箱中脱出，然后设备复位，准备下一个成型周期的过程。脱模应当平稳，下模箱向上提的同时上模头的油缸压力足够大，避免产生脱模时上模油缸向上窜，导致脱模困难，减少破损。

　　成型周期是由布料时间、振动时间和脱模复位时间这三个成型工艺参数组成。复合保温砌块的成型周期，相对于普通混凝土砌块成型周期要长一些。因为增加了送苯板的时间和保温板入模的时间。各种成型工艺参数，需要根据复合保温砌块使用的原材料的质量、松散堆积密度、保温板的密度、拌合料的水灰比的大小及复合保温砌块坯体成型质量、生产效率权衡而定，如较高强度等级的产品需要较长的成型周期。

　　成型质量较好的砌块坯体，其条面上为稍显湿润的密实表面和水平浆带，坐浆面有细小的拉浆，坯体的外观尺寸应符合建筑规范的要求，无缺棱掉角、烂根、多底边与亏料现象。如轻推砌块坯体条面有弹性手感，无明显的塑性形变，保温板的燕尾槽与砌块主体和混凝土保护面层连接处不开裂。

5. 如何做好夹芯型混凝土复合保温填充砌块成型设备安装与调试？

　　（1）安装前应做好的准备工作

　　当成型机准备安装前，须应做好以下工作：

　　①场地的设备基础，需提前做好预埋铁浇注与水平调整工作，养护期不得低于2d，同时也要做好存放成品的场地平整。

　　②搅拌站的安装工作也需提前做好准备，以待开机使用。

　　③原材料的准备工作，须提前购入，其质量要求：粗集料粒径应在5~8mm，最大不应超过10mm，砂料含土率不得大于3%（聚苯乙烯保温板的尺寸、密度及阻燃值按热工要求及力学性能确定），如超过以上标准，将会给设备带来损坏及无法保证产品的质量。

　　④液压站所需加注的液压油，应按指定的标号提前准备好，以便设备到厂后及时加注。

　　⑤成型所需托板也应提前或设备到厂同时备好，托板的厚度误差应小于2mm。托板最好使用整体性好，刚性好的不变形材料。

　　⑥设备用电及冷却水要直接安装到预留口，不论是上输线还是地埋式（地埋式要用钢管预埋，其直径要方便电缆线穿入）。

　　⑦安装所用辅助设备，比如电焊机、撬杠、水平尺、千斤顶、吊机等专项工器具应提前准备好。

　　⑧运输工具是指产品成型后，将产品直接运到养护地，如：叉车、电瓶车、小拉车、液压推拉车等。

　　⑨协助设备安装人员若干，通过协助安装，使工作人员对设备有了比较清楚地认识，对今后设备维护工作将起到更大的作用。

　　（2）设备安装中，要服从技术人员的调配和指挥，当技术人员不在现场时，不要擅自动用设备上的任何物品。设备安装应遵守：

　　①设备固定要牢固，当设备地基混凝土养护期达不到20d时，不得开机试机，设备基础连接处要焊接牢固，不得存在虚焊和点焊。

　　②送板机、出砖机与成型机下振平台要保持高度一致、中心线位置一致，同时要三者连接固定一起，以保证工作的连续运转。

　　③成型机安装时要找好水平，以下振托板平面水平为基准。

　　④输送机定位：首先要将分装的前后两部分连接固定，中心线保持一致并与主成型机

中心一致，前滚轮（最高点）下平面距离主成型机的集料斗上平面30～50mm，使搅拌好的物料能够直接落入到集料斗中，位置调整好后均应予以固定不得松动。

⑤液压系统安装：液压站出油口要与主成型机连接管路对应，对接各油路，连接处要保证密封环完好无损并紧固。

⑥电器系统安装：在连接外接电源时，一定要请专业电工予以操作，接入操作台电缆使用不低于截面积25平方四芯铜线防水电缆（预埋要用钢管预埋，其直径要适于电缆穿入方便），地线截面积不小于6平方。

（3）设备调试：设备按照标准安装好后，对各运行部位进行调整。在调试过程中，要相互关照防止发生意外，对各控制环节进行微调时，应有双方人员在场并予以标注，防止初期发生变化时无法校对。按照设备运行先后顺序，予以设备的手动空载慢行，各项动作无误后，方可进行设备自动运转。运行10～20个往复周期运动后，才可负载试运行，进一步调整产品成型尺寸及成型质量。

（4）模具的安装及更换：安装或更换模具时，首先要注意安全，模具是配套装配的，在模具出厂时，为了防止错位，在模具的一侧已将该图号打印在上边，所以，上、下两号要同在一面进行安装，模具安装后要保证几个条件：

①布料小车平台要始终与下模箱的上平面保持一致；

②下振平台要始终与送托板机平面保持一致；

③送苯板小车要始终与托板上平面保持一致；

④下振平台平面要始终与出砖机平面保持一致。

鉴于安装或更换模具时的要求，故需要对以上部位进行调整，调整时要注意成型机上、下运行距离的位置准确性，适当调整相应部位，并保证产品成型尺寸的绝对性、可靠性。

安装时切莫忘记下模箱与下滑快、下振平台之间的减震胶垫。

安装顺序为：分清下模箱的前后，安装好下模箱，使定位销入孔，然后用螺栓固定，再由上模对齐下模箱入位稍作固定，试运行几个行程，准确无误后再固定锁紧上模。

6. 混凝土复合保温填充砌块成型设备安全方面有哪些要求？在设备安全方面有哪些规定？

（1）接地装置宜采用钢材，接地装置的导体截面积应符合热稳定和机械强度的要求，但不应小于表5-2。

表5-2 钢接地体和接地线的最小规格

种类、规格、单位		地　　上		地　　下	
		室内	室外	交流电回路	直流电回路
圆钢直径（mm）		6	8	10	12
扁钢	截面（mm）	60	100	100	100
	厚度（mm）	3	4	4	4
角钢厚度（mm）		2	2.5	4	4
钢管管壁厚度（mm）		2.5	2.5	3.5	4.5

（2）供电电压为380V±5%以内，50Hz的条件下可靠工作。

（3）设备应在环境温度5~40℃范围内工作，湿度不应大于85%RH（无冷凝）。

（4）人身安全：机械传动是设备运动的主要部分，而设备的产品成型最终是靠机械来完成，所以保证安全生产有两个方面，一个是人身安全，再就是设备安全。在机械生产中要注意人身安全的部位是：

①搅拌机的机盖。在工作时要注意机盖的闭合，在清理搅拌槽时，槽内严禁进人清理，要注意切断电源，并在开关电源处有明显的标志，以防误操作，有条件的话最好设专人看管。

②搅拌机工作中，绝对不可将手伸入搅拌机内，进行手动辅助工作和检测水的干湿度。

③升降料斗下要注意禁止有人站立，防止落灰伤人。

④输送机的电机传动部位，如链条与齿轮的啮合处，输送带的结合部位等地方，电机的固定螺丝有无松动，维修时要注意人员的操作看管。

⑤送板机要注意码板时木板脱落砸伤手、脚以及木刺伤手。

⑥主机部位比较关键，重要的一点是在更换模具和给模具进行清理时，防止砸伤手、头等关键部位，尤其是在清理模具时，一定要在上、下模具之间做好硬性支撑物，以防上压头下落伤及人！在主机的其他部位也要注意机械运动及传动给人带来的事故隐患。

⑦液压部分要注意的是油管的渗漏和爆裂，以防此类事故给操作人员带来的直接伤害。同时在拆卸油管时，一定要将上、下模降到位，消除油路中的压力保障安全。

⑧电控柜内要特别注意的是，在设备维护时一定要先切断电源，然后再进行电器元件的各部分检查。当开机时，一定要注意设备的周围情况，检查设备的电源是否接通，有无漏电现象的发生，一旦发现，要及时予以修整，电源电压是否相匹配。

⑨在成型机两个侧面定位托架表面，禁止手、脚停留、站立。

（5）设备安全：作为设备安全，主要的就是防止设备由于外界及内在的因素，而对设备运转造成损伤。所以我们在考虑安全时，不但要想到人还要顾及设备。

①人为损坏：众所周知，人是生产力的第一因素，而人又是在动态生活中有思想的流动群体，所以要防止人员在流动生产过程中的思想变化，予以防止人为损坏是一项工作。主要部位：电控柜、液压站、电机、电器线路。次要部位：机械部分。

②意外损坏：设备安装的地理位置、设备的生产环境、设备生产所需的原料都是应当引起注意的问题，比如：

a. 设备所在地是否在一个安全地带，如：要远离高压线，设备是否在雷雨区的雷击多发地等。

b. 设备所在地区的电力系统供应情况是否稳定，电压不稳的情况在生产企业中都有发生，所以在此要告诉大家，应当引起注意，最好安装一台电力稳压系统。

c. 设备在维护保养过程中，由于不能按照正确的操作程序以及粗心大意，而给设备带来的隐患也是非常危险的，比如：修理下振箱在安装齿轮或皮带轮时，轴上的键使用不当，应当静配合而使用动配合时，对整个偏心轴就是一个严重的损坏隐患。对此设备公司将不承担任何保修承诺，配件费用自理。所以告诫生产企业在使用材料上，安装程序上，拆卸、修理元件上，一定不要粗心大意，更不要以次充好，以免给设备带来不必要的事故隐患。

d. 显示屏供电连接线是直流24V，有正、负极之分，连接时一定要注意：正极接在显示屏后面24V标位点上，负极接在GND标位点上，一旦接错连接点，显示屏将无法使用，须重新购买新品安装，由此而引起的损失，设备公司一般不承担任何保修承诺，配件费用自理。

7. 混凝土复合保温砌块成型设备维护保养的项目有哪些？

众所周知，该设备在生产过程中由于工作条件恶劣，灰尘大，物料细硬，加之设备本身是在震动中生产，其频率之大，是影响设备各部分机件、螺丝松动的根源，需经常注意紧固各部位螺丝。所以各部保养应执行班前、班后全清查，班中重点清查制度。设备运行的好坏，能否正常生产，能否正常发挥它的运转效率，一方面是设备本身的内在质量，而更关键的是设备维护及保养及时到位，这才是使设备长期稳定正常发挥效率之所在，维护保养的项目如下：

1. 机械部分

（1）主机

①检查上模各部位有无松动，清理上模各部位的附着物。

②清掉上模液压油缸上及导向柱周边的杂物、砂尘，确保清理干净。

③查看主机各部螺母是否松动，尤其注意拉杆上的关节轴承ϕ48上、下锁母是否松动，以上工作就如同列车列检员，停机必检！

④液压站与主机连接的所有管路，要用废旧外胎进行包裹，相联处以防胶管相互磨擦减少胶管寿命。

⑤上模平衡轴压盖及齿轮有无松动，要及时处理。

⑥上振传动件是否有松动现象。

⑦检查下模各部位有无松动，清理下模各部位的附着物，清理时必须注意：上下模间要做一个硬性支撑物，以免发生意外事故。

⑧下模油缸及横梁连接件的紧固件、油管接头是否有松动。

⑨下振传动件是否松动，托板沟槽内的杂物要清除干净。

⑩检查上、下模接近开关位置是否松动、移位，要固定牢固。

⑪下模箱的清理要注意：上下模具禁止粘有灰料，上模具清理时可用一自制板刷，进行清理，逐一四角进行。下模箱要用铁丝自制工具，将四角、四壁一次性清理干净。不得有湿灰料粘附，尤其在下班停机后最为关键。多孔砖模具清理，特别注意下方有积料。

⑫如是地脚螺丝固定基座，要经常查看地脚罗丝是否松动，也要注意到不是用水泥浇筑地脚就牢固了，而忽略设备震动所带来的影响。

⑬大梁左右一定要平行，以主机顶板为基准，调整两边使其高度一致。

⑭在下振托板上面，有一个螺栓放气孔，要经常注意检查，保证通气的作用，防止堵

塞，堵塞后易造成下振箱内的轴承损坏，因设备公司已设置此装置，故由此而引起的轴承损坏，一般不承担任何保修承诺，配件费用自理。

（2）送料小车装置

①敲打拨料齿是否有松动，防止掉齿而损伤模具。

②必须清理料车内壁及拨齿所附着的灰料，防止废料占据空间体积，而直接影响布料的质量。

③传动轮及各紧固件是否有松动。

④液压油缸周围是否有灰料堆积，并及时注意清理，防止灰料磨损密封胶圈，使油缸漏油，过早损坏。

⑤油缸的连接口是否松动，动作可根据物料的不同，进行调整。

⑥信号线路是否有破损，接近开关是否正常，有无位移。

⑦清扫小车平面的灰料，防止堆积灰料影响小车的工作状况。

⑧注意清扫小料车轨道周围的灰料，以防堆积过多，影响小车行程，浪费灰料，也使布料受影响。

（3）送苯板及送板机

①变速箱工作有无异常响声，并注意各转动部位的加注机油工作。

②一定时间后要注意推爪的牢固性，链条加注机油的时间要掌握好。

③送板机上的码板一定要注意，因电机负载有一定的范围，故码板高度不要超过6块，并要注意托板的厚、薄一致。

④限位开关的灵敏度要随时注意观察，以防影响送板效果。

⑤机架高度及中心有无变动，是影响设备正常运转的环节之一。

⑥送苯板机架上的轴承、运动部位的清理整洁。

2. 液压部分

（1）油箱中的液压油工作温度要保持在 20～65℃，最高不要超过 70℃。当油温过高时，将会降低液压油的工作效果。

（2）油箱的外表面要保持清洁，尤其在工作台面上，压力表以及各个管口的连接处，以便及时观察油路的运行情况。

（3）油箱中的液压油要随时注意，防止缺少液压油，而造成配件的损坏和影响设备运转。

（4）油箱内应及时清洗，新投入使用后一个月就要清洗，以后每六个月清洗一次。其办法为：将原油全部放出，盛入一容器内，沉淀 24h，并将油箱内底部油渍及杂质全部清理掉。办法之一最好要用 1000g 白面和成面团，在油箱内将杂物、油泥全部粘掉。有一点要注意的是，清理环境不能有灰尘、杂物。清理完后，重新将油箱密封口封好，将沉淀 24h 后的液压油经 150 目过滤网过滤，灌入油箱内即可。如油箱内缺少油时，可立即予以补充，绝不能将沉淀油泥再倒回油箱内。

（5）冷却器中的循环水要充足，接水管要用 1.2 寸水管连接，以便达到降温效果。如发现漏水应及时处理，冬季白天工作后，夜晚要将冷却器中的水放掉，冬季休工停机后要拆除冷却器，并将其内部的水全部倒掉，放入室内。防止天气寒冷，冻坏冷却器。

（6）注意压力表和电磁阀、转向阀的工作情况，发现异常迅速解决。

3. 电气部分

（1）安全生产、安全第一是我们保障生命的重要原则，而电气部分是我们直接接触的，所以防止它的侵害是我们首要掌握的。

（2）开机前要检查电控柜的接线、螺丝有无松动、脱落现象。

（3）在北方地区，特别要说明一点，就是由于地区的关系，到4月中旬有一段时间空气中飘游飞絮，落地后又成堆流动至无风处，如不注意，柜中极易停留，当电气部分工作时产生火花，是造成重大事故的根源。所以在此告诫大家，千万注意防止此类事件的发生。

（4）一般情况下，电控柜每月应断电用毛刷或吹风机清理一次。

（5）注意电控柜的防潮、防水，一旦受潮，一定要把设备彻底晾干后，方可通电再试，有问题请专业人士进行修理。

（6）停止运行应关闭总闸，为防雷击，请将连接PLC的220V进相电源线拔掉或安装避雷器一套。

（7）按照国际标准，电控柜中使用的继电器、接触器都有一定的可靠使用次数，超过这一次数后可靠性降低，因此电控柜中的元件超过年限后，要注意及时请专业人士更换。

8. 混凝土复合保温填充砌块成型设备使用与日常维护注意事项是什么？

复合保温砌块生产线的零部件很多，是由机电液一体化构成，系统复杂，工作条件比较恶劣，需要精心使用和细心维护。经验和理论都证明，即使有高水平的砌块生产线设备，而缺乏合理的生产工艺和正确的使用与维护，难以发挥设备的性能，甚至会导致设备损坏、产品质量与安全事故的发生。复合保温砌块设备使用与日常维护包括如下内容：

（1）设备与工艺技术负责人，应尽可能对所用设备的性能指标、主要部件组成、使用与维护要求等方面进行充分了解。

（2）应建立健全相关岗位操作、生产工艺、设备维护、设备修理、质量控制、安全生产与事故处理等方面的制度、规程，公开明示，并有专人各负其责，切实落实。

（3）员工上岗前必须经过培训，使其熟悉操作技能，明确岗位职责和操作规程。

（4）各生产线设备在混凝土搅拌投料前，应进行空负荷试车，运转合格后方可投料生产。

（5）对设备生产参数，特别是计算机、可编程控制器等自控设备的控制参数与密码做好记录与备份，对日常生产中发生的参数变动也应及时记录。

（6）以保持一定的设备品备件，特别是易损件、易耗件的储备。储备的原则是"备齐不备全"，齐指的是品种，全指的是数量。

（7）应采用符合设备规定性能的润滑、液压等油品和零部件。如果采用代用品，应以对设备不发生损坏作用、能够保证设备正常运行，符合生产与安全为原则。

（8）生产时应严格按照操作规程进行操作，禁止野蛮操作。

（9）生产时操作人员应随时注意观察生产线设备的显示数值、声音、温度、时间、火花与烟雾、物料与砌块的外观、数量与湿度等异常运行情况。发现问题后属于使用操作问题或可以简单处理的，应马上调整解决，属于设备故障等，应及时报告进行维修，禁止设备带病工作。本单位不能解决的设备故障，应第一时间通知设备供应厂家，求得其帮助。应定期对设备添加油润滑，加油时一定要按照设备维护使用说明书的要求，按时按量加油，防止设备缺油损坏。

（10）连续生产8h或停产2h时，应把搅拌机内剩余的与粘附在搅拌机内板和搅拌臂上的残留混凝土清理干净，防止凝结硬化，并且保证湿度探头的正常工作状态。

（11）更换下来的模具必须认真清理，尤其是模箱燕尾槽护板下的残留混凝土必须清理干净，并涂刷防护油，再用塑料布覆盖。

9. 加工带有双面或单面燕尾槽聚苯板的方法与设备有哪些？其注意事项是什么？

聚苯乙烯泡沫塑料是绝热材料中应用最普遍的，应用在墙体材料中生产混凝土复合保温砌块的聚苯板，模塑聚苯板（EPS）的密度为 $18 \sim 22kg/m^3$，挤塑聚苯板（XPS）的密度为 $25 \sim 32kg/m^3$。要把这两种绝热材料加工成混凝土复合保温砌块要求的特殊芯材，目前国内主要采用的方法和设备，结合特殊芯材产品介绍如下：

（1）模塑聚苯板（EPS）的加工

①人工电阻丝切割：以两面带燕尾槽的聚苯板为例，其尺寸为 400mm × 200mm × 100mm，从 EPS 聚苯板的厂家直接订购该尺寸的聚苯板，自己组织人工使用靠模和电阻丝切割锯进行切割，如图 5-2 所示。这种方法的优点是设备投资少，但缺点是切割的时间很长，而且浪费材料很大，成本增加。此法不适用大量工业化生产混凝土复合保温砌块生产，仅仅适用于实验室研究之用。

图 5-2　人工电阻丝切割双面有燕尾槽的聚苯板保温芯材

②模塑机械自动成型：以两面带燕尾槽的聚苯板为例，模塑机械自动成型机是由成型模具、模塑成型机、蒸汽输送及控制、冷却水输送及控制、聚苯颗粒发泡及颗粒注入等部

分构成，如图5-3、图5-4所示。这种模塑机械自动成型聚苯板的工艺方法是：a. 聚苯颗粒发泡；b. 聚苯颗粒输送到模具空腔内；c. 通入高温蒸汽；d. 通入冷却水冷却；e. 上模箱自动升起，加工好的两面带燕尾槽的聚苯保温板从模具内脱出；f. 上模塑自动落下，开始下一个成型循环过程。此种加工的复合保温砌块芯材的精度高，尺寸准确，效率高，成品率高。缺点是投资大，成本高。

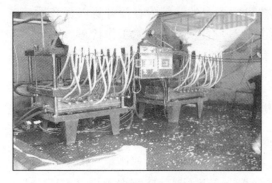

图5-3　大庆肇州采用模塑机械自动成型双面
　　　　有燕尾槽的聚苯板保温芯材

图5-4　模塑机械自动成型双面有燕尾槽的
　　　　聚苯板保温芯材的模具

③机械自动化套裁切割：双面带燕尾槽的聚苯板芯材，是由模塑聚苯板自动套裁电阻丝切割机完成的。机械自动化套裁电阻丝切割机由机架、自动行走装置、电阻丝切割系统、电控操作台和调压电源等组成，如图5-5所示。套裁的结果是减少浪费，节约时间，降低成本，尺寸比较准确，其产品如图5-6所示。

图5-5　保定方正机械机厂生产的模塑聚苯板
　　　　自动套裁电阻丝切割机

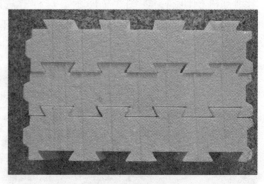

图5-6　保定方正机械厂生产的自动套裁电阻丝切
　　　　割机加工的双面有燕尾槽的EPS芯材成品

（2）挤塑聚苯板（XPS）的加工

①自制机械电动多头铣床加工

混凝土复合保温贴面砌块用的单面燕尾槽XPS板，由于挤塑板的特性，最大厚度为100mm以下，不可能采用套裁的方法切割，在我国的黑龙江省大庆市的某企业和甘肃省的某企业，分别采取自制的多头机械电动立铣机床加工XPS保温板，此种工艺加工时，先将XPS保温板切割成规定尺寸的立方体小块，再将其卡在自动机械电动立铣机床上进行加工，缺点是加工时铣掉的XPS粉末对人的呼吸系统影响很大，而且加工的精度也不一致，在开始加工时立铣刀是新的，加工的尺寸准确，至少一天要卸下来磨一次，由于立铣刀的多次磨损，加工出来的燕尾槽的宽度和深度度发生了变化。

②自动化机械切割设备

XPS 保温板自动化电阻丝切割机，由机架、自动切割机行走系统、自动控制系统及操作台组成。同时可以加工三块单面有燕尾槽的 XPS 保温板，如图 5-7、图 5-8 所示。

图 5-7　齐齐哈尔中齐建材开发公司采用自动化机械电阻丝切割 XPS 保温板

图 5-8　齐齐哈尔中齐建材开发公司采用自动化机械电阻丝切割设备加工的单面有燕尾槽的 XPS 板成品

无论采取什么样加工设备与方法，无论是 EPS 保温板还是 XPS 保温板，在加工的过程中，首先，必须注意防火安全问题，要制定切实可行的防火安全制度，要责任到人；其次，要注意环保安全，要及时通风，尤其是采用机械电动多头立铣机床加工 XPS 保温板的企业，一定要采取防粉尘措施，确保生产工人安全。一定要注意铣下的 XPS 粉末的收集；第三，EPS 或 XPS 也好，其自然时效的时间，必须满足《绝热用模塑聚苯乙烯泡沫塑料》（GB/T 10801.1）和《绝热用挤塑聚苯乙烯泡沫塑料》（GB/T 10801.2）的有关规定。

10. 生产后发泡成型泡沫混凝土夹芯复合保温防火砌块的工装组成是什么？

后发泡成型泡沫混凝土夹芯复合保温砌块专用工装，其特征在于：（图 5-9 ~ 图 5-14）它是由带有数个竖直凹槽 3 和数个垂直支撑板 2 及连接柱 4 的 U 形外挡支板 1、带有数个垂直支撑板 2 和连接柱 4 的 U 形内挡支板 5，带有条形连接口 7 的连接杆 6 构成；带有数个竖直凹槽 3 和数个垂直支撑板 2 及连接柱 4 的 U 形外挡支板 1，带有数个垂直支撑板 2 和连接柱 4 的 U 形内挡支板 5，对称放置在预制的混凝土外叶块体 8 和预制的混凝土内叶块体 9 的两端，连接口 7 扣在连接柱 4 上，使 U 形外挡支板 1 和 U 形内挡支板 5 与预制的混凝土外叶块体 8 和预制的混凝土内叶块体 9 四者紧密相连，它们与托板 11 形成若干个底部和四周封闭的模腔 10，用于浇注发泡混凝土液体浆料 14；由均带有数个公燕尾槽 16 和母燕尾槽 15 的预制混凝土外叶块体 8 和预制混凝土内叶块体 9 形成的封闭模腔 10，此封闭模腔 10 制成两面带有若干个竖直燕尾槽 15、16 的泡沫混凝土保温防火板 12，将预制混凝土外叶块体 8 和预制的混凝土内叶块体 9 紧密连接在一起。

后发泡成型泡沫混凝土夹芯复合保温砌块专用工装，其特征在于：位于 U 形外挡支板 1 和 U 形内挡支板 5 上的数个垂直支撑板 2 插在预制的混凝土外叶块体 8 和预制的混凝土内叶块体 9 的两端的缝隙处，起稳定支撑作用。预制的混凝土内叶块体 9 高出 20mm；U 形外挡支板 1、U 形内挡支板 5，除了阻挡泡沫混凝土液体浆料 14 不外流淌外，其还起到在生产线叠板码垛时，支撑托板 11 及其上面的产品不被压坏的支撑作用，如图 5-9～图 5-14 所示。

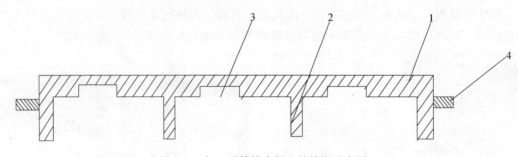

图 5-9　为 U 形外挡支板 1 的俯视示意图

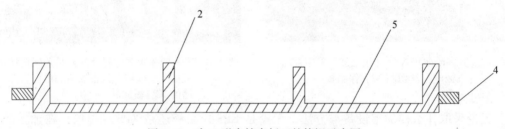

图 5-10　为 U 形内挡支板 5 的俯视示意图

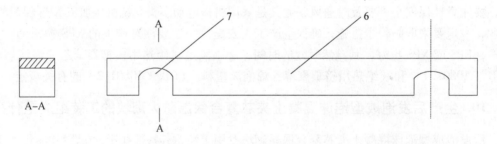

图 5-11　为连接杆 6 的主视示意图

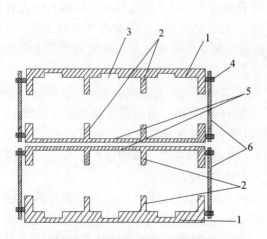

图 5-12　生产后发泡成型泡沫混凝土夹芯复合
保温砌块专用工装俯视示意图

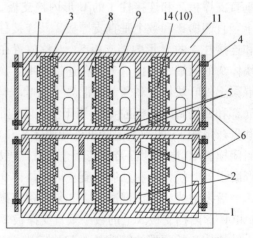

图 5-13　后发泡成型泡沫混凝土夹芯复合
保温防火砌块组合图示意

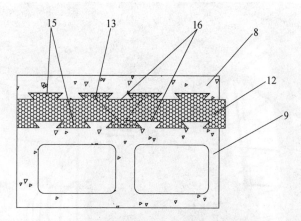

图 5-14　后发泡成型泡沫混凝土夹芯复合保温防火砌块示意图

图 5-9～图 5-14 中：1—U 形外挡支板；2—垂直挡支板；3—竖直凹槽；4—拉接柱；5—U 形内挡支板；6—连接杆；7—条形连接口；8—预制的固体混凝土外叶块体；9—预制的固体混凝土内叶块体；10—封闭模腔；11—生产内外叶块体（8，9）用的托板；12—为成型好的泡沫混凝土保温防火板；13—拉接件；14—泡沫混凝土浆料；15—为母燕尾槽；16—为公燕尾槽。

11. 混凝土复合保温砌块无人看管的配料、计量和搅拌系统的性能与特点如何？

目前，从国外引进的全自动砌块生产线，混凝土物料配料、计量、搅拌不需要人员操作，依靠程序控制完成，生产效率高；国产的大型全自动砌块生产线，也可以做到不用人员操作，实现程序控制；但半自动、中小型砌块生产线的配料、计量和物料搅拌必须依靠人员操作完成。在目前的劳动力价格上涨的情况下，建材企业为了降低成本，必须减少生产用工。长春加亿科技有限公司研发、生产了自动配料、计量和搅拌系统。该系统包括：四斗配料仓、输送皮带、电子计量秤、物料提升斗、搅拌机、物料测水装置、加水计量装置和 PLC 电脑控制操作系统。此生产线改变了原先的中小型混凝土砌块生产线的物料配料和计量需要人员 1～2 人的落后生产方式。有人看管的配料、计量和搅拌的生产方式存在的问题：一是人员成本上升很快，幅度很大，砌块生产企业的人力成本很大；二是有人看管会带来计量和搅拌的不稳定性，导致混凝土拌合料的水灰比变化大，砌块成型机生产出的砌块密度和强度差异性大。如果采用无人看管的物料配料、计量和搅拌系统，不但可以节省人力成本，还提高了混凝土拌合料的搅拌质量。该种无人看管的配料、计量和搅拌系统的使用实践证明，该系统达到了国外引进设备的配料、计量和搅拌系统的技术水平，价格仅是进口价格的 1/3～1/4，如图 5-15 所示。

长春加亿科技有限公司研发、生产的混凝土复合保温砌块无人看管的配料、计量和搅拌系统的特点：（1）省人工，降低生产成本；（2）混凝土拌合料质量稳定，提高了生产效率；（3）计量准确、稳定性好；（4）安全性高；（5）故障诊断灵敏。

图 5-15　无人看管的物料配料、计量和搅拌系统应用实例

12. 混凝土复合保温砌块阳光棚与高压微雾自动加湿养护效果怎样?

混凝土复合保温砌块与其他混凝土制品一样需要进行常压低温养护。混凝土强度的增长需要两个条件:一是温度,二是湿度,缺一不可。由于蒸汽养护成本太高,而且还要使用煤炭,燃煤对环境产生污染。为了不对环境造成污染,还能保证混凝土复合保温砌块的养护质量,长春加亿科技有限公司研发、生产的阳光棚与高压微雾自动加湿养护工艺与设备成功的解决了这个问题。利用太阳能提高阳光棚内的温度,高压微雾自动加湿装置可提供阳光棚内的湿度。混凝土复合保温砌块阳光棚与高压微雾自动加湿养护装置,由阳光棚、微雾发生器、微雾管路、微雾喷嘴、湿度测量仪及电气控制系统。其生产工艺流程是:混凝土复合保温填充砌块送到阳光棚内——当阳光棚堆满后关上阳光棚大门——静停1h——高压微雾发生器生产高压微雾——喷嘴喷出微雾加湿——当达到规定的湿度时——湿度测试仪启动并报告控制系统——高压微雾发生器停止生产高压微雾——当湿度低于规定的湿度时——湿度测试仪启动并指示控制系统——高压微雾发生器开始生产高压微雾。该养护设备的特点是:(1)环保;(2)节约能源;(3)节约水源;(4)混凝土复合保温砌块养护质量均匀;(5)与蒸汽养护和喷淋浇灌养护相比,高压微雾养护不易使托板发生损坏,延长了托板的使用寿命;(6)降低生产成本。阳光棚如图 5-16 所示。

13. 混凝土复合保温砌块离线式机械码垛系统是怎样构成的?

2013 年 4 月 28 日,中国建筑材料联合会会同中国砖瓦工业协会、中国加气混凝土协会、中国建筑砌块协会、中国混凝土与水泥制品协会、中国绝热节能材料协会等共同制定了《新型墙体材料产品目录》和《墙体材料行业结构调整指导目录》。《墙体材料行业结构调整指导目录》中要求:"普通混凝土小型空心砌块、轻集料混凝土小型空心砌块、装饰混凝土砌块、混凝土复合保温砌块,成型主机功率为 40kW 以上,振动频率 55Hz 以上

图 5-16　阳光棚与高压微雾自动加湿养护设备应用实例

振幅为 1.2～1.5mm，采用自动计量配料，人工养护（包括太阳能养护），机械码垛系统，生产规模单机单班年生产规模 6 万 m³ 及以上生产线"。规定混凝土砌块生产线必须采用机械码垛系统，一是提高生产效率；二是节省人工，降低人工费用；三是产品质量大幅度提高。针对我国中小型混凝土砌块生产线，尤其是混凝土复合保温砌块生产线，产品人工码垛存在的费用高，劳动强度大，产品破损率高等问题，长春加亿科技有限公司研发、生产的 JYJM－30 型混凝土砌块离线式机械码垛系统，很好地解决了此问题，收到了良好的效果。

JYJM－30 型混凝土砌块离线式机械码垛系统，出链式输送机、叠板机、砖板输送机、砖板分离机、码板机、履带输送机、夹砖机、推砖机、转盘输送机、码垛机、滚轴输送机等构成的机械系统，液压系统和电气控制系统构成。

JYJM－30 型离线式机械码垛系统，使用范围广，不但适用混凝土实心砖、混凝土多孔砖、混凝土小型空心砌块，还适用于混凝土路面砖和混凝土复合保温砌块；不但适用于四块机，也适用于五块机、六块机、八块机、九块机、十块机、十二块机、十五块机、十八块机生产的包括混凝土复合保温砌块在内各种混凝土产品的码垛。

JYJM－30 型离线式机械码垛系统的特点：（1）适用范围广；（2）码垛效率高（混凝土标准砌块每小时码 30m³）；（3）运行成本低；（4）可靠性高；（5）安全性好；（6）与人工码垛相比较，降低劳动强度，降低生产成本，提高产品质量。码垛现场如图 5-17 所示。

JYJM－30 型离线式机械码垛系统应用广泛，已经被众多的砌块生产企业采用，发挥了极大的效率。如吉林省白城市通榆加亿科技环保建筑材料有限公司、河北廊坊大厂益恒建材有限公司、吉林省恒晟环保建材开发有限公司、长春玛莎建材有限公司等。

图5-17　JYJM－30型离线式机械码垛系统

目前，长春加亿科技有限公司生产的 JYJM－30 型离线式机械码垛系统（图5-17），为德国玛莎公司销售在中国的砌块成型机生产线配套。

14. 混凝土复合保温砌块电动地牛运输车有哪些优点？

我国建材行业的自动化或半自动化砌块生产企业，多数使用 3t 或 2t 汽油或柴油叉车作为起重和运输工具，不但投资大，而且消耗汽油或柴油等能源，加之因叉车使用环境粉尘过大，叉车的维修费用太高，造成生产成本过高。为了既能达到运输和起重混凝土砌块的目的，又能节约成本，长春加亿科技有限公司研发、生产混凝土产品电动地牛运输车，代替叉车运输和起重刚下线的混凝土制品。其结构组成如下：操作手柄、电瓶组、减速机、托盘车等。最大载重量为 3000kg，工作长度 2.2m，搬运高度 1.5m。如果混凝土砌块叠板高度为 6 层，四块机可以搬运 24 板，如果是六块机，可以搬运 18 板，充一次电，可以使用 3d。其特点是：省人、省电、省油、省力，节能、环保、高效、平稳、可靠，维护费用低。电动地牛车工作情况如图 5-18 ~ 图 5-20 所示。

15. 通榆加亿科技环保建筑材料有限公司应用混凝土砌块辅助设备的应用案例

通榆加亿科技环保建筑材料有限公司是一家专业生产新型墙体材料的公司，主要生产混凝土小型空心砌块、混凝土路面砖、复合保温砌块。公司拥有混凝土砌块设备生产线 4 条，年生产混凝土小型空心砌块 20 万 m³；混凝土路面砖生产线 2 条，年生产混凝土路面砖 30 万 m³。

图 5-18　电动地牛运输车将刚下线的混凝土砌块运输到高压微雾太阳能养护棚内养护

图 5-19　电动地牛运输车卸下刚下线的混凝土砌块后，从高压微雾太阳能养护棚内返回生产车间

公司配套混凝土砌块成型机生产线的辅助设备有：（1）电动地牛运输车 12 台，每一条生产线配 2 台；（2）混凝土砌块无人看管的配料、计量和搅拌系统 3 套，每 2 台混凝土砌块成型机生产线配一套混凝土砌块无人看管的配料、计量和搅拌系统；（3）混凝土砌块离线式式机械码垛系统 2 套，每 3 条混凝土砌块成型机生产线配一条混凝土砌块离线机械码垛系统；（4）太阳能与高压微雾养护棚 6 个，每一条混凝土砌块生产线配一个太阳能与高压微雾自动加湿养护棚。这些辅助设备的使用，使得该生产线变得更加合理，一次性投资低，生产效率极大地提升，产品质量大幅度提高，人力成本降到最低水平，节能、环保、提高了产品的竞争力，获得很好的经济效益和社会效益。

图 5-20 位于混凝土砌块生产线上的电动地牛运输车

16. 什么是 TS 混凝土复合自保温砌块保温浆料灌注机生产线？

TS 混凝土复合保温砌块保温浆料灌注机生产线是由大庆市天晟建筑材料厂研发、生产的，填补国内该领域的空白。大庆市天晟建筑材料厂拥有多项有关 TS 混凝土复合保温砌块保温浆料自动化灌注机生产线的知识产权，其专利号是：ZL201220732215.9，ZL2012 1 0589944.8，ZL201310237785.X，ZL201320066211.6，ZL201320065593.0，Zl201320065 591.1，Zl201320077516.7。

TS 混凝土复合保温砌块保温浆料灌注机生产线，由水泥仓、粉煤灰仓、保温集料仓、外加剂罐、计量装置、搅拌机、输送带、自动化灌注机、输送机等设备构成，如图 5-21、图 5-22 所示。

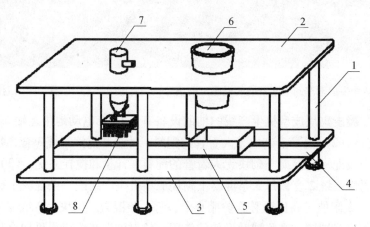

图 5-21 TS 混凝土复合保温砌块保温浆料自动化灌注机示意图

1—立柱；2—上架板；3—下架板；4—轨道；5—布料箱；6—料斗；7—液压缸；8—模具

图 5-22　TS 混凝土复合自保温砌块保温浆料自动化灌注机生产线应用实例

第六章 混凝土复合保温填充砌块生产工艺

1. 混凝土复合保温填充砌块生产工艺流程是什么?

混凝土复合保温填充砌块生产工艺包括:原材料处理工艺、混凝土拌合料搅拌工艺、混凝土复合保温填充砌块成型工艺、混凝土复合保温填充砌块养护工艺、混凝土复合保温砌块检验与包装工艺、混凝土复合保温砌块装卸与运输工艺等六大生产工艺。

(1)填充型复合保温填充砌块的生产工艺是分两步法完成的,第一步,生产出具有孔洞的、混凝土单排或多排孔砌块;第二步,当这种混凝土小型空心砌块具有初期强度后,再输送到灌装填充液体或浆料生产线,往孔洞内注入绝热材料,或者插入绝热保温板在孔洞内;最后,将这种填充型混凝土复合保温砌块送到养护窑进行养护,等到有一定强度后,再从托板上码到货物托盘上或成品堆场进行堆放场地养护。洒水养护时间不少于 7 ~ 10d,产品在厂内满28d 后方可出厂。其生产工艺流程如图6-1 所示。

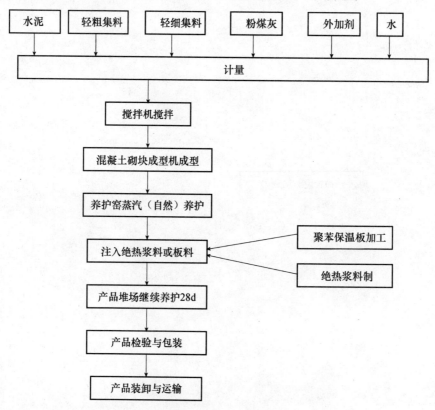

图6-1 填充型复合保温填充砌块生产工艺流程

（2）夹芯型复合保温填充砌块生产工艺是比较复杂的，分为传统的一次成型混凝土复合保温砌块生产工艺、后模塑发泡成型聚苯夹芯复合保温砌块成型工艺、后发泡成型泡沫混凝土夹芯复合保温砌块成型工艺、后发泡成型硬质聚氨酯泡沫夹芯复合保温砌块成型工艺等。分别介绍入下：

①传统的一次成型夹芯型混凝土复合保温砌块生产工艺，事先将聚苯保温板加工成特殊要求的形状，再将特殊加工的聚苯保温板放置在自动输送聚苯板小车上，自动输送保温板小车，将保温板送到下模箱内，然后下模箱下落在木托板上，送混凝土拌合料小车开始布轻集料混凝土拌合料，然后振动、加压成型、脱模，混凝土夹芯复合保温砌块连同托板被输送到养护窑内进行养护，养护好了以后在产品堆场养护至28d，进行产品检验与包装，最后进行产品装卸与运输等六大生产工艺。其生产工艺流程如图6-2所示。

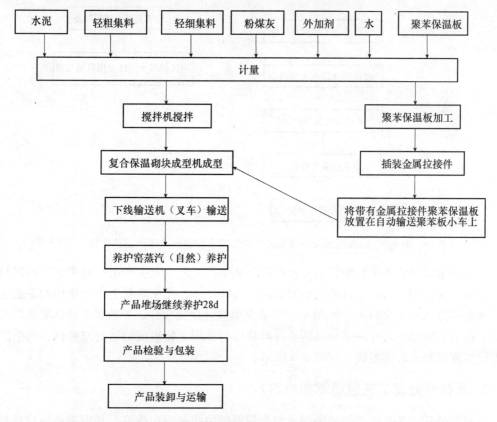

图6-2　传统的一次成型夹芯型混凝土复合保温填充砌块生产工艺流程

②后发泡成型泡沫混凝土夹芯复合保温砌块生产工艺，先生产出一面带竖直燕尾槽的混凝土内叶块体和一面带竖直燕尾槽的混凝土外叶块体，并在混凝土内叶块体和混凝土外叶块体之间置入若干个斜工字形和V字形非金属高强度拉接件，并放置有特殊要求的专用工装，然后在混凝土内叶块体和混凝土外叶块体与专用工装组成的密封空腔内，再发泡成型泡沫混凝土夹芯复合保温板。此种生产混凝土夹芯复合保温砌块新工艺的特点是：创造性的将无机绝热材料应用在夹芯复合保温砌块中，代替可燃性聚苯板，做到了保温、隔热、防火的统一，如图6-3所示。

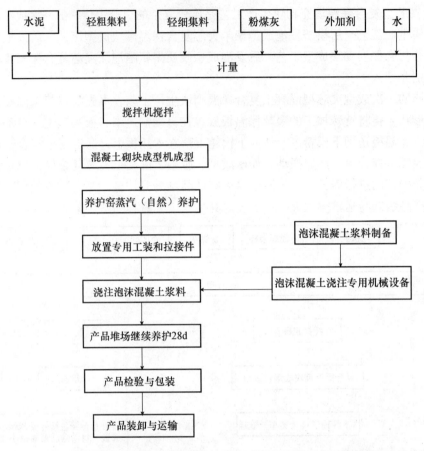

图 6-3　后发泡成型泡沫混凝土夹芯复合保温砌块生产工艺流程

③后发泡成型硬质聚氨酯夹芯复合保温砌块生产工艺，先生产出一面带竖直燕尾槽的混凝土内叶块体和一面带竖直燕尾槽的混凝土外叶块体，并在混凝土内叶块体和混凝土外叶块体之间置入若干个斜工字形和 V 字形非金属高强度拉接件，并放置有特殊要求的专用工装，然后在混凝土内叶块体和混凝土外叶块体与专用工装组成的密封空腔内，再后发泡成型硬质聚氨酯夹芯保温板，如图 6-4 所示。

2. 原材料处理工艺包括哪些内容?

原材料处理工艺是生产好的混凝土复合保温砌块的基础和前提，必须重视原材料处理工艺这一环节，原材料的质量是否符合标准要求，不但直接关系到产品的质量，而且还涉及到生产成本的高低，进而直接影响市场竞争。

（1）混凝土复合保温填充砌块所用原材料

胶结料。首选 42.5 级硅酸盐水泥或普通硅酸盐水泥，在条件不具备的情况下，也可以使用其他水泥，其质量符合 GB 175 的要求。

粗集料。石子的粒径必须在 5～10mm 之间，并且是连续级配，需要过筛处理，质量符合《建设用卵石、碎石》（GB/T 14685）的要求。

细集料。砂子，粒径为中砂，其细度模数在 $Zx = 3.0～2.3$，需要过筛处理，其质量

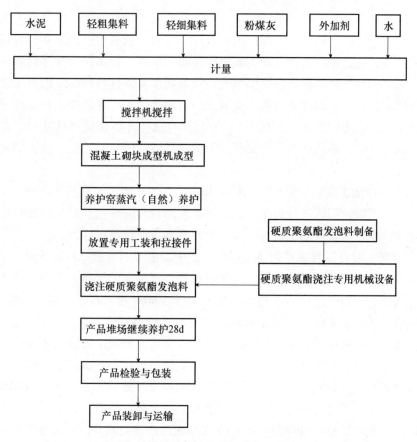

图 6-4　后发泡成型硬质聚氨酯夹芯复合保温砌块生产工艺流程

符合《建设用砂》（GB/T 14684）的要求。

掺合料。Ⅰ级粉煤灰，其质量符合 GB 1596 的要求。

粉煤灰陶粒。密度 600～800 级，最大粒径 10mm；

火山灰渣。密度 600～800 级，最大粒径 10mm；

煤渣。密度 600～800 级，最大粒径 10mm；其质量符合 GB/T 17431.1。

轻细集料。粒径小于 5mm 的火山渣、煤渣、炉底渣，其质量符合 GB/T 17431.1 的要求；河砂，为中砂，细度模数 2.3～3.0。其质量符合 GB/T 14684 的要求。

保温材料。复合保温砌块使用的保温板为 EPS 板，或 XPS 板 EPS 密度在 20kg/m³ 以上，并且加工成规定的尺寸和形状，聚苯板必须是陈化后的，才能减少收缩；XPS 板密度在 25～35kg/m³ 范围内，并且加工成规定的尺寸和形状，聚苯板必须是陈化后的，才能减少收缩，也必须是阻燃型的；硬质聚氨酯泡沫塑料的密度影在 35～40kg/m³ 范围内。

（2）必须严格控制砂子和石子中泥土和粉的含量。粗集料应有连续级配，避免使用单粒级集料。湿粉煤灰一定要用 5mm 的方孔筛过筛，除去杂质和大颗粒粉煤灰。最好用Ⅰ、Ⅱ级灰，慎用Ⅲ级灰，因为其烧失量较高，会造成混凝土制品的抗冻性指标下降，会对建筑物的安全性有影响。吸水率大于 10% 的轻集料，应预先喷水加湿。

（3）轻集料混凝土复合保温填充砌块的原材料比较广泛，除了使用一些传统的轻集料外，由于最近几年来，为了发展循环经济、环保、利废等政策要求，依靠技术进步，可使用建筑垃圾作为轻集料，随着城市棚户区的改造和新农村城镇建设，废弃的建筑垃圾已经造成了环境污染，将其经过处理，加工成粗集料和细集料，与水泥、外加剂和掺合料一起生产出符合国家标准的轻集料复合保温填充砌块等新型墙体材料产品。但对于建筑垃圾必须进行严格的工艺处理，剔除非金属、金属、塑料制品、木屑等杂质。在处理时一定要对其进行除土工艺，将土的含量控制在3%以下，只有这样才能保证产品质量。在对建筑垃圾进行原材料处理时，必须要有除尘设备，不应对环境造成新的污染，真正实现建筑垃圾的零排放。

（4）还可以使用工业废弃物生产的陶粒和陶砂作为轻粗集料和轻细集料，生产复合保温填充砌块，也可以使用陈腐垃圾生产的陈腐垃圾陶粒和陶砂生产轻集料复合保温填充砌块。但一定要控制好粒径大小、筒压强度、吸水率和含泥量等指标。

（5）在混凝土复合保温填充砌块的生产实践中，由于不重视原材料处理工艺，也就是说没有按要求把好原材料质量关，结果在生产中产生了很大的废品，造成了极大的经济损失。主要表现在：①石子进场后不过筛，既有大于10mm的大石子，也有其他杂质存在，影响布料和成型质量；②由于石子不过筛，会有一些铁件混入，轻者造成产品质量问题，重者造成设备或模具的损坏；③砂子不过筛处理，会造成混凝土配合比不准确，因为砂率会发生变化，造成水灰比的变化，最终影响产品质量造成废品率太高；④EPS保温板的密度偏低，有时密度变化很大，严重影响成型参数的调整，质量损失很大；⑤EPS保温板密度虽然能达到要求，但是其融结性不好，聚苯板是一个颗粒挨着一个颗粒，根本起不到拉结件的作用，在生产和施工过程中会从EPS保温板的连接处断开，造成极大的经济损失。

3. 混凝土搅拌工艺流程是什么？

轻集料混凝土搅拌工艺：

轻集料混凝土搅拌工艺按轻集料的1h的吸水率的大小，也分为一次投料搅拌工艺和二次投料搅拌工艺，其工艺流程如图6-5、图6-6所示。

（1）当轻集料的吸水率小于10%时，可采用二次投料搅拌工艺：

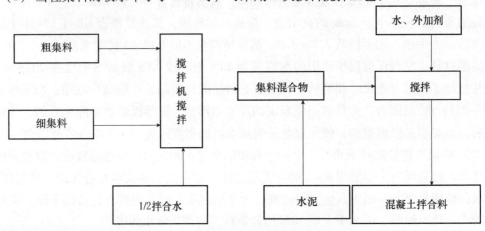

图6-5　混凝土二次投料搅拌工艺流程

（2）当轻集料的吸水率大于 10% 时，轻集料在搅拌前应进行预加湿处理，以提高混凝土的强度。其搅拌工艺流程如下图：

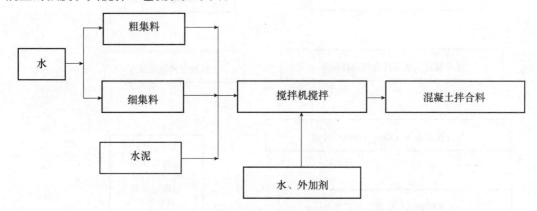

图 6-6　轻集料混凝土预加湿搅拌工艺流程图

4. 混凝土复合保温填充砌块成型工艺包括哪些内容?

（1）一次成型夹芯型混凝土复合保温填充砌块成型工艺。包括装保温板、布料、振压、脱模四个过程。装聚苯保温板是准确的将保温板置于送苯板小车上。布料是在设备振动的情况下，使混凝土拌合料均匀地充填到模具空腔内和保温板的燕尾槽内至预定高度，并形成水平面的过程。根据产品不同强度要求，通过调整布料时间、布料次数和振动频率，以达到密实布料的目的。此过程混凝土拌合物要克服与模具的粘附作用力和保温板燕尾槽的阻力，而尽可能地把狭窄的模具空间填实。

由于聚苯保温板富有弹性，因此，振压与普通混凝土砌块不完全相同，是通过成型设备的强力振动和适当加压，使模具内的混凝土拌合料与具有燕尾槽结构的聚苯保温板紧密成型至具有规定高度的坯体。视产品强度等级的不同，聚苯板燕尾槽的尺寸、形状、密度的不同，可以调整振动频率、振动时间、压力大小，以保证达到密实成型不开裂的目的。

脱模是使复合保温砌块坯体从模具中脱出，然后设备复位，准备下一个成型周期的过程。脱模应当平稳，下模箱向上提的同时上模头的油缸压力足够大，避免产生脱模时上模油缸向上窜，导致脱模困难，减少破损。

成型周期是由布料时间、振动时间和脱模复位时间这三个成型工艺参数组成。复合保温砌块的成型周期，相对于普通混凝土砌块成型周期要长一些，因为增加了送聚苯板的时间和入模的时间。各种成型工艺参数，需要根据复合保温砌块使用的原材料的质量、松散堆积密度、保温板的密度、拌合料的水灰比的大小及复合保温砌块坯体成型质量和生产效率权衡而定，如较高强度等级的产品需要较长的成型周期。成型质量较好的砌块坯体，其条面上为稍显湿润的密实表面和水平浆带，坐浆面有细小的拉浆，坯体的外观尺寸应符合建筑规范的要求，无缺棱掉角、烂根与亏料现象。如轻推砌块坯体条面有弹性手感，而无明显的塑性形变，保温板的燕尾槽与砌块主体和保护面板连接处不开裂，其成型工艺流程如图 6-7 所示。

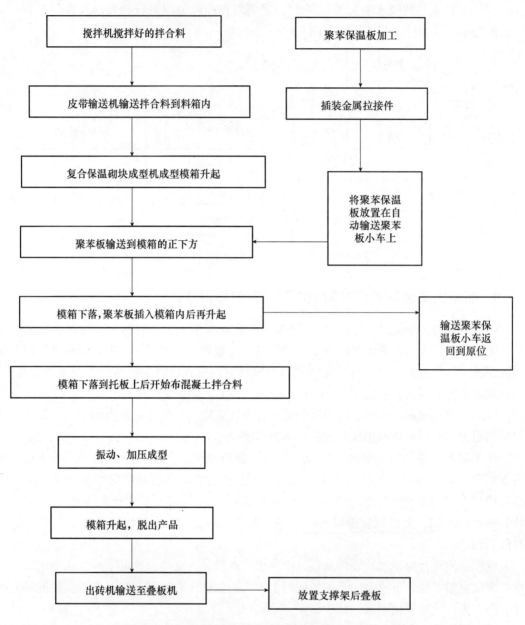

图 6-7　一次成型混凝土复合保温填充砌块成型工艺流程

（2）后发泡成型泡沫混凝土夹芯复合保温砌块成型工艺。传统的一次成型复合保温砌块成型工艺是从国外引进的，对设备的精度、绝热材料的密度和成型工艺的操作都有其特殊的要求，事先生产出特殊要求的聚苯板，然后在通过复合保温砌块成型机一次成型。而后发泡成型泡沫混凝土夹芯复合保温砌块的成型工艺有两点特殊性，一是，先生产出一面带燕尾槽的混凝土外叶块体和一面带燕尾槽的混凝土内叶块体；二是，不使用聚苯板这种可燃性绝热材料，采用泡沫混凝土无机绝热材料，采用生产后发泡成型泡沫混凝土夹芯复合保温砌块的专用装置。其成型工艺流程如图 6-8 所示。

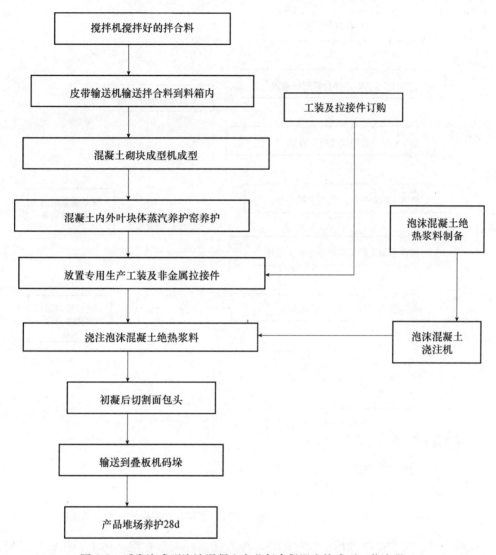

图6-8 后发泡成型泡沫混凝土夹芯复合保温砌块成型工艺流程

（3）后发泡成型硬质聚氨酯泡沫塑料夹芯复合保温砌块成型工艺。此成型工艺与传统的一次成型复合保温砌块成型工艺不同，预先生产出一面带燕尾槽的混凝土外叶块体和一面带燕尾槽的混凝土内叶块体；后采用硬质聚氨酯泡沫塑料作为绝热材料，采用生产后发泡成型泡沫混凝土夹芯复合保温砌块的专用装置，生产后发泡成型硬质聚氨酯泡沫塑料夹芯复合保温砌块，其成型工艺流程如图6-9所示。

5. 混凝土复合保温砌块养护工艺的基本要求与注意事项是什么？

混凝土复合保温砌块的养护工艺包括：坯体的运输和养护。目的是使砌块达到码垛强度，进行托板回收和工程应用所需要的强度。

刚成型的混凝土复合保温砌块坯体基本上没有强度，坯体的运输和码板装置，应能平稳运动，避免振动和突然碰撞，防止保温砌块坯体的保温板与砌块主体及保护面板之间产

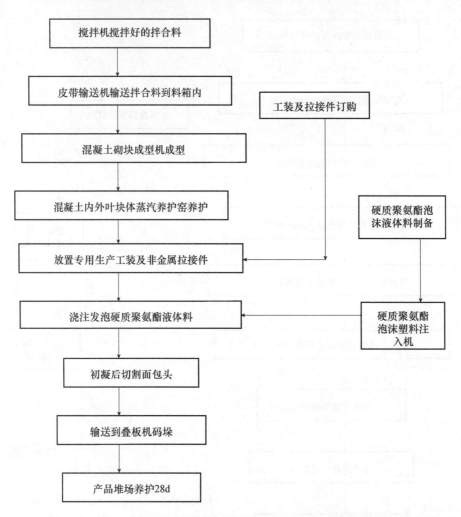

图 6-9 后发泡成型硬质聚氨酯泡沫塑料夹芯复合保温砌块成型工艺流程

生开裂或裂纹。湿产品下线后，切记千万不要直接将托板放在湿坯体上，托板与托板之间要有支撑，防止下层的坯体压坏或变形。养护工艺分为以下几种：低温常压蒸汽养护、自然养护、低温蓄热养护、太阳能光、热互补式养护。

（1）低温常压蒸汽养护，此种养护是在常压下进行，养护温度在 70℃ 左右，养护窑是由砖或砌块砌筑的密闭房子，墙体和门均要做保温处理。每个养护窑内布设两根蒸汽管道，每隔 1m 留一个通气孔，在窑的长度与高度的 1/2 交叉处设一个温度探头。

低温蒸汽养护分为静停、升温、恒温、降温四个养护阶段。静停时间是以最后一叉坯体送入养护窑内关上窑门算起。静停时间夏季不少于 2h，冬季应适当延长静停时间。升温速率不宜过快，通常为 20～30℃/h，采用硅酸盐水泥、普通硅酸盐水泥的坯体，其养护温度不超过 70℃，降温速率不超过 10℃/h。恒温时间在 8～10h。

养护工艺参数（养护制度）包括养护周期、各阶段时间温度变化率、最高温度值等各养护工艺参数，应根据砌块养护强度值、所用水泥品种和等级、生产季节、汽源供应能力以及窑体保温和排潮能力综合确定。

（2）自然养护：下线后的湿坯体堆放在室外养护时，在20°C以下，最好用塑料布覆盖，以便保温保湿，尽早提高砌块的强度。在炎热的夏季，要用草帘覆盖并洒水，自然养护的产品码垛后，还要洒水养护10~14d，以保证混凝土强度增长所需要的水分。

（3）低温蓄热养护：其养护是在养护窑内进行的。养护窑内墙壁、屋顶、窑门均要做保温，窑内不通蒸汽或暖气。在密闭的养护窑内仅仅依靠水泥在水化过程中放出的水化热，其最高温度不超过30℃，相对湿度应保持在90%以上。

（4）太阳能光热互补式（光＋热蒸汽；光＋热水；光＋热风）养护：此种养护窑是用阳光板建成，是利用太阳能提高养护窑内的温度，阳光板与塑料布一样，具有保温、保湿功能，在阳光和水泥水化热不足的情况下，利用热源管道在窑内加热，提高窑内的养护温度，实现光热互补，达到养护的目的。其湿度应保持在90%以上，否则就要采取喷雾或洒水的方式增加湿度。其优点是无污染、节约能源、可以连续生产。

（5）堆放场地养护：通过养护的产品达到码垛强度后，应及时码垛，垛高不宜超过1.6m，码垛后必须洒水养护7~14d。根据《砌体结构设计规范》（GB 50003）要求，即便是蒸汽养护的产品，也必须在场地堆放28d后方可出厂。本溪市、大庆市、齐齐哈尔市的技术部门规定，砌块堆放45d后才能出厂，内墙面抹灰宜在砌体砌筑完成后45d进行。主要解决干燥收缩，避免墙体产生裂纹。

6. 产品检验与包装工艺内涵是什么？

在我国出版的有关混凝土砌块专著或者有关混凝土砌块的学术论文中，谈到混凝土砌块生产工艺时，普遍认为混凝土砌块生产工艺包括三个方面：（1）混凝土搅拌工艺；（2）混凝土砌块成型工艺；（3）混凝土砌块养护工艺。根据现实的混凝土砌块生产实践，本书作者提出了要将原材料处理工艺加到混凝土砌块的生产工艺中去，并先后在全国各地的讲座和论文中阐述了这个观点，得到了砌块行业的认可。但是随着建筑市场的竞争，和对砌块质量的要求提高，前面所述的三个方面的砌块生产工艺已经不能保证产品质量。因此，提出增加两个生产工艺部分，即：产品检验与包装工艺和产品装卸与运输工艺。

产品检验与包装工艺包括：产品批量检验，产品出厂检验，产品出厂合格证签发，产品分类包装。传统的混凝土砌块特别是夹芯复合保温填充砌块，都是人工装卸，没有包装。齐齐哈尔中齐建材开发有限公司采用产品打包包装的工艺，减少了浪费，降低了建筑施工成本，深受建筑施工方的好评。此种产品包装生产工艺得到了齐齐哈尔建设局领导的高度赞赏并在全市推广，收到了极好的效果。烟台乾润泰新型建材有限公司，生产的后模塑发泡成型夹芯复合保温砌块，采用产品包装生产工艺，对产品进行分类包装，一包是1m³，正好符合塔吊的起吊质量和吊篮尺寸，建筑方表示满意。其工艺流程及产品包装如图6-10~图6-11所示。

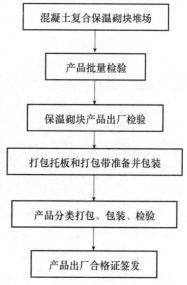

图6-10　混凝土复合保温填充砌块
产品检验与包装工艺流程

图 6-11　烟台乾润泰新型建材公司的产品打包包装（1m³）现场

7. 产品装卸与运输工艺内涵是什么？

混凝土复合保温砌块产品在生产厂家内要装车一次，运到建筑工地后要卸一次，建筑工地还要再装一次，运到建筑施工处还要再卸一次。混凝土砌块从生产厂家到建筑施工处要装两次、卸两次，不但浪费人力和时间，更重要的是装卸四次，由于人工装卸，碰撞产品损坏严重，造成资源极大浪费。曾经在多地就混凝土夹芯复合保温砌块从生产厂家运到建筑施工处的产品损坏率进行过调研，产品损失率为 14%～19%，浪费是相当的惊人。山东烟台乾润泰新型建材有限公司尝试对后模塑发泡成型聚苯夹芯复合保温砌块进行打包包装，产品包装后堆放在成品厂房内，避免雨水对产品浇湿，目的是控制产品的出厂含水率和相对含水率，相对含水率等于产品出厂时的含水率除以产品的吸水率，一旦产品成型后，产品的吸水率就是一个定值，相对含水率随着产品含水率的增大而增大，要确保混凝土复合保温填充砌块上墙后不开裂，必须保证产品打包包装，包装好产品堆放在能遮风挡雨的成品库内。出厂的产品用叉车叉出，装在货运汽车上，下雨时不要运输，以免产品被雨水淋湿，造成相对含水率增加。运输车辆要配备防雨苫布，以备在运输途中突然下雨时，及时覆盖产品，保证复合保温砌块不被雨水淋湿。到达建筑施工现场，再使用叉车将产品卸下，堆放在平整的、要求有防雨苫布覆盖的场地上，以防雨水淋湿复合保温砌块。其产品装卸与运输工艺如图 6-12～图 6-13 所示。

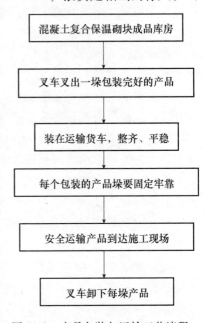

图 6-12　产品包装与运输工艺流程

图6-13　将包装好的混凝土复合保温砌块装在货运卡车上

8. 如何控制混凝土复合保温填充砌块产品质量?

(1) 严格工艺规程的严肃性,精心设计混凝土配合比。

(2) 抓好5个质量控制工艺阶段,26个质量控制点:

①原材料质量控制工艺阶段:原材料供应点的选择、原材料进厂目检、定期抽样分析、集料计量定期标定、胶结料计量定期标定、保温板的密度、保温板的尺寸形状检验七个控制点。粗集料粒径控制在5~10mm之间,含粉量小于2%。砂子采用中砂,其细度模数 $Mx = 3.0 ~ 2.3$,含泥量小于3%。水泥必须是正规厂家生产的水泥,每批水泥必须有检测报告和合格证。在配比计量方面,水泥误差小于2%,粗、细集料误差小于3%。

保温板的密度必须大于 $20kg/m^3$,尺寸形状符合图纸要求,必须选用阻燃型的保温板。

②混凝土搅拌质量控制工艺阶段:干料拌合时间、湿料拌合时间、最终拌合用水总量等三个控制点。保证水灰比准确,拌合料搅拌均匀。

③砌块成型质量控制工艺阶段:布料时间、布料次数、成型时间、砌块成型尺寸和外观质量、单块质量等五个控制点。轻集料混凝土砌块材料的干密度不大于 $1900kg/m^3$。

④保温砌块养护质量控制工艺阶段:每个阶段的养护时间、养护窑的温度与湿度、蒸汽压力、出窑产品强度、场地堆放养护时间等五个控制点。出窑强度可达设计强度的70%,场地堆放养护时间为28d以上。

⑤产成品质量控制工艺阶段:产品批量检验、产成品分类码放、产品包装、产品出厂检验、产品出厂合格证签发、产品装卸与运输等六个质量控制点。

9. 混凝土复合保温填充砌块配合比设计应注意些什么问题?

(1) 配合比的设计是因成型机的振动方式、集料种类与粒径、激振力的大小、保温板的密度等不同而发生变化。

(2) 各种粗、细集料进行前处理,即用5mm和10mm的方孔筛过筛,小于5mm的作为细集料,大于5mm而又小于10mm的作为粗集料,大于10mm的经过破碎后再使用。

(3) 砂率 = 砂/(石子 + 砂子),砂率应控制在0.45~0.6之间。

（4）水灰比 = W/C，应适当提高水灰比，水灰比不宜超过0.5。

（5）等量替代法，粉煤灰掺量应小于水泥量的0.3。湿粉煤灰必须进行过筛处理，否则块状粉煤灰在搅拌时不能完全打开，水泥浆会包裹在其外部，成型在混凝土制品之中，除不会产生强度外，一旦遇水后，由于粉煤灰吸水率高，会在混凝土中形成一个水囊，受冻后，由于水的体积膨胀，对混凝土的抗冻性产生很大的影响。

（6）当砌块内部或表面出现蜂窝状时，证明混凝土的级配不合理，可以采用"减石增砂"措施进行调整，直至蜂窝状况消失为止。

（7）变换不同堆积密度的轻集料时，在以质量计量时，水泥量需做调整。如原来700kg/m³ 陶粒，更换为300kg/m³ 的陶粒时，水泥量必须要做调整，否则会出现大量废品。如某大型砌块公司，2000年原先使用唐山乐亭的黏土陶粒，其堆积密度为700kg/m³，后来使用天津宝坻的轻质黏土陶粒，其堆积密度为300kg/m³，在配合比设计时，仍然采用质量计量，陶粒的质量和水泥掺量均没有变化，导致单位立方米砌块的水泥量过少，产生近1000m³ 的废品，造成极大的经济损失。

10. 一次成型无机复合防火保温填充砌块生产工艺如何实现?

一次成型无机复合防火保温砌块的特征在于：它是由混凝土砌块主体和无机防火保温材料层由专用的保温砌块成型机一次复合而成，无机防火保温材料层的长度和高度要与混凝土砌块的长度和高度相等。

一次成型无机复合防火保温砌块的生产工艺，结合图6-14所示作如下说明：

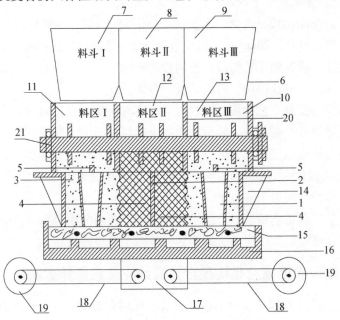

图6-14 一次成型无机复合防火保温砌块设备示意图

1—混凝土砌块主体；2—无机防火保温材料层；3—空腔；4—空腔；5—模盒骨梁；6—料斗；7—集料斗Ⅰ；8—集料斗Ⅱ；9—集料斗Ⅲ；10—布料装置；11—集料区Ⅰ；12—集料区Ⅱ；13—集料区Ⅲ；14—下模箱；15—木托板；16—振动平台；17—振动体；18—皮带；19—动力源；20—内隔板；21—布料

（1）输送机将无机防火保温材料层的拌合料装到料斗Ⅱ中，将混凝土拌合料装到料斗Ⅰ和料斗Ⅲ中。

（2）无机防火保温材料层的拌合料再从料斗Ⅱ中垂直下落到布料装置中的料区Ⅱ内，同时，混凝土拌合料也从料斗中垂直下落到布料区Ⅰ和布料区Ⅲ内。

（3）装满无机防火保温材料层的拌合料和混凝土拌合料的布料装置，在油缸的推动下向前滑行运动，当布料装置在无机复合防火保温砌块模具下模箱向前滑动并到达其正上方时，布料装置停止滑行运动。

（4）而后，布料装置改为小幅度往复滑行运动，与此同时，旋转布料齿开始做旋转运动。

（5）同时动力源启动，通过皮带带动振动体做高速振动，振动体带动振动平台做高速振动，振动平台带动其上面的木托板和压在木托板上的无机复合防火保温砌块模具下模箱以及无机防火保温材料层的拌合料和混凝土拌合料一并同步进行高速振动。

（6）在布料齿的高速旋转力和振动平台的巨大振动力的共同作用下，位于料区Ⅱ中的无机复合保温材料层的拌合料被强行布入无机复合防火保温砌块模具下模箱中的空腔内，位于料区Ⅰ和料区Ⅲ中的混凝土拌合料也被强行布入无机复合防火保温砌块模具下模箱中的空腔内，当无机复合防火保温砌块模具下模箱中空腔的混凝土拌合料和空腔中的无机防火保温材料层的拌合料达到预定的高度后，振动平台与旋转布料齿同时停止振动与旋转。

（7）与此同时，油缸也停止小幅度的往复滑行运动，改为向后滑行运动，回到位于料斗的正下方的起始位置停止，准备下一个布料过程。

（8）无机复合防火保温砌块模具的上模头垂直下落在下模箱中的无机防火保温材料层的拌合料和混凝土拌合料上并加压，与此同时，振动平台带动下模箱和该两种拌合料一起开始高速振动，当该两种拌合料达到密实成型规定的高度时，振动平台停止振动，进行脱模，由混凝土砌块、无机防火保温材料层构成的无机复合防火保温砌块成型下线，完成一个生产过程。

（9）一次成型无机复合防火保温砌块与托板一起送到养护窑内进行养护。

（10）无机防火保温材料层与凝土砌块的结合较紧密；无机防火保温材料层的长度和高度与混凝土砌块主体的长度和高度相同。

（11）砌筑时混凝土砌块使用普通水泥砂浆，砌筑无机防火保温材料层时使用与无机防火保温材料层相同材料的保温砂浆。

（12）此种一次成型无机复合防火保温砌块，不但可以用于承重保温外墙体的砌筑，而且适用于非承重保温外墙体的砌筑，施工方便，工程造价低。

11. TS 混凝土自保温砌块保温浆料自动化灌注工艺流程是什么？

在 TS 混凝土复合自保温砌块的生产过程中，将具有高保温浆料灌注到混凝土砌块的孔洞内，要求做到位置准确、灌注的保温浆料均匀、不漏料、省人工、效率高。国内基本上采用人工灌注保温浆料的方法，导致浪费浆料严重，浆料灌注不均匀，人工费用高，劳动强度大，生产效率低。大庆市天晟建筑材料厂研发生产的保温浆料自动化灌注生产线成功地解决此难题，收到了显著效果。其生产工艺流程如下：首先，将胶结料入罐仓、粉煤灰入罐仓、保温材料料斗、外加剂入料仓、水入罐；其次，按设计的配合比计量各种物料；第三，将计量好的物料输送到搅拌机内进行搅拌，使其达到均匀混合；第四，将混合好的保温浆料输送到布料车内；第五，保温浆料自动化灌注机模具上抬起；第六，养护好的混凝土砌块编组、紧密排列、准确输送到专用模具的正下方；第七，专用模具下落在混凝土砌块的顶面上；第八，布料车快速布料；第九，布料车后退到原始位置；第十，上模头下压，将保温浆料压入混凝土砌块的孔洞内，并达到预定的高度，上模头和专用模具同时上升；第十一，灌注好保温浆料的 TS 轻集料混凝土复合自保温砌块码垛；第十二，码垛好的 TS 轻集料混凝土复合自保温砌块输送到产品堆场进行养护至 28d。TS 轻集料混凝土复合自保温砌块浆料灌注生产工艺流程如图 6-15 所示。

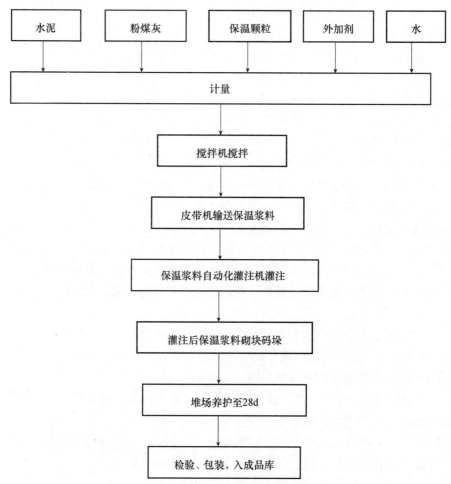

图 6-15　TS 轻集料混凝土复合自保温砌块保温浆料灌注生产工艺流程

第七章 复合保温砌块模振成型设备与工艺

1. 填充型复合保温砌块模振成型设备主要型号及性能参数是什么？

填充型复合保温砌块模振成型机的主要型号有：THQM6-15A 全自动填充型复合保温砌块模振成型机；THQM6-15C 全自动填充型复合保温砌块模振成型机；THQM8-15 全自动填充型复合保温砌块模振成型机；THQM10-15 全自动填充型复合保温砌块模振成型机；THQM12-15 全自动填充型复合保温砌块模振成型机；THQM18-15 全自动填充型复合保温砌块模振成型机。上述机型由保定市泰华机械制造有限公司依靠技术进步，自主研发，获得了多项国家专利。其结构组成如下：（1）送托板机：作用是将一定规格、特制托板通过机械传动方式，送入到模箱之下、下振平台之上。它是由主机架、推爪车架、推板油缸组成。（2）模振成型主机：将经过一定配比、搅拌好的物料送入模具内，通过振动挤压，使混凝土拌合料与特制的聚苯乙烯保温板形成一定尺寸、不同规格的建筑砌块，再经过脱模，使产品完全脱离成型机。由主机架，上模头、下模箱、导向柱、布料装置、上模油缸、提升杆、模振总成，提模油缸组成。（3）出砖机：将成型的产品在送板的作用下，由成型机推出送到固定位置的辅助装置。由皮带轮、电机、减速机、水平导向轮组成。（4）叠板机：是将成型好的产品由出砖机上，依次码放成垛，便于叉车运输。由机架、电机、减速机组成。（5）液压站：是提供成型机各部分动作动力、控制、完成系统，其动作的完整性、可靠性由操作台负责。由油箱、电机、油泵、液压控制阀、冷却器、油路块、滤芯组成。（6）操作台：是设备运行系统总控制，是设备各个动作指令来源的中枢指挥系统，操作人员按照产品要求及现场配料情况，准确设定技术参数以及临时调整、处理现场突发情况的运行操作装置。它是由 PLC 可编程序操作控制器、显示屏、变频制动及中间继电器、电源转换器、交流接触器、断路器、热过载继电器元件组成，如图 7-1 ~ 图 7-6 所示。其性能参数如表 7-1 所示。

表 7-1　THQM 系列全自动填充型复合保温砌块模振成型机性能参数

	THQM6-15c	THQM8-15	THQM10-15	THQM12-15	THQM18-20
成型周期（s）	15 ~ 18	15 ~ 18	15 ~ 18	15 ~ 18	15 ~ 18
振动频率（次/分）	3800 ~ 4500	3800 ~ 4500	3800 ~ 4500	3800 ~ 4500	3800 ~ 4500
总功率（kW）	29.3	50.1	54.1	57.1	60.6
整机质量（t）	7.5	8	10	12	18
托板尺寸（mm）	870×850×35	980×900×40	1200×900×40	1200×1150×40	1400×1360×50
整机尺寸（mm）	6200×2300×2900	7600×2700×3100	7600×2900×3100	8100×2900×3100	9800×3500×3600
每板数量（块）	6	8	10	12	18
小时产量（块）	1260	1680	2100	2520	3240

图 7-1 THQM6-15A 全自动填充型
复合保温砌块模振成型机

图 7-2 THQM6-15C 全自动填充型
复合保温砌块模振成型机

图 7-3 THQM8-15 全自动填充型
复合保温砌块模振成型机

图 7-4 THQM10-15 全自动填充型
复合保温砌块模振成型机

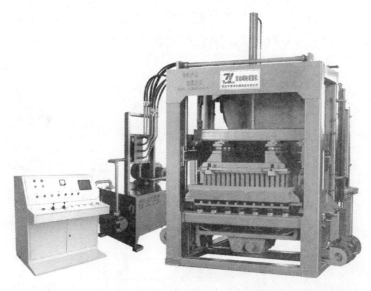

图7-5　THQM12-15全自动填充型复合保温砌块模振成型机

图7-6　THQM18-20全自动填充型复合保温砌块模振成型机

2. 夹芯型复合保温砌块模振成型设备主要型号及性能参数是什么?

夹芯型复合保温砌块模振成型设备的型号有：THBQM2-20全自动夹芯型复合保温砌块模振成型机；THBQM6-20全自动夹芯型复合保温砌块模振成型机；THBQM8-20A全自动夹芯型复合保温砌块模振成型机；THBQM8-20B全自动夹芯型复合保温砌块模振成型机；THBQM12-30全自动夹芯型复合保温砌块模振成型机。上述设备是保定市泰华机械制造有限公司研发出具有自主知识产权的设备，其复合保温砌块模振成型机及其混凝土节能保温墙材产品获得了多项国家专利（一种悬挂式模振砌块成型机，ZL200620012376.5；悬挂式模振砌块成型设备，ZL200820127091.5；一种自保温砌块，ZL201520054711.7；一种保温砖，ZL201520133740.2；一种保温砖，201520134236.4；一种保温砖，ZL201520133772.2）。设备的组成为：（1）主机机架；（2）模箱振动系统；（3）夹芯型复合保温砌块模具；（4）强制布料轴；（5）上模提升梁；（6）同步装置；（7）模箱振动平台；（8）料斗；（9）布料车；（10）输送托板机；（11）聚苯板输送托盘；（12）聚苯板输送电机等。如图 7-7 ~ 图 7-11 所示，其性能参数如表 7-2 所示。

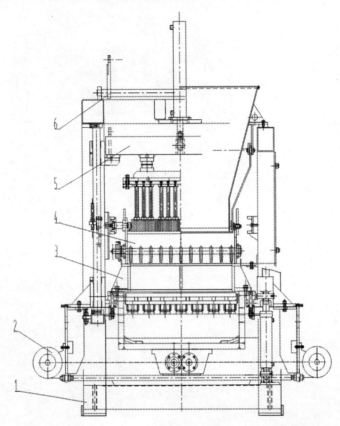

图 7-7　全自动夹芯型复合保温砌块模振成型机（主视图）
1—主机机架；2—振动系统；3—模具；4—强制布料轴；5—上模提升梁；6—同步器

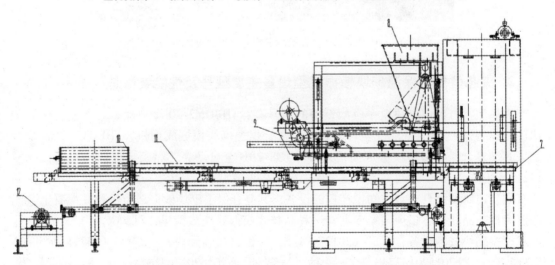

图 7-8　全自动夹芯型复合保温砌块模振成型机（侧视图）
7—振动平台；8—料斗；9—布料车；10—送板机；11—聚苯板输送托盘；12—聚苯板输送电机

图7-9　全自动夹芯型复合保温砌块模振成型机

图7-10　全自动夹芯型复合保温砌块模振成型机输送聚苯板装置

图7-11　全自动夹芯型复合保温砌块模振成型机生产的夹芯型复合保温砌块（390×260×190）

表 7-2　THBQM 系列全自动夹芯型复合保温砌块模振成型机性能参数

	THBQM2-20	THBQM6-20	THBQM8-20A	THBQM8-20B	THBQM12-30
成型周期（s）	18～20	18～20	18～20	18～20	28～30
振动频率（次/分）	3800～4500	3800～4500	3800～4500	3800～4500	3800～4500
总功率（kW）	33.3	53.1	57.1	60.1	63.6
整机质量（t）	8	8	10	12	18
托板尺寸（mm）	870×850×35	980×900×40	1200×900×40	1200×1150×40	1400×1360×50
整机尺寸（mm）	6200×2300×2900	7600×2700×3100	7600×2900×3100	8100×2900×3100	9800×3500×3600
每板数量（块）	6	8.5	10.5	12.5	19
小时产量（块）	360	1080	1240	1240	1440

3. THQM8-15、THQM18-20 全自动填充型复合保温砌块模振成型生产线的构成及性能参数是什么？

　　THQM8-15、THQM18-20 全自动填充型复合保温砌块生产线由以下部分组成：（1）水泥仓；（2）全自动配料站；（3）全自动混凝土搅拌机；（4）螺旋输送机；（5）计量秤；（6）模振成型主机；（7）码垛机；（8）子母摆渡车；（9）养护窑支架；（10）养护窑；（11）托架；（12）机械手等。如图 7-12～图 7-15 所示，其性能参数如表 7-3 所示。该设备获国家专利（ZL200620012376.5）。

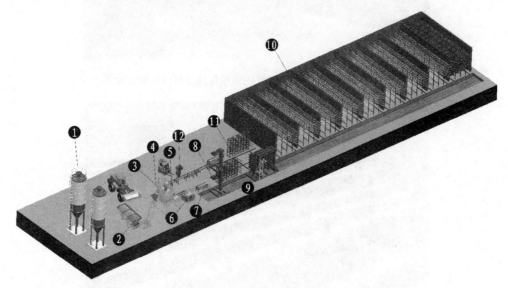

图 7-12　THQM8-15、THQM18-20 全自动填充型复合保温砌块模振成型生产线（一）
1—水泥仓；2—配料站；3—搅拌机；4—螺旋输送机；5—水泥秤；6—主机；7—滚动接板机；
8—码垛机；9—子母摆渡车；10—养护室机；11—托架；12—机械手

图 7-13　THQM8-15、THQM18-20 全自动填充型复合保温砌块模振成型生产线（二）

图 7-14　THQM8-15、THQM18-20 全自动填充型复合保温砌块模振成型生产线（三）

图 7-15　THQM8-15、THQM18-20 全自动生产线机械手码垛

表7-3　THQM8-15、THQM18-20全自动填充型复合保温砌块模振成型生产线性能参数

	THQM8-15	THQM18-20
成型周期（s）	15～18	18～20
振动频率（次/分）	3800～4500	3800～4500
总功率（kW）	115	155
整机质量（t）	8	18
托板尺寸（mm）	980×900×40	1400×1360×50
整机尺寸（mm）	7600×2700×3100	9800×3500×3600
每板数量（块）	8	18
小时产量（块）	1680	3240

4. THBQM6-20、THBQM12-30全自动夹芯型复合保温砌块模振成型生产线的结构组成及性能参数是什么？

THBQM6-20、THBQM12-30全自动填充型复合保温砌块生产线由以下部分组成：（1）水泥仓；（2）全自动配料站；（3）全自动混凝土搅拌机；（4）螺旋输送机；（5）计量秤；（6）模振成型主机；（7）码垛机；（8）子母摆渡车；（9）养护窑支架；（10）养护窑；（11）托架；（12）机械手等。如图7-16～图7-17所示，其性能参数如表7-4所示。该设备由保定市泰华机械制造有限公司研发生产的具有自主知识产权的成型机，获得了国家专利（一种悬挂式模振砌块成型机全自动生产线 ZL200620012376.5）。

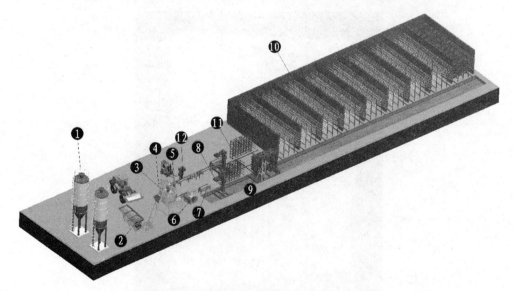

图7-16　THBQM6-20、THBQM12-30全自动夹芯型复合保温砌块模振成型生产线
1—水泥仓；2—配料站；3—搅拌机；4—螺旋输送机；5—水泥秤；6—主机；7—滚动接板机；
8—码垛机；9—子母摆渡车；10—养护室机；11—托架；12—机械手

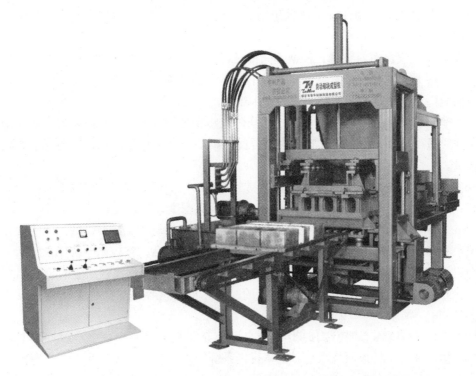

图 7-17　THBQM6-20 全自动填充型复合保温砌块模振成型生产线模振成型主机

表 7-4　THBQM6-20、THBQM12-30 全自动夹芯型复合保温砌块模振成型生产线性能参数

	THBQM6-20	THBQM12-30
成型周期（s）	18~20	28~30
振动频率（次/分）	3800~4500	3800~4500
总功率（kW）	120	160
整机质量（t）	8	18
托板尺寸（mm）	980×900×40	1400×1360×50
整机尺寸（mm）	7600×2700×3100	9800×3500×3600
每板数量（块）	8	18
小时产量（块）	1680	3240

注：1. THBQM6-20、THBQM12-30 型号中字母和数字的含义：TH-泰华公司；B-保温；Q-砌块；M-模振成型；6-
　　　每板生产保温砌块数量；20-生产一板保温砌块的所需时间（s）。
　　2. 夹芯型复合保温砌块的规格尺寸为：390mm×260mm×190mm。

5. 夹芯型复合保温砌块模振成型设备（生产线）特点是什么？

（1）夹芯型复合保温砌块模振成型设备（生产线），主机机架采用特殊高强度钢材及特殊焊接工艺制造，并进行热处理，消除焊接应力，机架的稳定性和耐振性强。

（2）通过自主研发的悬挂式模振技术，获得国家专利（ZL 200820127091.5），解决了夹芯型复合保温砌块模振成型设备（生产线）主机的垂直同步振动技术的世界性难题，开创了世界上混凝土夹芯型复合保温砌块成型机设备流派。

（3）储料仓斗门自动开闭系统构思巧妙，结构简单，无需增加功率，获得国家专利（ZL200620012376.5）。

（4）强制式快速布料装置，根据不同模具行腔的排布，在集料料车中装有多排耙料轴和耙料齿，可大大改善布料效果，尤其对于提高大掺量粉煤灰集料的布料效果极为显著，解决了快速生产薄壁高砖的布料不均的技术难题。

（5）料车内加装破拱装置，快速定向均匀地将物料送入模箱，布料均匀，前后排的混凝土制品质量误差小，有利于实现轻集料混凝土砌块的密度和强度双控，提高了混凝土制品的质量。

（6）大台面的模箱振动系统由电脑控制定向转动、变频、刹车，并取消振动能耗，低频加料，高频振动，瞬间充分液化，排气，以达到高密度，高强度。

（7）采用机、电、液一体化技术，夹芯型复合保温砌块模振成型设备生产的全过程采用 PLC 智能控制。配备数据输出装置，实现理想的人机对话，在控制系统中还包括了先进的安全逻辑控制及故障诊断系统，可根据客户需要配置具有远程控制功能的装置。

（8）液压元器件采用国内外知名厂家的品牌，可与世界知名品牌企业的液压件互换使用。

（9）THQM8-15 型，THQM18-20 型全自动填充型复合保温砌块生产线，成型码垛系统，成品输送系统，托板回收系统，窑车行走系统等具有国内外领先水平，具有独创性和实用性。

（10）THBQM6-20 型，THBQM12-30 型全自动夹芯型复合保温砌块生产线，夹芯型复合保温砌块成型系统，成品码垛系统，成品输送系统，托板回收系统，窑车行走系统，聚苯板输送系统等具有国内外领先水平，具有独创性。

（11）自动输送聚苯板系统，设计新颖，构思独特，运行平稳，位置准确，安全可靠。

6. THBQM 系列模振成型设备（生产线）生产的夹芯型复合保温砌块产品性能指标如何？

河北省石家庄市某企业采用保定市泰华机械制造有限公司生产的夹芯型复合保温砌块THBQM8-20 型模振成型设备，生产的一次成型夹芯型复合保温填充砌块产品（390 × 260 × 190），送交河北省建筑材料测试中心检测，检测的相关数据如下：

（1）密度等级 = 980kg/m³；

（2）强度等级 = 5.8MPa；

（3）软化系数 = 0.90；

（4）碳化系数 = 0.92；

（5）抗冻性（D35）：质量损失 = 0.8%；强度损失 = 9%；

（6）吸水率 = 13.2%；

（7）干燥收缩率 = 0.44mm/m；

（8）砌体热阻：$R = 2.49 \text{m}^2 \cdot \text{K/W}$；

（9）砌体传热系数：$K = 0.38 \text{W}/(\text{M}^2 \cdot \text{K})$；

（10）含水率 = 2.9%。

（11）放射性　内照射指数：0.66；外照射指数：0.78。
满足河北省建筑节能75%的指标要求。

7. 填充型复合保温砌块模振成型工艺是什么？

填充型复合保温砌块模振成型工艺分两步法完成，第一步，生产出具有孔洞的、混凝土单排或多排孔砌块；第二步，当这种混凝土小型空心砌块具有初期强度后，再输送到灌装填充液体或浆料生产线，往孔洞内注入绝热材料，或者插入绝热保温板在孔洞内；最后，将这种填充型复合保温砌块送到养护窑进行养护，等到有一定强度后，再从托板上码到货物托盘上或成品堆场进行堆放场地养护。洒水养护时间不少于7~10d，产品在厂内满28d后方可出厂。其模振设备成型工艺流程，如图7-18所示。

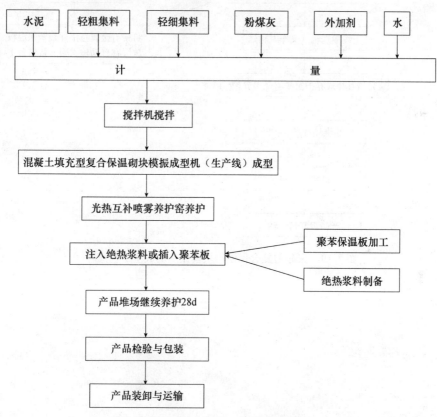

图 7-18　填充型复合保温砌块模振成型工艺流程

8. 夹芯型复合保温砌块模振一次成型工艺是什么？

模振一次成型夹芯型复合保温砌块生产工艺：事先将聚苯保温板加工成特殊要求的形状，再将特殊加工的聚苯保温板放置在自动输送聚苯板装置上，自动输送保温板装置，将保温板送到下模箱内，然后下模箱下落在木托板上，送混凝土拌和料小车开始布轻集料混凝土拌和料，然后，模箱大力振动、上模头自重加压成型，脱模，夹芯型复合保温砌块连同托板被输送到养护窑内进行低温养护，养护好了以后在产品堆场养护至28天，进行产品检验与包装，最后进行产品装卸与运输等生产工艺。其其一次成型生产工艺流程，如图 7-19 所示。

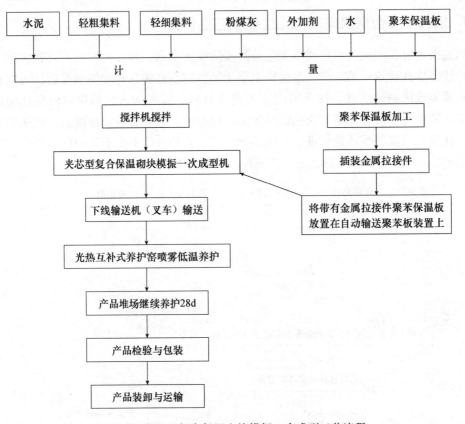

图 7-19　夹芯型复合保温砌块模振一次成型工艺流程

第八章　混凝土复合保温填充砌块建筑构造体系

1. 适应抗震要求的混凝土复合保温填充砌块建筑构造体系的块型有哪些?

在我国四川省的汶川特大地震后，住房和城乡建设部组织建筑专家们经过实地对框架结构建筑物的损坏情况进行考察、分析和试验验证，最后提出框架填充墙的强度不能超过MU10.0，框架填充墙体必须要与框架梁和框架柱断开，也就是说改变原来的填充墙体与框架梁和框架柱的刚性连接，采用填充墙体与框架梁柱的柔性拉接方式。由于填充墙体与框架梁和柱的连接方式发生了变化，那么，作为填充墙体的填充型轻集料混凝土砌块的块型也要发生变化。适合抗震要求的轻集料混凝土复合保温填充砌块，要在门窗洞口设立芯柱必须要有适合有芯柱的块型。目前，适应抗震要求的混凝土复合保温填充砌块建筑构造体系的填充砌块的块型，如图8-1~图8-2所示。

无机复合防火保温填充砌块块型图（mm）

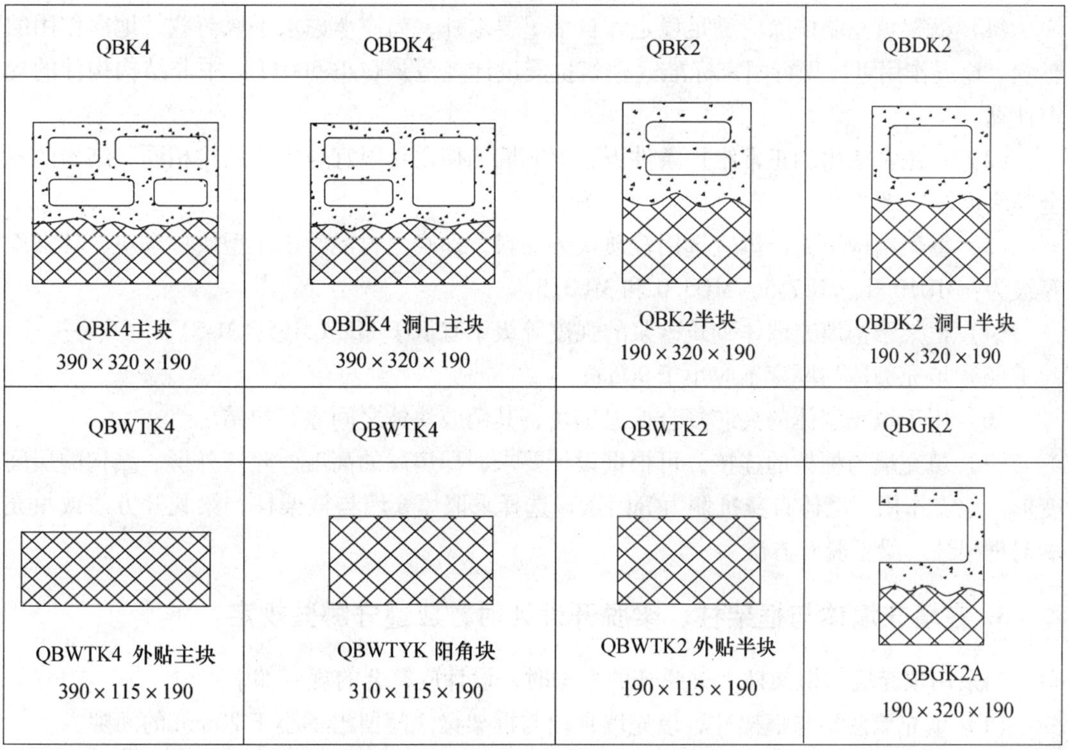

QBK4	QBDK4	QBK2	QBDK2
QBK4主块 390×320×190	QBDK4 洞口主块 390×320×190	QBK2半块 190×320×190	QBDK2 洞口半块 190×320×190
QBWTK4	QBWTK4	QBWTK2	QBGK2
QBWTK4 外贴主块 390×115×190	QBWTYK 阳角块 310×115×190	QBWTK2 外贴半块 190×115×190	QBGK2A 190×320×190

图8-1　一次成型混凝土复合保温防火填充砌块建筑构造体系的系列块型

夹芯型混凝土复合保温填充砌块块型图（mm）

QBK4	QBDK4	QBK2	QBDK2
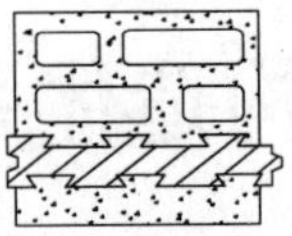 QBK4 主块 390×320×190	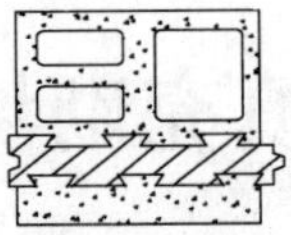 QBDK4 洞口主块 390×320×190	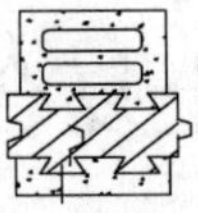 QBK2半块 190×320×190	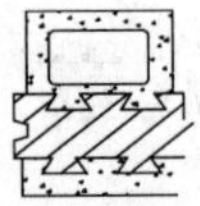 QBDK2洞口半块 190×320×190
QBWTK4	QBWTK	QBWTK2	QBGK2A
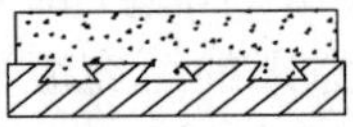 QBWTK4 外贴主块 390×115×190	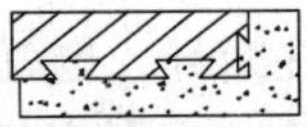 QBWTYK 阳角块 310×115×190	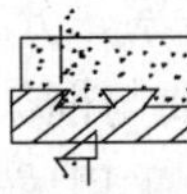 QBWTK2 外贴半块 190×115×190	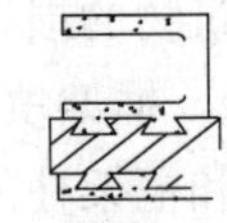 QBGK2A 190×320×190

图 8-2　适应抗震要求的轻集料混凝土复合保温填充砌块建筑构造体系的系列块型

2. 框架填充墙体设计有哪些要求？

（1）框架填充墙体除应满足稳定和自承重要求外，尚应考虑水平风荷载及地震作用的影响。地震作用可按现行国家标准《建筑抗震设计规范》（GB 50011）中非结构构件的规定计算。

（2）在正常使用和正常维护条件下，填充墙的使用年限宜与主体结构相同，结构的安全等级可按二级考虑。

（3）框架结构填充墙体宜选用轻质块体材料，即轻集料混凝土小型块型砌块，其强度等级为：MU10.0、MU7.5、MU5.0 和 MU3.5。

（4）框架结构填充墙体砌筑砂浆的强度等级不宜低于 M5（Mb5、Ms5）。

（5）填充墙体的厚度不应小于 90mm。

（6）用于填充墙体的夹芯复合保温砌块，其两肢块体之间应有拉结。

（7）填充墙与框架的连接，可根据设计要求，即房屋的高度、建筑外形、结构的层间变形、地震作用、墙体自身抗侧力等因素，选择采取填充墙与框架柱、梁脱开方法或填充墙与框架柱、梁不脱开方法。

3. 在填充墙体与框架柱、梁脱开设计时，应遵守哪些规定？

当采用填充墙与框架柱、梁脱开的方法时，设计应符合的规定如下：

（1）填充墙两端与框架柱，填充墙顶面与框架梁之间留出不小于 20mm 的间隙。

（2）填充墙端部应设置构造柱，柱间距宜不大于 20 倍墙厚且不大于 4000mm，柱宽度不小于 100mm。柱竖向钢筋不宜小于 Φ10，箍筋宜为 ΦR5，竖向间距不宜大于 400mm。竖向钢筋与框架梁或其挑出部分的预埋件或预留钢筋拉接，绑扎接头时不小于30d，焊接时（单面焊）不小于10d（d为钢筋直径）。柱顶与框架梁（板）应预留不小于15mm的缝隙，用硅酮胶或其他弹性密封材料密封。当填充墙有宽度大于2100mm的洞口时，洞口两侧应加设宽度不小于50mm的单筋混凝土柱。

（3）填充墙两端宜卡入设在梁、板底及柱侧的卡口铁件内，墙侧卡口板的竖向间距不宜大于500mm，墙顶卡口板的水平间距不宜大于1500mm。

（4）墙体高度超过4000mm时，宜在墙高中部设置与柱连通的水平系梁。水平系梁的截面高度不小于60mm，填充墙高不宜大于6m。

（5）填充墙与框架柱、梁的缝隙可采用聚苯乙烯泡沫塑料板条或聚氨酯发泡材料充填，并用硅酮胶或其他弹性密封材料密封。

（6）所有连接用钢筋、金属配件、铁件、预埋件等均应做防腐防锈处理，并应符合相关规范的规定。嵌入材料应满足变形和防护的要求。

4. 当填充墙体与框架柱、梁采用不脱开的方法设计时，应遵守哪些规定？

当采用填充墙与框架柱、梁不脱开的方法时，设计应符合的规定如下：

（1）沿柱高每隔500mm配置2根直径6mm的拉结钢筋（墙厚大于240mm时配置3根直径6mm钢筋），钢筋伸入填充墙长度不宜小于700mm，且拉结钢筋应错开截断，相距不宜小于200mm。填充墙墙顶应与框架梁紧密结合。顶面与上部结构接触处宜用一皮砖或配砖斜砌楔紧。

（2）当填充墙有洞口时，宜在窗洞口的上端或下端、门洞口的上端设置钢筋混凝土带，钢筋混凝土带应与过梁的混凝土同时浇筑，其过梁的断面面积钢筋由设计确定。钢筋混凝土带的混凝土强度等级不小于C20。当有洞口的填充墙尽端至门窗洞口边距离小于240mm时，宜采用钢筋混凝土门窗框。

（3）填充墙长度超过5m或墙长大于2倍层高时，墙顶与梁宜有拉接措施，墙体中部应加设构造柱；墙体高度超过4m时宜在墙高中部设置与柱拉接的水平系梁，墙高超过6m时，宜沿墙高每2m设置与柱拉接的水平系梁，梁的截面高度不小于60mm。

5. 混凝土圈梁、过梁、芯柱和构造柱的设置应遵守哪些要求？

（1）钢筋混凝土圈梁应按下列要求设置：

①多层房屋和比较空旷的单层房屋，应在基础部分设置一道现浇圈梁；当房屋建筑在软弱地基或不均匀的地基上时，圈梁刚度应适当加强。

②比较空旷的单层房屋，当檐口高度为4~5m时，应设置一道圈梁；当檐口高度大于5m时，宜增设两道圈梁。

③多层民用砌块房屋，层数为3~4层时，应在底层和檐口标高处各设一道圈梁。当层数超过4层时，应在所有纵横墙上层层设置。

④采用现浇混凝土楼（屋）盖的多层砌块结构房屋，当层数超过5层时，除在檐口标高处设置一道圈梁外，可隔层设置圈梁，并与楼（屋）面板一起现浇。未设置圈梁的楼面板嵌入墙内的长度不应小于100mm，并沿墙长配置不少于2Φ10的纵向钢筋。

⑤多层工业砌块房屋，应每层设置钢筋混凝土圈梁。

（2）圈梁应符合下列构造要求：

①圈梁宜连续地设在同一水平面上，并形成封闭状；当不能在同一水平面闭合时，应增设附加圈梁，其搭接长度不应小于两倍圈梁间的垂直距离，且不能小于1m。

②圈梁截面高度不应小于200mm，纵向钢筋不应少于4Φ10，箍筋间距不应大于300mm，混凝土强度等级不应低于C20。

③圈梁兼做过梁时，过梁部分的钢筋应按计算用量另行增配。

④屋盖处的圈梁应现浇，楼盖处的圈梁可采用预制槽形底模整浇，槽形底模应采用不低于C20细石混凝土制作。

⑤挑檐和圈梁相遇时，应整体现浇；当采用预制挑檐时，应采取措施，保证挑檐、圈梁和芯柱的整体拉接。

（3）过梁上的荷载，可按下列规定采用：

①对于梁、板荷载，当梁、板下的墙体高度小于过梁净跨时，可按梁、板传来的荷载采用。当梁、板下的墙体高度不小于过梁净跨时，可不考虑梁、板荷载。

②对于墙体荷载，当过梁上墙体高度小于1/2过梁净跨时，应按墙体的均布自重采用。当过梁上墙体高度不小于1/2过梁净跨时，应按高度为1/2过梁净跨墙体的均布自重采用。

（4）墙体的下列部位应设置芯柱：

①纵横墙交接处孔洞应设置混凝土芯柱。在外墙转角、楼层间四角纵横墙交接处的三个孔洞，宜设钢筋混凝土芯柱。

②五层及五层以上的房屋，应在上述部位设置钢筋混凝土芯柱。

③芯柱截面不宜小于120mm×120mm，宜采用不低于Cb20灌孔混凝土灌实。

④钢筋混凝土芯柱每孔内插竖筋不应小于1Φ10，其底部应伸入室内地坪下500mm或与基础圈梁锚固，顶部应与屋盖圈梁锚固。

⑤芯柱应沿房屋全高贯通，并与各层圈梁整体现浇。

⑥在钢筋混凝土芯柱处沿墙高每隔400mm应设Φ4mm钢筋网片拉接，每边伸入墙体不应少于600mm。

（5）砌块房屋构造柱应符合下列要求：

①采用钢筋混凝土构造柱加强的砌块房屋，应在外墙四角、楼梯间四角的纵横墙交接处设置构造柱。在纵横墙交接处沿竖向每隔400mm设置直径4mm焊接钢筋网片，埋入长度从墙的转角处伸入墙体不应少于700mm。

②构造柱与砌块搭接处宜砌成马牙槎，并应沿墙高每隔400mm设焊接钢筋网片，纵向钢筋不应少于2Φ4，横筋间距不应大于200mm，伸入墙体不应小于600mm。

③与圈梁连接处的构造柱的纵筋应穿过圈梁，构造柱筋上下应贯通。

6. 混凝土复合保温填充砌块墙体抗裂措施是什么？

（1）小砌块房屋的墙体应按表8-1规定设置伸缩缝。在钢筋混凝土屋面上，挂瓦的屋盖应按钢筋混凝土屋盖采用。墙体的伸缩缝应与结构的其他变形缝相重合，在进行立面处理时，必须保证缝隙的伸缩作用。

表 8-1　砌块房屋伸缩缝的最大间距（m）

屋盖或楼盖类别		间距	
		砌块砌体房屋	配筋砌块砌体房屋
整体式或装配整体式钢筋混凝土结构	有保温层或隔热层的屋盖、楼盖	40	50
	无保温层或隔热层的屋盖	32	40
装配式无檩体系钢筋混凝土结构	有保温层或隔热层的屋盖、楼盖	48	60
	无保温层或隔热层的屋盖	40	50
装配式有檩体系钢筋混凝土结构	有保温层或隔热层的屋盖	60	75
	无保温层或隔热层的屋盖	48	
瓦材屋盖、木屋盖或楼盖、砖石屋盖或楼盖		75	100

注：1. 当有实践经验并采取有效措施时，可适当放宽。
　　2. 温差较大且变化频繁地区和严寒地区不采暖的房屋及构筑物墙体的伸缩缝的最大间距，应按表中数值予以适当减小。

（2）混凝土复合保温填充砌块房屋顶层墙体可根据具体情况采取下列措施：

①采用装配式有檩体系钢筋混凝土屋盖。

②屋面应设置保温、隔热层。屋面保温（隔热）层的屋面刚性面层及砂浆找平层应设置分格缝，分格缝间距不宜大于 6m，并应与女儿墙隔开，其缝宽度不应小于 30mm。

③当钢筋混凝土屋面板与墙体圈梁的接触面处设置水平滑动层时，滑动层可采用两层油毡夹滑石粉或橡胶片等；对长纵墙可仅在其两端的 2～3 个开间内设置，对横墙可只在横墙两端 1/4 长度范围内设置。

④现浇钢筋混凝土屋盖当房屋较长时，宜在屋盖处设置分格缝。

⑤当顶层屋面板下设置现浇钢筋混凝土圈梁并沿内外墙拉通时，圈梁高度不宜小于 190mm，纵向钢筋不应少于 4φ12。

⑥顶层挑梁末端下墙体灰缝内设置 3 道焊接钢筋网片（纵向钢筋不宜少于 2φ4，横筋间距不宜大于 200mm），钢筋网片应自挑梁末端伸入两边墙体不小于 1m。

⑦顶层墙体门窗洞口过梁上砌体每皮水平灰缝内设置 2φ4 焊接钢筋网片，并应伸入过梁两端墙内不小于 600mm。

⑧女儿墙应设置钢筋混凝土芯柱或构造柱，构造柱间距不宜大于 4m（或每开间设置），插筋芯柱间距不宜大于 1.6m，构造柱或芯柱插筋应伸入至女儿墙顶，并与现浇钢筋混凝土压顶整浇在一起。

⑨加强顶层芯柱（或构造柱）与墙体的拉结，拉结钢筋网片的竖向间距不宜大于 400mm，伸入墙体长度不宜小于 1000mm。

⑩房屋山墙可采取设置水平钢筋网片或在山墙中增设钢筋混凝土芯柱或构造柱。在山墙内设置水平钢筋网片时，其间距不宜大于 400mm；在山墙内增设钢筋混凝土芯柱或构造柱时，其间距不宜大于 3m。

（3）防止或减轻房屋底层墙体裂缝，可根据具体情况采取下列措施：

①增大基础圈梁刚度。

②基础部分砌块墙体在砌块孔洞中用 Cb20 混凝土灌实。

③底层窗台下墙体设置通长钢筋网片 2φ4 及横筋φ4@200，竖向间距不大于 400mm。

④底层窗台采用现浇钢筋混凝土窗台板，窗台板宜伸入窗间墙内不小于 600mm。

（4）防止房屋顶层外纵横墙两端和底层第一、第二开间门窗洞口处的裂缝，可采取下列措施：

①在门窗洞口两侧不少于一个孔洞中设置不小于1Φ12钢筋，钢筋应在楼层圈梁或基础内锚固，并采用不低于Cb20灌孔混凝土灌实。

②在门窗洞口两边的墙体水平灰缝中，设置长度不小于900mm、竖向间距为400mm的2Φ4焊接钢筋网片。

③在顶层设置通长钢筋混凝土窗台梁时，窗台梁的高度宜为块高的模数，纵筋不少于4Φ10，箍筋宜为Φ6@200，混凝土强度等级宜为C20。

（5）防止房屋顶层和次顶层第一开间内纵墙上的侧裂缝，可在墙中设置钢筋混凝土芯柱，芯柱间距不大于1.2m。

（6）防止房屋顶层横墙上的裂缝，可在连接外侧纵墙的横墙端部设置钢筋混凝土芯柱。顶层楼梯间横墙可按1.6m间距设置钢筋混凝土芯柱。

（7）砌块房屋的顶层可在窗台下或窗台角处墙体内设置竖向控制缝，缝的间距宜为8～12m。在墙体高度或厚度突然变化处也宜设置一道竖向控制缝，或采取其他可靠的防裂措施。竖向控制缝的构造和嵌缝材料应能满足墙体平面外传力和防护的要求。

7. 混凝土复合保温填充砌块墙体与框架拉接关系如何处理（一）？

混凝土复合保温填充砌块墙体与框架梁的拉接。混凝土框架梁伸出一个高100mm、宽120mm的通长挑檐（或托梁），托梁上粘贴贴面砌块主块（QBWTK4）两皮，与框架梁上平面等高，然后在框架梁的上平面砌筑混凝土复合保温填充砌块主块和半块，如图8-3所示，托梁外端贴20mm厚度的有机保温材料或涂抹无机憎水保温材料，使其阻断冷桥，如图8-3所示。

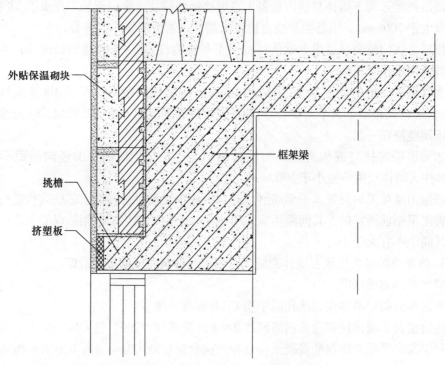

外贴保温砌块

框架梁

挑檐

挤塑板

图8-3 混凝土复合保温填充砌块与框架梁的拉接关系（一）

混凝土复合保温填充砌块与框架柱的连接。采用390mm×320mm×190mm混凝土复合保温填充砌块，主块块型与框架柱采用柔性拉接，砌块的外叶块体的表面，凸出框架柱外表面120mm，与框架柱间隔20mm，形成的20mm的缝隙可用聚苯板进行填实，密封严紧，在框架柱的外表面，粘贴115mm厚度的外贴保温砌块，其粘贴在框架柱的外表面后，与两侧的混凝土复合保温砌块相平齐，并且在同一个平面内，如图8-4所示。

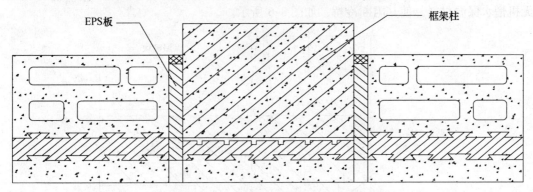

图8-4　混凝土复合保温填充砌块与框架柱的拉接关系（一）

混凝土复合保温填充砌块与框架柱在拐角处的框架柱连接。混凝土复合保温砌块外叶块体的外侧凸出框架柱外表面120mm，且位于框架柱的两侧，砌筑时混凝土复合保温填充砌块要与框架柱留有20mm的缝隙，实现柔性拉接；框架柱外侧的两个面由一个贴面复合保温砌块主块，与一个复合保温贴面砌块的阳角块组合粘贴，混凝土复合保温贴面砌块与复合保温填充砌块的外侧同在一个平面内，如图8-5所示。

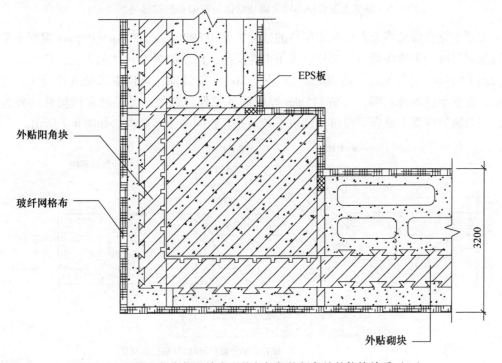

图8-5　混凝土复合保温填充砌块与框架柱拐角处的拉接关系（一）

8. 混凝土复合保温填充砌块墙体与框架拉接关系如何处理（二）？

混凝土复合保温填充砌块墙体与框架梁的拉接。混凝土框架梁伸出两个高 100mm、宽 120mm 的通长挑檐（或托梁），两个挑檐中间外贴贴面保温砌块，在框架梁的平面上砌筑混凝土复合保温填充砌块主块和半块，两个托梁外端贴 20mm 厚度的有机保温材料或涂抹无机憎水保温材料，使其阻断冷桥，如图 8-6 所示。

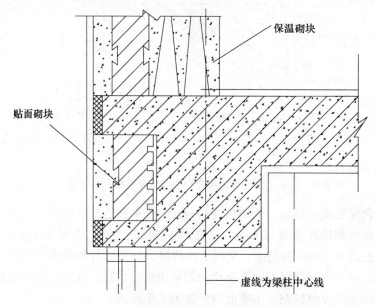

图 8-6 混凝土复合保温填充砌块墙体与框架梁的拉接关系（二）

混凝土复合保温填充砌块与框架柱的连接。采用 390mm×320mm×190mm 混凝土复合保温填充砌块，主块块型与框架柱应采用柔性拉接，砌块的外叶块体的表面，凸出框架柱外表面 120mm，与框架柱间隔 20mm，形成的 20mm 的缝隙，可用聚苯板进行填实，密封严紧，在框架柱的外表面，粘贴 115mm 厚度的外贴保温砌块，其粘贴在框架柱的外表面后，与两侧的混凝土复合保温填充砌块平齐，并且在同一个平面内，如图 8-7 所示。

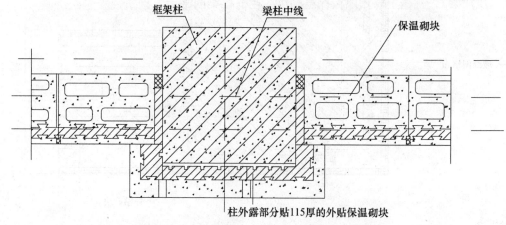

图 8-7 混凝土复合保温填充砌块墙体与框架柱的拉接关系（二）

混凝土复合保温填充砌块与框架柱在拐角处的框架柱连接。混凝土复合保温砌块外叶块体的外侧凸出框架柱外表面120mm，且位于框架柱的两侧，砌筑时混凝土复合保温填充砌块要与框架柱留有20mm的缝隙，实现柔性拉接；框架柱外侧的两个面由贴面复合保温砌块主块，与复合保温贴面砌块的阳角块组合粘贴，混凝土复合保温贴面砌块与混凝土复合保温填充砌块的外侧同在一个平面内，如图8-8所示。

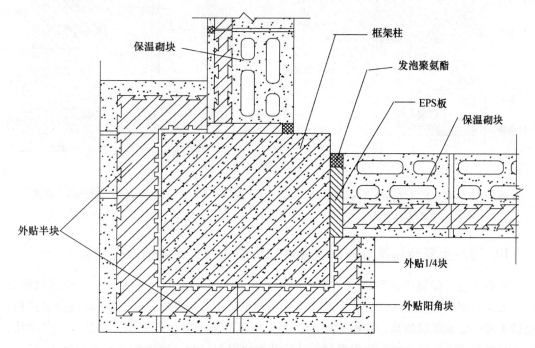

图8-8　混凝土复合保温填充砌块墙体与框架拐角柱的拉接关系（二）

9. 混凝土复合保温填充砌块墙体与框架拉接关系如何处理（三）？

混凝土复合保温填充砌块墙体与框架梁的拉接。混凝土复合保温填充砌块脱离框架梁，而是砌筑在框架梁的挑出部分，混凝土框架梁伸出一个高100mm、宽120mm的通长挑檐（或托梁），挑檐上外贴贴面保温砌块，在框架梁的平面上砌筑混凝土复合保温填充砌块主块和半块，托梁外端贴20mm厚度的有机保温材料或涂抹无机憎水保温材料，挑檐的外端与混凝土贴面砌块的混凝土保护层或者保温砌块的外叶块体的砌筑，使用保温砂浆砌筑，其他部位使用规定强度的水泥砂浆砌筑，使其阻断冷桥。窗洞口上方使用过梁保温砌块，过梁保温砌块内，放置 3φ10，φ6@250 的钢筋，浇筑 C20 细石混凝土并捣实，过梁上方砌筑一皮保温砌块，保温砌块与框架梁的伸出部分留出20mm缝隙，采用柔性材料（如聚苯板）密封处理，如图8-9所示。

混凝土复合保温填充砌块完全脱离框架柱。仍然采用390mm×320mm×190mm混凝土复合保温填充砌块，主块块型砌筑在中间框架柱的外侧。混凝土复合保温填充砌块完全脱离拐角处的框架柱，混凝土复合保温贴面砌块砌筑在拐角处的框架柱外侧，使用混凝土复合保温填充砌块和保温贴面砌块的阳角块进行砌筑，如图8-10所示。

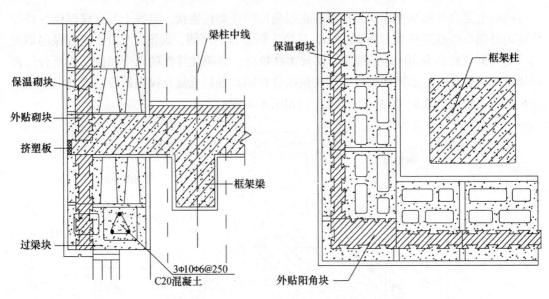

图 8-9　混凝土复合保温填充砌块墙体
与框架梁拉接关系（三）

图 8-10　混凝土复合保温填充砌块墙体
与框架柱拉接关系（三）

10. 混凝土复合保温填充砌块墙体与框架拉接关系如何处理（四）？

混凝土复合保温填充砌块墙体与框架梁的拉接。混凝土复合保温填充砌块脱离框架梁，砌筑在框架梁的挑出部分，混凝土框架梁伸出一个高 100mm、宽 120mm 的通长挑檐，挑檐上外贴贴面保温砌块，在框架梁的平面上砌筑混凝土复合保温填充砌块主块和半块，托梁外端贴 20mm 厚度的有机保温材料或涂抹无机保温材料，挑檐的外端与混凝土贴面砌块的混凝土保护层或者保温砌块的外叶块体的砌筑，使用保温砂浆砌筑，其他部位使用规定强度的水泥砂浆砌筑，使其阻断冷桥。窗洞口上方使用过梁保温砌块，过梁保温砌块内，放置 3ϕ10、ϕ6@250 的钢筋，浇筑 C20 细石混凝土并捣实，过梁上方砌筑一皮保温砌块，保温砌块与框架梁的伸出部分留出 20mm 缝隙，采用柔性材料（如聚苯板）密封处理，如图 8-11 所示。

混凝土复合保温填充砌块完全包裹在框架柱外侧，采用 390mm × 320mm × 190mm 混凝土复合保温填充砌块，主块砌筑在中间框架柱的外侧。混凝土复合保温填充砌块完全包

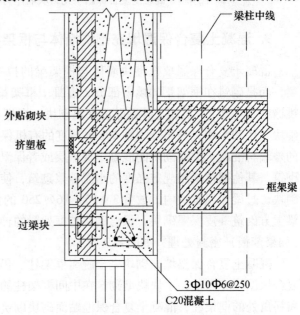

图 8-11　混凝土复合保温填充砌块墙体
与框架梁拉接关系（四）

裹在拐角处的框架柱上，混凝土复合保温贴面砌块砌筑在拐角处的框架柱外侧，使用混凝土复合保温填充砌块和复合保温型贴面砌块的阳角块进行砌筑，如图 8-12 所示。

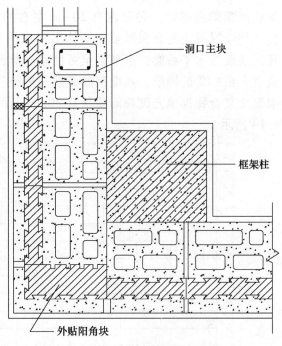

11. 混凝土复合保温填充砌块墙体有洞口时的构造是什么？

混凝土复合保温填充墙体需要设有门窗洞口时，其洞口的两侧需要设芯柱，采用单根 Φ12 钢筋插入洞口块内，将用于芯柱下端的洞口保温砌块主块（QBDK4）锯切出 150mm × 150mm 的清扫口，或者使用过梁保温砌块（QBGK2A），主要用于清扫孔内残留的混凝土等杂物，并有利于芯柱钢筋的绑扎。芯柱钢筋与上下圈梁或楼板预留钢筋拉接为一个整体。混凝土复合保温填充砌块砌筑到框架梁或圈梁底

图 8-12　混凝土复合保温填充砌块墙体
与框架柱拉接关系（四）

部时，必须留有 20mm 左右的缝隙，使用聚苯板密封严实，实行软拉接，保证混凝土复合保温填充墙体出平面的稳定性，如图 8-13 所示。

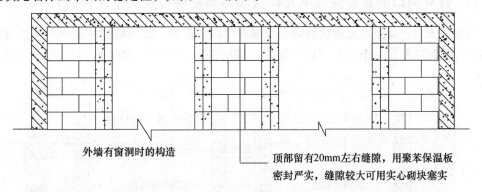

外墙有窗洞时的构造

顶部留有20mm左右缝隙，用聚苯保温板密封严实，缝隙较大可用实心砌块塞实

图 8-13　混凝土复合保温填充墙有门窗洞口时的芯柱与框架的拉接关系

12. 混凝土复合保温填充砌块墙体无洞口时的构造是什么？

混凝土复合保温填充墙体无门窗洞口时，采用混凝土复合保温填充砌块主块和半块压槎砌筑，根据《砌体结构设计规范》（GB 50003—2011）和《混凝土小型空心砌块建筑技术规程》（JGJ/T 14—2011）的规定，在墙体的中部需要设置一个芯柱或构造柱，采用 4 根 Φ12 钢筋插入洞口块内，将用于芯柱下端的洞口保温砌块主块（QBDK4）锯切出 150mm × 150mm 的清扫口，或者使用过梁保温砌块（QBGK2），主要用于清扫孔内残留的混凝土等杂物，并有利于芯柱钢筋的绑扎。混凝土复合保温填充砌块砌筑到框

架梁或圈梁底部时，必须留有 20mm 左右的缝隙，使用聚苯板密封严实，实行软拉接，保证混凝土复合保温填充墙体出平面的稳定性；除了需要设有芯柱或构造柱外，还需要设置水平系梁，水平系梁可使用过梁保温砌块，其槽形口朝上砌筑，槽形口内放置 3 根 Φ12 的钢筋，系梁钢筋必须与框架柱的预埋件相连接成一个整体，框架柱与混凝土复合保温填充砌块需要留有 20mm 的间隙，此间隙宜用聚苯板填充严实，如图 8-14 所示。

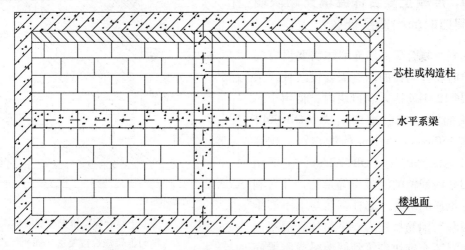

图 8-14　混凝土复合保温填充墙无门窗洞口时与框架的拉接关系

13. 有双洞口的复合保温填充砌块墙体与框架拉接关系是什么？

当混凝土复合保温填充砌块墙体有双窗洞口时，应设一道与墙体两侧框架柱连接的水平系梁，同时还要设一个与上下框架梁相连接的混凝土芯柱，如图 8-15 所示。钢筋混凝

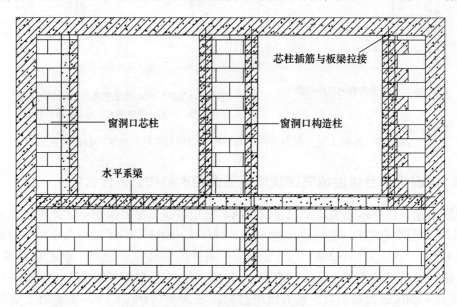

图 8-15　有双洞口的混凝土复合保温填充砌块墙体与框架的连接关系

土水平系梁，应采用过梁型保温砌块砌筑，过梁型保温砌块的槽形口内置放 3 根φ12 的钢筋，φ6 的箍筋，间距不大于 250mm，C20 细石混凝土浇筑捣实，如图 8-16 所示。其中与水平系梁和上圈梁或框架梁锚固，窗洞口芯柱需要配 2 根φ12 的钢筋，如图 8-17 所示。其中穿过水平系梁且与上下框架梁锚固的，窗洞口芯柱，需要配 4 根φ12 的钢筋，如图 8-18 所示。芯柱钢筋与楼板或混凝土楼板连接：φ12 的芯柱钢筋插入混凝土楼板孔中，灌入水泥浆或植筋胶；芯柱钢筋的上端与混凝土楼板中的预埋件焊接，芯柱孔灌入 C20 细石混凝土，如图 8-19 所示。窗上口的框架梁构造，如图 8-20 所示。

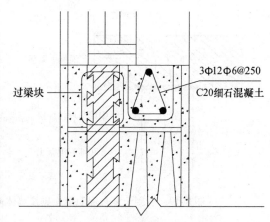

图 8-16　混凝土复合保温填充砌块窗台处设通长水平系梁

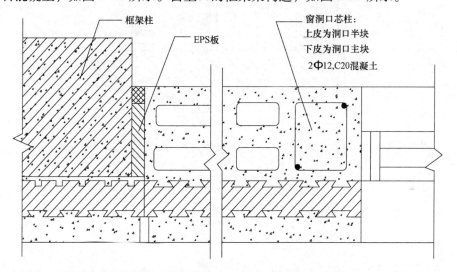

图 8-17　混凝土复合保温填充砌块墙体窗洞口芯柱与框架上梁和水平系梁连接关系

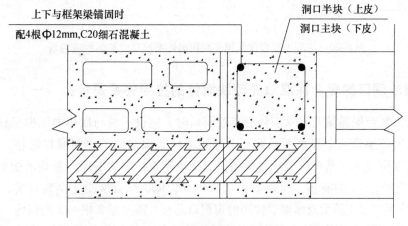

图 8-18　混凝土复合保温砌块墙体窗洞口芯柱与上下框架梁连接关系

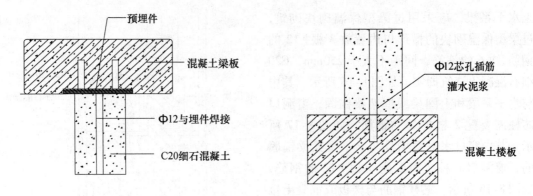

图 8-19　混凝土复合保温填充砌块墙体窗洞口插筋与上下梁（楼）板的连接关系

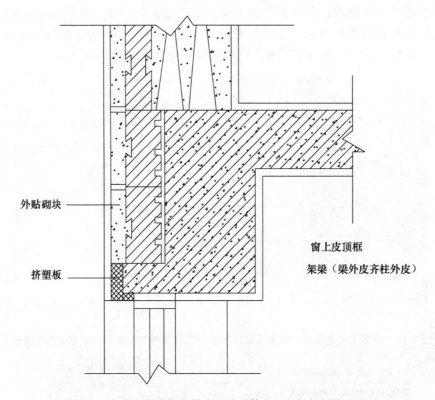

图 8-20　混凝土复合保温填充砌块墙体窗洞口框架梁构造关系

14. 有单洞口的复合保温填充砌块墙体的拉接关系是什么（一）？

当混凝土复合保温填充砌块墙体有单窗洞口时，应设一道与墙体两侧框架柱连接的水平系梁，同时还要设两个与水平系梁和上圈梁或框架梁锚固的单窗洞口芯柱，如图 8-21 所示。钢筋混凝土水平系梁应采用过梁型保温砌块砌筑，过梁型保温砌块的槽形口内置放 3 根 φ12 的钢筋，φ6 的箍筋，间距不大于 250mm，C20 细石混凝土浇筑捣实，如图 8-22 所示。与水平系梁及上圈梁或框架梁锚固的窗洞口芯柱，需要配 2 根 φ12 的钢筋，如图 8-23、图 8-24 所示。芯柱钢筋与楼板或混凝土楼板连接：φ12 的芯柱钢筋插入混凝土楼板孔中，灌入水泥浆或植筋胶；芯柱钢筋的上端与混凝土楼板中的预埋件焊接，芯柱孔灌入 C20 细石混凝土，如图 8-19 所示。窗上口的框架梁构造，如图 8-25 所示。

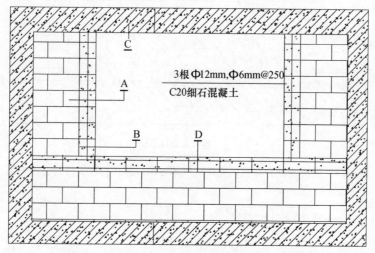

图 8-21　有单窗洞口的混凝土复合保温填充砌块墙体与框架柱的连接关系
A—窗洞口芯柱；B—窗洞口芯柱；C—窗上皮顶框架梁；D—窗台处设水平系梁

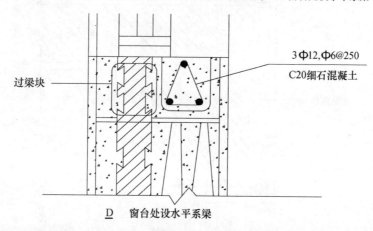

图 8-22　有单窗洞口的混凝土复合保温填充砌块墙体水平系梁与框架柱的连接关系

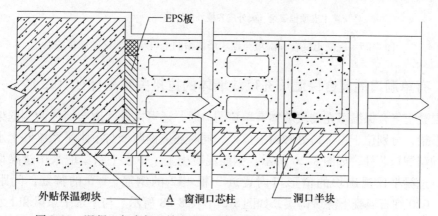

图 8-23　混凝土复合保温填充砌块墙体窗洞口芯柱与框架柱的连接关系

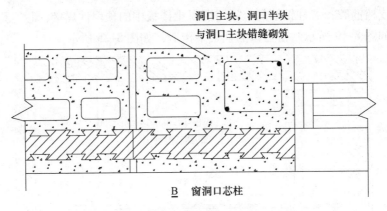

B 窗洞口芯柱

图 8-24 混凝土复合保温填充砌块墙体窗洞口芯柱与框架柱的连接关系

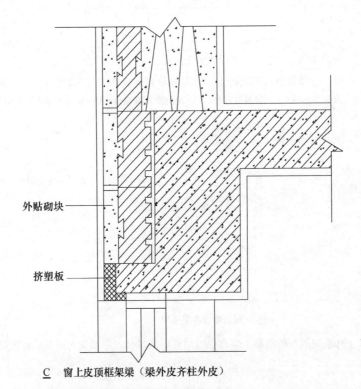

C 窗上皮顶框架梁（梁外皮齐柱外皮）

图 8-25 混凝土复合保温填充砌块墙体窗洞上口与框架梁的连接关系

15. 有单洞口的复合保温填充砌块墙体的拉接关系是什么（二）？

当混凝土复合保温填充砌块墙体有单窗洞口时，还可以设两道与墙体两侧框架柱连接的水平系梁，分别位于窗下口处和窗上口处，同时还应设两个与下水平系梁和上水平系梁相锚固的窗洞口芯柱，如图 8-26 所示。钢筋混凝土上、下水平系梁应采用过梁型保温砌块砌筑，过梁型保温砌块的槽形口内置放 3 根 φ12 的钢筋，φ6 的箍筋，间距不大于 250mm，C20 细石混凝土浇筑捣实，如图 8-27、图 8-28 所示。与下水平系梁和上水平系梁相锚固的窗洞口芯柱，需要配 2 根 φ12 的钢筋，如图 8-23、图 8-24 所示。芯柱钢筋与楼板或混凝土楼板连接：φ12 的芯柱钢筋插入混凝土楼板孔中，灌入水泥浆或植筋胶；芯柱钢筋的上端与混凝土楼板中的预埋件焊接，芯柱孔灌入 C20 细石混凝土，如图 8-19 所示。窗上口的框架梁构造，如图 8-29 所示。

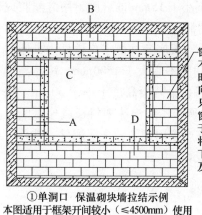

①单洞口　保温砌块墙拉结示例
本图适用于框架开间较小（≤4500mm）使用

图 8-26　有单窗洞口混凝土复合保温填充
砌块墙体与框架的连接关系
A—窗口框架柱；B—框架梁构造；
C—窗台上口处设通长水平系梁；D—窗台下口处设通长水平系梁
注：窗过梁应沿框架柱间全长贯通，配筋应与柱锚筋焊牢，
或在柱相应位置预埋钢板，将过梁钢筋焊在预埋钢板上。

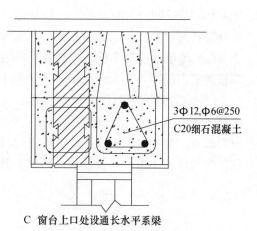

C　窗台上口处设通长水平系梁

图 8-27　混凝土复合保温填充砌块墙体窗上
口水平系梁与框架柱的连接关系
注：窗宽大于 2000mm 时，窗中部的水平
系梁钢筋直径按工程设计

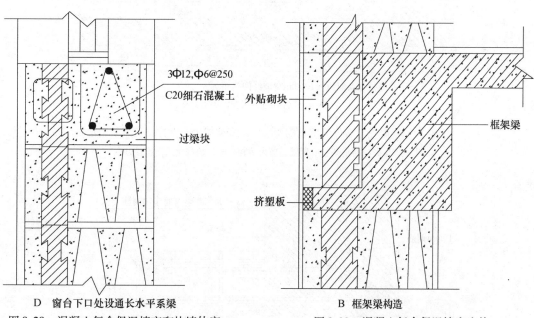

D　窗台下口处设通长水平系梁

图 8-28　混凝土复合保温填充砌块墙体窗
下口水平系梁与框架柱的连接关系

B　框架梁构造

图 8-29　混凝土复合保温填充砌块
墙体与框架梁的连接关系

16. 混凝土复合保温填充砌块墙体与框架柱柔性拉接方法是什么？

填充墙两端与框架柱，填充墙顶面与框架梁之间应留出不小于 20mm 的间隙。填充墙端部应设置构造柱，柱间距宜不大于 20 倍墙厚且不大于 4000mm，柱宽度不小于 100mm。柱竖向钢筋不宜小于 Φ10，箍筋宜为 ΦR5，竖向间距不宜大于 400mm。竖向钢筋与框架梁或挑出部分的预埋件或预留钢筋拉接，绑扎接头时不小于 30d，焊接时（单面焊）不小于 10d（d 为钢筋的直径）。柱顶与框架梁（板）应预留不小于 15mm 的缝隙，用硅酮胶或其他弹性密封材料密封。当填充墙有宽度大于 2100mm 的洞口时，洞口两侧应加设宽度不小于 50mm 的单筋混凝土柱。填充墙体两端宜卡入设在梁、板底及柱侧卡口铁件内，墙侧卡口板的竖向间距不宜大于 500mm，墙顶卡口板的水平间距不宜大于 1500mm。墙体高度超过 4m 时宜在墙高中部设置与柱连通的水平系梁。水平系梁截面高度不小于 60mm，填充墙高不宜大于 6m。填充墙与框架柱、梁的缝隙可采用聚苯乙烯泡沫塑料板或聚氨酯发泡材料填充，并用硅酮胶或其他弹性密封材料封缝。所有连接用钢筋、金属配件、铁件、预埋件等均应做防腐、防锈处理。如图 8-30 ~ 图 8-31 所示。

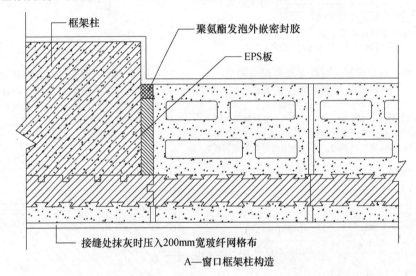

图 8-30　混凝土复合保温填充砌块墙体与框架梁的柔性连接关系及做法

注：保温砌块与框架柱或混凝土剪力墙相接时，均按此柔性连接方案

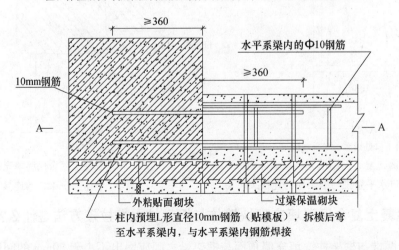

图 8-31　混凝土复合保温填充砌块墙体水平系梁与框架的锚固连接关系及做法

17. 混凝土复合保温填充砌块建筑女儿墙体的构造关系如何?

混凝土复合保温填充砌块建筑女儿墙构造,使用混凝土复合保温填充砌块,四个阳角应设置构造柱,每隔3m加设构造柱,内贴复合保温贴面砌块,再采用12mm厚的DP–MR砂浆抹平,然后做防水保护层。女儿墙高1.5m,构造柱的中心距离不得大于3m,配4根直径10mm的钢筋与楼板伸出的钢筋焊接,箍筋采用直径6mm的钢筋,间距不大于200mm。构造柱的断面200mm×200mm,外面及里面均粘贴复合保温贴面砌块,如图8-32和图8-33所示。

18. 混凝土无机复合防火保温填充砌块建筑构造体系主要节点有哪些?

一种一次成型无机复合防火保温砌块,包括主块、半块、洞口主块、洞口半块、过梁块、阳角块、外贴主块、外贴半块八种块型(图8-1),除阳角块、外贴主块和外贴半块外,其余五种一次成型无机复合防火保温砌块,均由无机防火保温材料与混凝土砌块主体组成,由保定华锐方正机械制造公司生产的 WJBW6—20 保温砌块成型机一次复合而成。具有"保温与防火于一身,保温与结构一体化,保温材料与建筑物同寿命"的显著特点。主要构造节点如图 8-34 ~ 图 8-50所示。

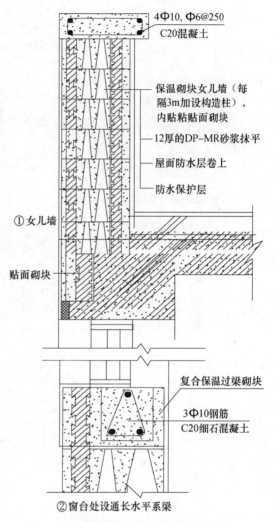

4Φ10,Φ6@250
C20混凝土

保温砌块女儿墙(每隔3m加设构造柱),内贴粘贴面砌块

12厚的DP-MR砂浆抹平

屋面防水层卷上

防水保护层

①女儿墙

贴面砌块

复合保温过梁砌块

3Φ10钢筋
C20细石混凝土

②窗台处设通长水平系梁

图 8-32　混凝土复合保温填充砌块建筑女儿墙构造关系(一)

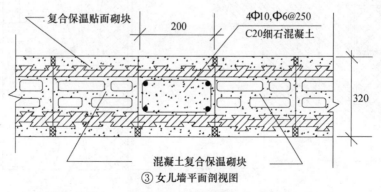

复合保温贴面砌块

200

4Φ10,Φ6@250
C20细石混凝土

320

混凝土复合保温砌块

③女儿墙平面剖视图

图 8-33　混凝土复合保温填充砌块建筑女儿墙构造关系(二)

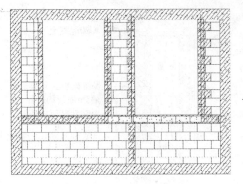

图 8-34 双洞口立面排块图

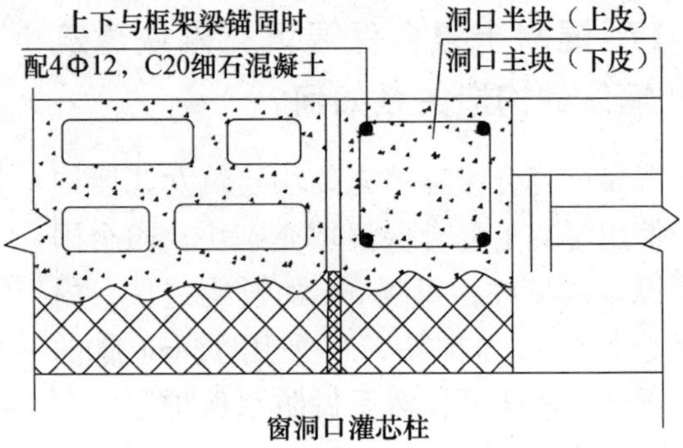

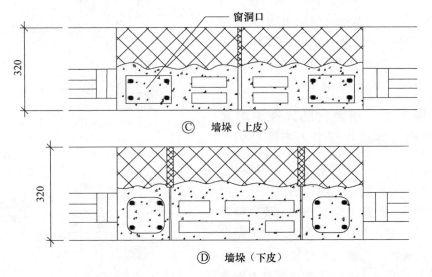

图 8-35 洞口处芯柱排块

© 墙垛（上皮）

D 墙垛（下皮）

图 8-36 洞口处芯柱排块

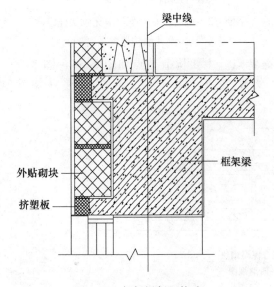

图 8-37 框架梁保温构造

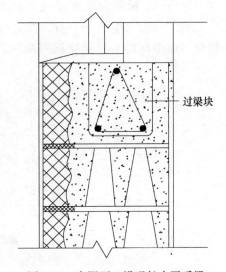

图 8-38 窗洞下口设通长水平系梁

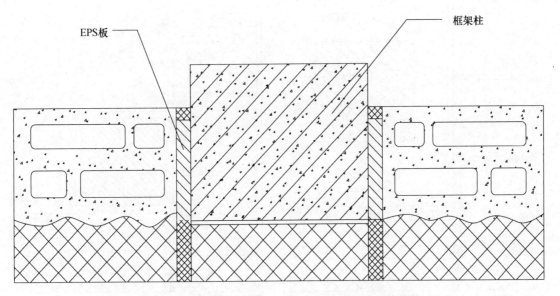

图 8-39　构造柱与无机复合防火保温砌块纵向连接构造

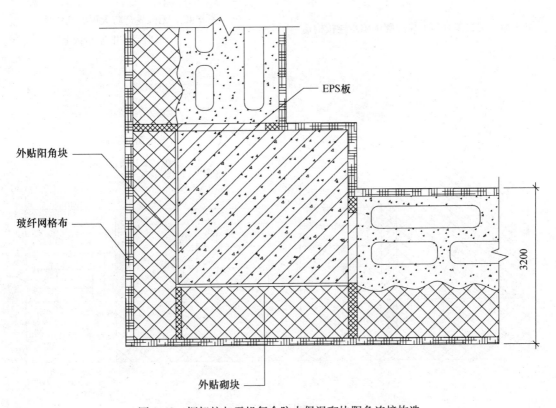

图 8-40　框架柱与无机复合防火保温砌块阳角连接构造

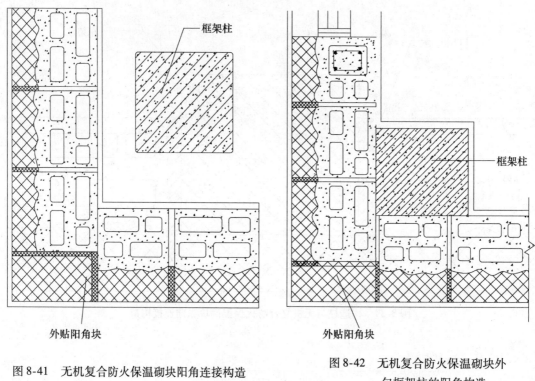

图 8-41 无机复合防火保温砌块阳角连接构造

图 8-42 无机复合防火保温砌块外包框架柱的阳角构造

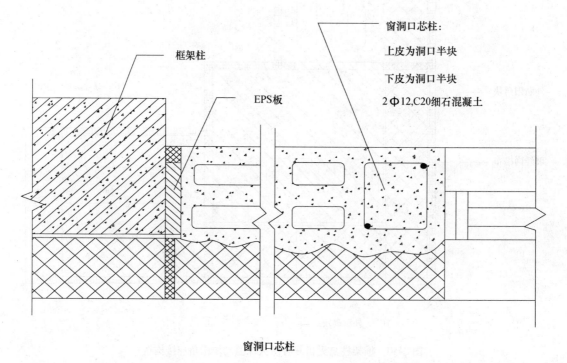

图 8-43 框架柱与窗洞口芯柱构造水平剖面

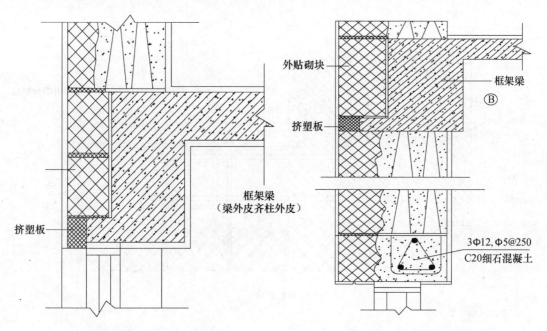

图 8-44 框架梁与窗上口构造垂直剖面（一）　图 8-45 框架梁与窗口构造垂直剖面（二）

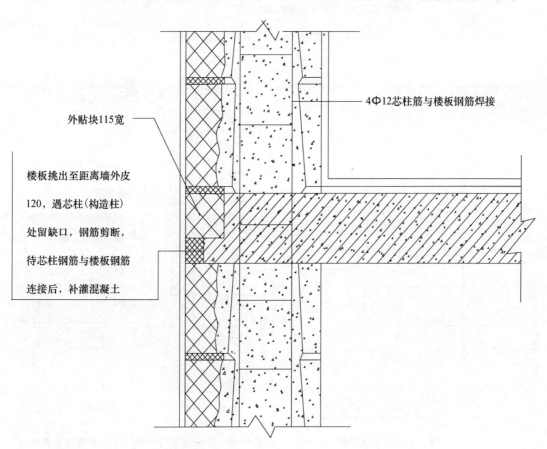

图 8-46 楼板挑檐与芯柱构造垂直剖面

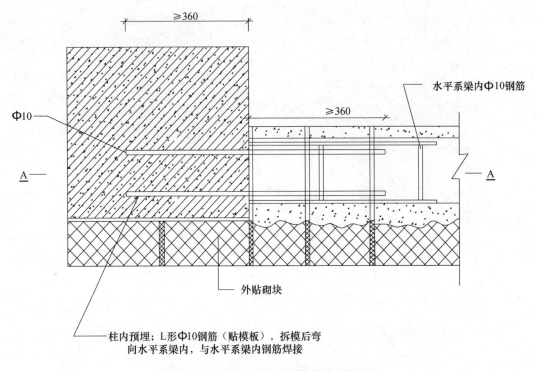

图 8-47　框架柱与水平系梁构造水平剖面

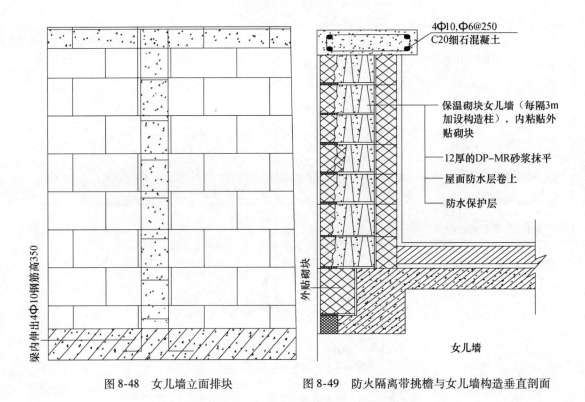

图 8-48　女儿墙立面排块　　　图 8-49　防火隔离带挑檐与女儿墙构造垂直剖面

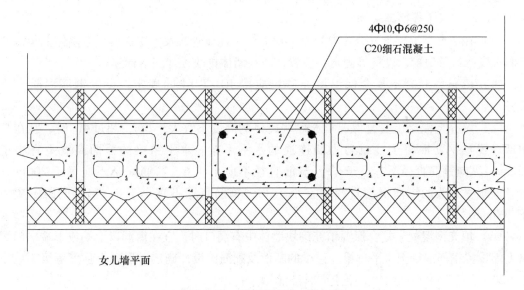

图 8-50　女儿墙构造水平剖面

19. 填充型混凝土复合保温填充砌块墙体建筑构造设计的依据是什么？

填充型混凝土复合保温填充砌块墙体建筑构造设计，应符合现行的国家标准《砌体结构设计规范》（GB 50003）及行业标准《混凝土小型空心砌块建筑技术规程》（JGJ/T 14）中有关设计指标、结构计算原则和计算方法的规定。根据建筑工程的实际情况应采用合理的填充型混凝土复合保温填充砌块墙体结构布置形式，并进行填充结构设计和建筑设计。砌块及砌体的结构设计、计算指标应按现行的行业标准 JGJ/T 14 的规定执行。

填充型混凝土复合保温填充砌块的块型选型和厚度，应根据建筑所在地区现行建筑节能标准规定的外墙平均传热系数限值计算确定，厚度不应小于190mm。砌体外挑出的钢筋混凝土梁的尺寸不宜大于50mm，当大于50mm时，应通过结构设计计算予以确认。

填充型混凝土复合保温填充砌块不宜用于潮湿环境。

填充型混凝土复合保温填充砌块应符合现行的行业标准《自保温混凝土复合砌块》（JG/T 407）产品标准，或者符合现行国家标准《复合保温砖和复合保温砌块》（GB/T 29060）的相关要求。

填充型混凝土复合保温填充砌块的耐火极限应符合现行国家标准《建筑设计防火规范》（GB 50016）和《高层民用建筑设计防火规范》（GB 50045）的规定。

填充型混凝土复合保温填充砌块还应符合现行国家标准《墙体材料应用统一技术规范》（GB 50574）的规定。

20. 填充型混凝土复合保温填充砌块墙体建筑构造设计应注意些什么事项？

（1）填充型混凝土复合保温填充砌块墙体的平面尺寸宜以 2M 为基本模数，特殊情况下也可以采用1M；其立面设计及砌块砌体分段长度尺寸宜以 1M 为基本模数。门窗洞口尺寸应与填充型混凝土复合保温填充砌块规格尺寸相协调。

（2）在填充型混凝土复合保温填充砌块砌体施工前，应做出平面及竖向的排块设计，排块设计时应以主规格砌块为主。

（3）在填充型混凝土复合保温填充砌块墙体中埋设管线及固定件时，对墙体上预留的孔洞管线槽口及门窗、设备等固定件位置，应在墙体排块设计图上标注。

（4）填充型混凝土复合保温填充砌块应按 JGJ/T 14 的规定，设置钢筋混凝土构造柱。

（5）填充型混凝土复合保温填充砌块砌体的高度不宜大于6m，超过4m时，宜在其中部设置与钢筋混凝土柱或剪力墙连通的水平系梁。水平系梁的截面高度不宜小于60mm，纵向钢筋直径不宜小于12，箍筋直径不应小于6，箍筋间距不应大于200mm；端开间水平系梁的纵向钢筋直径不宜小于14，箍筋直径不宜小于8，箍筋间距不应大于200mm。

（6）填充型混凝土复合保温填充砌块墙体中有洞口时，宜在窗洞口上端或下端、门洞口上端设置钢筋混凝土水平过梁。过梁的断面及配筋由设计确定，混凝土强度等级不应小于C20，并宜与水平系梁的混凝土同时浇灌。

（7）填充型混凝土复合保温填充砌块墙体和钢筋混凝土柱、剪力墙之间的拉结应符合下列要求：①沿钢筋混凝土柱、剪力墙高度方向每600mm配置2根φ6拉结筋，钢筋伸入填充砌块砌体中长度不应小于1000mm。②填充型混凝土复合保温填充砌块墙体与钢筋混凝土梁柱、剪力墙脱开时应按下列规定进行拉结设计：a）填充型混凝土复合保温填充砌块砌体两端与钢筋混凝土柱或剪力墙以及填充砌块砌体顶面与梁之间留出20mm的间隙；b）填充型混凝土复合保温填充砌块墙体与钢筋混凝土柱或剪力墙之间宜用钢筋拉接；c）填充型混凝土复合保温填充砌块墙体与钢筋混凝土柱或剪力墙、梁之间的缝隙可采用阻燃性聚苯板填充，并用弹性密封材料密封。③内墙或后砌隔墙与填充型混凝土复合保温填充砌块外墙体拉接处无预埋连接筋的构造柱时（图8-51），宜预先在连接部位的外墙中设置竖向间距为600mm的拉结钢筋或拉结钢筋网片。

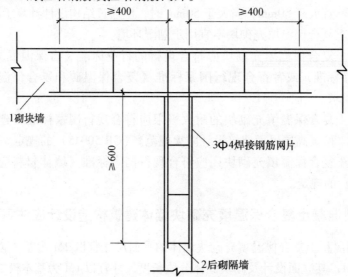

图8-51 保温砌块墙体与后砌筑隔墙交接处的拉接处理

（8）钢筋混凝土梁、柱与填充型混凝土复合保温填充砌块墙体交接面处，宜采用耐碱玻璃纤维网格布做抗裂增强层，当采用面砖饰面时，应采用双层耐碱玻璃纤维网格布或热镀锌电焊丝网作为增强网（图8-52）。

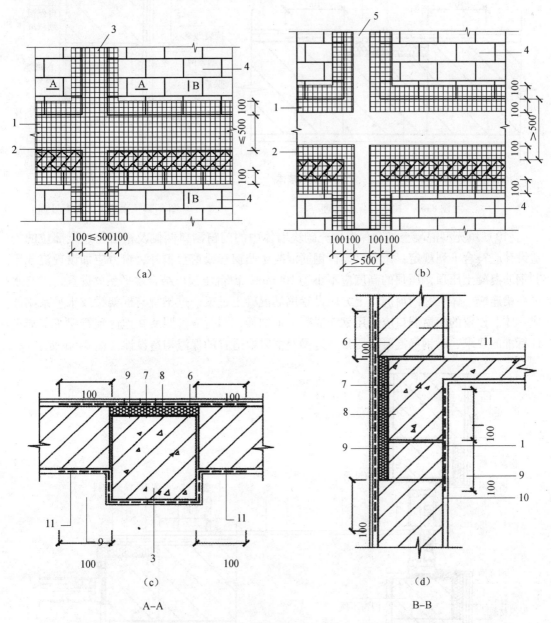

图 8-52　混凝土保温填充砌块墙体与钢筋混凝土柱、梁、墙交接面抗裂加强处理

（a）梁高、柱宽≤500时交接面抗裂处理；（b）梁高、柱宽＞500时交接面抗裂处理；（c）A－A；（d）B－B

1—混凝土梁；2—增强网；3—混凝土柱；4、11—保温砌块墙体；5—混凝土柱/墙；

6—饰面层；7—抗裂砂浆；8—保温材料；9—增强网；10—后斜砌保温砌块

（9）采暖地区的填充型混凝土复合保温填充砌块墙体中的构造柱和水平系梁等结构型热桥部位外侧，应有保温、抗裂、防水处理措施（图8-53 和图8-54）。

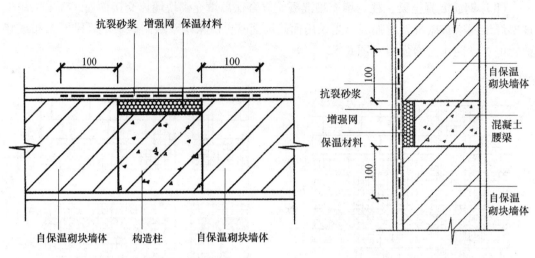

图 8-53　构造柱保温处理　　　　　　　图 8-54　水平系梁保温处理

（10）填充型混凝土复合保温填充砌块墙体中的门窗洞口两侧及窗台与过梁部位的构造设计应符合下列规定：①除已设计钢筋混凝土凸窗套或窗台板外，窗台应加设现浇或预制钢筋混凝土压顶，压顶的高度应不小于 100mm；窗台压顶可结合水平系梁设置，或与水平系梁连成一体。②门窗洞口上方应设置钢筋混凝土过梁，过梁宜与框架梁或水平系梁连成一体。预留的门窗洞口应采用钢筋混凝土框加强，同时应参照所在地区现行建筑节能设计标准的要求，对钢筋混凝土压顶、过梁及框采取适宜的保温构造设计（图 8-55 所示）。

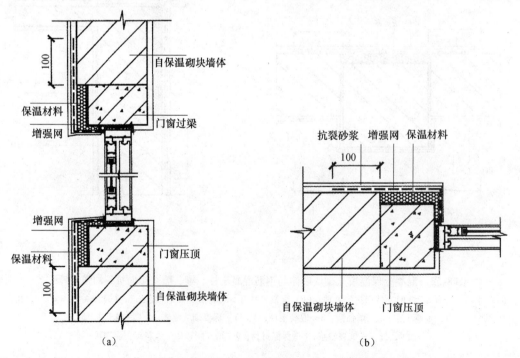

图 8-55　压顶、过梁及钢筋混凝土框的保温处理
（a）门窗过梁、压顶保温处理；（b）门窗框竖框保温处理（水平横框同过梁、压顶）

（11）填充型混凝土复合保温填充砌块墙体中留槽、洞及埋设管道时，应符合下列要求：①在墙肢长度小于500mm的墙体、独立柱不应埋设水平管线；②排水管道的主管、支管宜明管安装。管径较小的其他管，可埋于砌块墙体内；③埋设管、线、板的槽、洞宜在填充型混凝土复合保温填充砌块砌筑过程中预留，应采用专用切割机切割，尽可能保存好砌块孔洞中填充的保温材料；④管线埋设好后，应先用轻质保温材料填充，再用水泥砂浆进行密封处理。

（12）框架梁、柱等热桥部位采用外贴保温砌块时应符合下列要求：①保温砌块砌体的厚度不宜大于120mm；②门窗洞口上的过梁或框架梁部位应设置水平贯通的挑板用以承托贴砌的保温砌块，托板外沿应比贴砌的保温砌块边线内缩15mm，形成用保温材料填实的缺口或凹槽。

（13）填充型混凝土复合保温填充砌块墙体的防水设计应符合下列规定：①门窗洞口、女儿墙以及密封阳台、飘窗等结构性热桥部位，应有密封和防水构造措施；②在保温系统上安装设备及管道，应有预埋、预留及密封、防水构造措施，不应在保温系统施工完成后凿孔；③填充型混凝土复合保温填充砌块墙体抹面层宜设分格缝，间距不宜大于6m，且不宜超过2个层高；④对于有防水要求的房间，填充型混凝土复合保温填充砌块墙体底部，宜设置同砌体厚度相同的细石混凝土垫层，高度不小于200mm，混凝土强度等级不小于C20。

21. 何为 Z 形混凝土复合保温填充砌块建筑构造体系？

Z 形混凝土复合保温填充砌块建筑构造体系是由主块、大配块、配块组成，如图8-56所示。

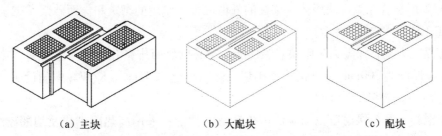

（a）主块　　　　　　（b）大配块　　　　　　（c）配块

图 8-56　哈尔滨天硕建材工业公司研发的 Z 形混凝土复合保温填充砌块构造体系

Z 形混凝土复合保温填充砌块构造体系的主要墙体构造如图8-57、图8-58所示。

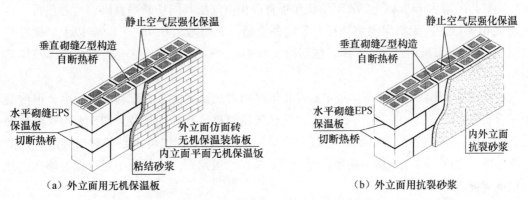

（a）外立面用无机保温板　　　　　　　　（b）外立面用抗裂砂浆

图 8-57　哈尔滨天硕建材工业公司研发的 Z 形混凝土复合保温
填充砌块构造体系，保温砌块复合墙体及内外饰面构造

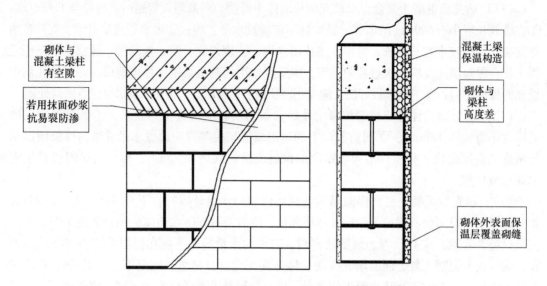

图 8-58　哈尔滨天硕建材工业公司研发的 Z 形混凝土复合保温
填充砌块构造体系保温砌块复合墙体与梁柱节点构造

　　Z 形混凝土复合保温填充砌块构造体系的技术路线，通过砌块的配方、块型、产品构造多种措施提高砌块的热阻，与多种方式降低砌体热桥相结合，从技术上全面提高墙体热阻；通过砌块、配套砂浆、混凝土梁柱保温产品、配套产品施工工艺，保障建筑工程整体质量。即 Z 形复合保温砌块墙体 + 梁柱的外保温板 + 专用的砌筑和抹面砂浆 + 砌筑及细部节点施工工法。

　　Z 形混凝土复合保温填充砌块热工性能：空心砌块两排错孔填充保温材料，热阻增大 1 倍以上。厚度为 300mm 多排错孔型砌块，热阻可达 $2.47m^2 \cdot K/W$。中间设置一道 8 ~ 12mm 空气层增加热阻 $0.48m^2 \cdot K/W$。

　　Z 形混凝土复合保温填充砌块墙体构造热工性能：采用高热阻砌块及切断砌缝热桥，使热阻最大化。砌体形成 10mm 左右垂直静止空气层与砌块 12mm 静止空气层共同提高墙体热阻 $0.4m^2 \cdot K/W$ 以上。水平灰缝中间由 30mm 宽保温板或静止空气层切断砌缝直通热桥，砌缝热阻增大 73% 以上。Z 形形状和垂直静止空气层共同切断垂直砌缝直通热桥，热阻增大 61% 以上。无机保温装饰板粘贴内外立面，热阻增大 $0.4m^2 \cdot K/W$ 以上。梁柱部位用 TS 无机保温板粘贴 50mm 厚，热阻增大 $0.4m^2 \cdot K/W$ 以上，并全面提高墙体整体热阻均匀性。

　　Z 形混凝土砌块自保温墙体技术是经几年时间系统研发的自有专利技术。由 Z 形混凝土复合自保温砌块（一主块、两配块），配套的砌筑砂浆和抹面砂浆、ZTS 无机保温装饰复合板等产品及其应用技术共同构成。技术特点：以热工性能可满足各种气候区域节能 65% 标准，自成一体化、施工简便快捷、质量易控、工期短、造价低于复合保温墙体、性价比优势突出等。

22. 什么是 TS 轻集料混凝土自保温填充砌块建筑构造体系？

TS 轻集料混凝土复合自保温填充砌块建筑构造体系，是由大庆市天晟建筑材料厂研发的一种新型的保温与结构一体化建筑墙体构造系统，具有节能保温与建筑结构一体化，保温材料与建筑物同寿命，防火与保温隔热于一身的显著特点。

TS 轻集料混凝土复合自保温填充砌块建筑构造体系，由 TS 轻集料混凝土复合自保温填充系列砌块、TS 系列保温砂浆、梁柱系列自保温外贴砌块、施工方法构成的。

TS 系列保温砌块包括：390 系列（390mm×390mm×190mm，290mm×390mm×190mm，190mm×390mm×190mm）；340 系列（390mm×340mm×190mm，290mm×340mm×190mm，190mm×340mm×190mm）；290 系列（390mm×290mm×190mm，290mm×290mm×190mm，190mm×290mm×190mm，190mm×210mm×190mm），如图8-59~图8-64 所示。

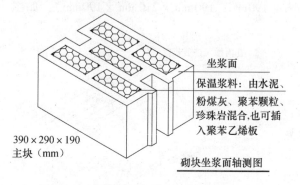

图 8-59　TS 轻集料混凝土复合自保温填充砌块块型（一）

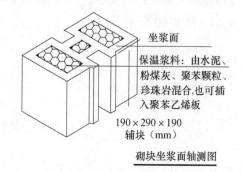

图 8-60　TS 轻集料混凝土复合自保温填充砌块块型（二）

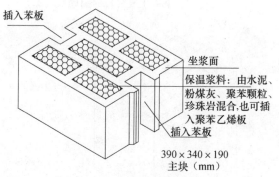

图 8-61　TS 轻集料混凝土复合自保温填充砌块块型（三）

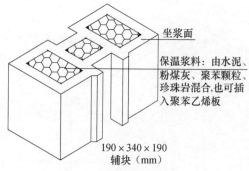

图 8-62　TS 轻集料混凝土复合自保温填充砌块块型（四）

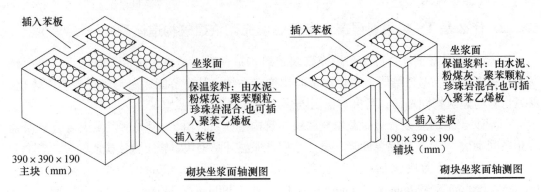

图 8-63 TS 轻集料混凝土复合自保
温填充砌块块型（五）

图 8-64 TS 轻集料混凝土复合自保
温填充砌块块型（六）

TS 系列梁柱外砌保温砌块（490mm×120mm×190mm；390mm×120mm×190mm；290mm×120mm×190mm；190mm×120mm×190mm；190mm×210mm×190mm），如图 8-65～图 8-69 所示。

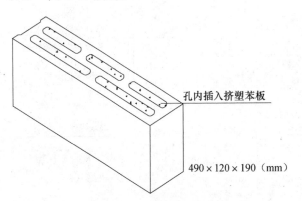

图 8-65 框架梁柱保温用外砌 TS 轻集料
混凝土复合自保温砌块（一）

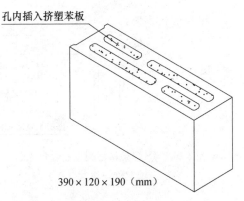

图 8-66 框架梁柱保温用外砌 TS 轻集料
混凝土复合自保温砌块（二）

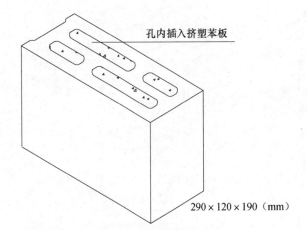

图 8-67 框架梁柱保温用外砌 TS 轻集料
混凝土复合自保温砌块（三）

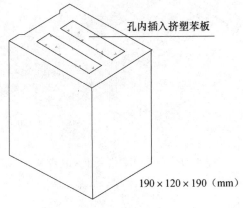

图 8-68 框架梁柱保温用外砌 TS 轻集料
混凝土复合自保温砌块（四）

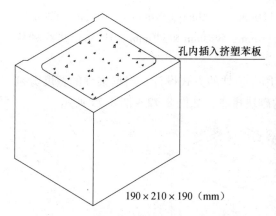

孔内插入挤塑苯板

190×210×190（mm）

图 8-69　框架梁柱保温用外砌 TS 轻集料
混凝土复合自保温砌块（五）

图 8-70　框架梁柱保温用外砌 TS 轻集料混凝土
复合自保温砌块（390×120×190）

　　TS 轻集料混凝土复合自保温填充砌块建筑构造体系，由墙体保温砌块的系列块型、框架梁和框架柱保温用外砌自保温砌块系列块型、建筑外墙砌体用的砌筑保温砂浆、外墙外抹灰保温砂浆和外墙内抹灰保温砂浆、施工方法及节点等构成。根据我国南北方建筑节能的要求不同，可以采用不同厚度的 TS 轻集料混凝土复合自保温填充砌块，满足当地建筑节能 65% ~ 75% 的指标。其主要节点构造如图 8-71 ~ 图 8-76 所示。

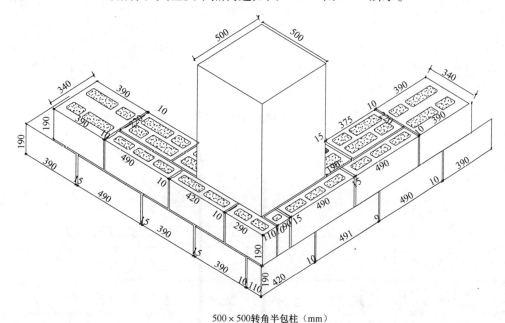

500×500转角半包柱（mm）

图 8-71　框架拐角柱的保温与 TS 混凝土自保温砌块墙体构造排块

　　框架拐角柱（阳角柱）采用半包柱的节点构造，第一皮外包柱采用的砌块块型尺寸有：490mm × 110mm × 190mm，420mm × 110mm × 190mm，390mm × 110mm × 190mm，190mm × 220mm × 190mm，390mm × 220mm × 190mm，390mm × 340mm × 190mm 共六种块型；第二皮外包柱采用的砌块块型尺寸有：490mm × 110mm × 190mm，420mm × 110mm ×

190mm，390mm×110mm×190mm，290mm×110mm×190mm，90mm×110mm×190mm，190mm×220mm×190mm，390mm×220mm×190mm，390mm×340mm×190mm 共八种块型。具体排块如图 8-71 所示。

在框架结构的建筑中，中间框架柱保温采用外包柱的方式设计，当框架柱的宽度分别为 400mm、500mm、600mm 时，外包框架柱的砌块排布，如图 8-72 ～ 图 8-75 所示。

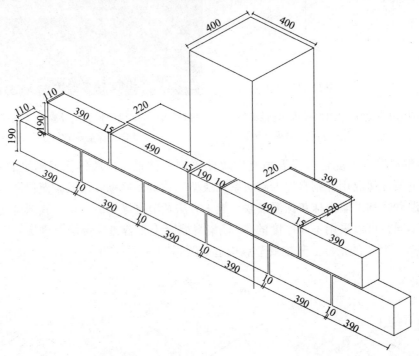

图 8-72　框架柱保温与 TS 混凝土自保温砌块墙体构造排块（mm）

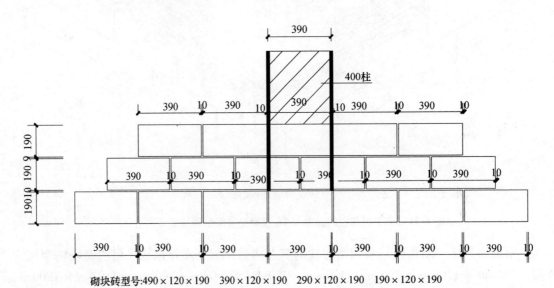

砌块砖型号：490×120×190　390×120×190　290×120×190　190×120×190

图 8-73　宽度为 400mm 的框架柱保温与 TS 自保温砌块墙体构造立面排块（mm）

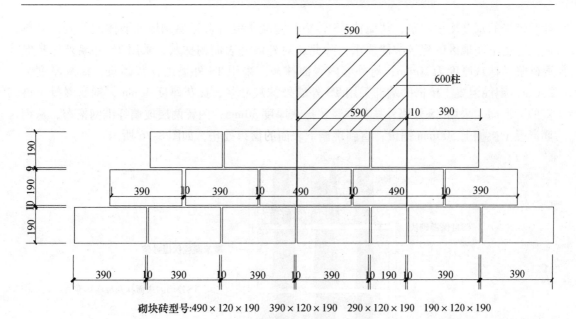

砌块砖型号:490×120×190　390×120×190　290×120×190　190×120×190

图 8-74　宽度为 600mm 的框架柱保温与 TS 混凝土自保温砌块墙体构造立面排块（mm）

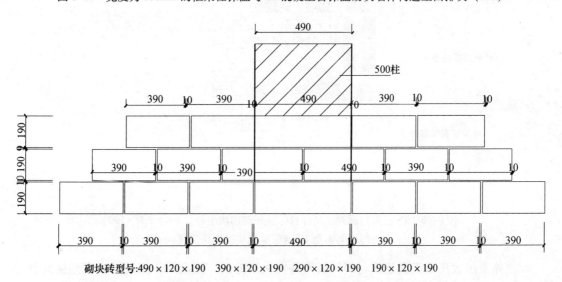

砌块砖型号:490×120×190　390×120×190　290×120×190　190×120×190

图 8-75　宽度为 500mm 的框架柱保温与 TS 混凝土自保温砌块墙体构造立面排块（mm）

沿框架梁的下表面伸出宽度为 80mm、高度为 100mm 的通长钢筋混凝土挑檐（或托梁），在挑檐水平面上铺设 TS 外墙砌筑保温砂浆，在框架梁保温用的 TS 外砌自保温砌块 [390mm×110（120）mm×190mm] 的一个条面上铺设外墙砌筑保温砂浆，这样，使框架梁的挑檐与 TS 外砌自保温砌块之间的水平灰缝和竖直灰缝，具有保温和隔断冷桥的作用。砌筑在钢筋混凝土挑檐上的 TS 外砌自保温砌块与钢筋混凝土框架梁的上表面相平齐，然后在其水平面上铺设 TS 外墙砌筑保温砂浆，砌筑 TS 轻集料混凝土复合自保温填充砌块 [390mm×340（390/290）mm×190mm，190mm×340（390/290）mm×190mm]，采用主块和半块压槎砌筑，水平灰缝和竖直灰缝采用 TS 外墙砌筑保温砂浆，消除了因普通砌筑砂浆带来的灰缝冷桥问题，从而使 TS 轻集料混凝土复合自保温砌块外墙体的保温、隔热性能满足不同地区的建筑节能要求，除此还对外墙外表面的抹灰，采用 TS 外墙外抹灰保温砂浆，抹灰厚度为 20mm；对外墙内表面抹灰，采用 TS 外墙内抹灰砂浆，抹灰厚度为 20mm。钢筋混凝土挑檐的端部采用 TS 外墙外抹灰砂浆，抹灰厚度 40mm，钢筋混凝土挑檐的下表面，采用 TS 外墙外抹灰砂浆，抹灰厚度 30mm，内置两层玻璃纤维网格布，从钢筋混凝土挑檐上 500mm 铺设，直到挑檐下表面的窗口处止，如图 8-76 所示。

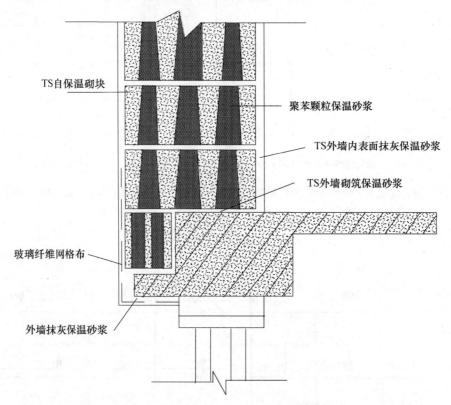

图 8-76　TS 轻集料混凝土复合自保温外砌砌块主块（390×120×190）与框架梁及 TS 自保温砌块砌体构造（mm）

该体系由大庆市天晟建筑材料厂研发并在大庆地区广泛应用，经过对大庆地区此种建筑体系建筑的检测，采用 TS 轻集料混凝土复合自保温填充砌块建筑构造体系的建筑物的保温性能极好。墙厚 330（20+290+20）mm 的外墙体传热系数 $K=0.35\mathrm{W/(m^2 \cdot K)}$，TS 自保温砌块主规格尺寸（390mm×290mm×190mm）；墙厚 380（20+340+20）mm 的外墙体传热系数 $K=0.29\mathrm{W/(m^2 \cdot K)}$，TS 自保温砌块主规格尺寸（390mm×340mm×190mm）；墙厚 430（20+390+20）mm 的外墙体传热系数 $K=0.25\mathrm{W/(m^2 \cdot K)}$，TS 自保温砌块主规格尺寸（390mm×390mm×190mm）。

第九章 混凝土复合保温填充 砌块建筑的施工技术

1. 混凝土复合保温填充砌块建筑施工对材料有何要求？

（1）混凝土复合填充砌块在厂内的自然养护龄期或蒸汽养护后的停放时间应确保28d。轻集料混凝土复合保温填充砌块在厂内自然养护龄期宜延长至45d。

（2）同一单位工程使用的混凝土复合保温填充砌块应为同一厂家生产的产品，并需有产品合格证书和进场复验报告。

（3）填充型复合保温填充砌块的孔洞内及块体内部的聚苯板或其他绝热保温材料的性能、密度、厚度、位置、数量应在厂内按复合保温砌块墙体节能设计的要求进行插填，或充填，不得歪斜或自行脱落，并列为复验检查项目。

（4）混凝土复合保温填充砌块宜包装出厂，并可采用托板装运。雨、雪天运输混凝土复合保温砌块应有防雨雪措施。

（5）水泥进场后应检查产品合格证、出厂检验报告，并在使用前分批对其强度、安定性进行复验。抽检时，应以同一生产厂家、同一编号、同一品种、同一强度等级且持续进场的水泥为一批，其中袋装水泥一批的检验量不应超过200t，散装水泥则应以500t为一批，每批抽样不得少于一次。安定性不合格的水泥严禁使用。不同品种的水泥，不得混合使用。

（6）砌筑砂浆宜采用过筛的洁净中砂，应符合现行国家标准《建筑用砂》（GB/T 14684）的规定；构造柱、芯柱及灌孔混凝土用砂应符合现行行业标准《普通混凝土用砂、石质量及检验方法标准》（JGJ 52）的规定。采用人工砂、山砂及特细砂时应符合相应的技术标准。

（7）芯柱与灌孔混凝土中的粗集料粒径宜为5~15mm，构造柱混凝土中的粗集料粒径宜10~30mm，并均应符合现行行业标准《普通混凝土用砂、石质量及检验方法标准》（JGJ 52）的有关规定。

（8）拌制水泥混合砂浆用的石灰膏、粉煤灰等无机掺合料应符合下列要求：

配置石灰膏的生石灰、磨细生石灰粉的品质指标应符合现行行业标准《建筑生石灰》（JC/T 479）与《建筑生石灰粉》（JC/T 480）的有关规定。石灰膏用生石灰熟化时，应采用孔格不大于3mm×3mm的网过滤。熟化时间不得少于7d，磨细生石灰粉的熟化时间不得小于2d。石灰膏用量应按稠度120±5mm计量。石灰膏不同稠度的换算系数，可按表9-1确定。沉淀池中的石灰膏应防止干燥、冻结和污染。严禁使用脱水硬化的石灰膏。

表 9-1　石灰膏不同稠度的换算系数

稠度（mm）	120	110	100	90	80	70	60	50	40	30
换算系数	1.00	0.99	0.97	0.95	0.93	0.92	0.90	0.88	0.87	0.86

消石灰粉不得直接用于砌筑砂浆中。粉煤灰的性能指标应符合现行行业标准《混凝土小型空心砌块和混凝土砖砌筑砂浆》（JC 860）和《抹灰砂浆技术规程》（JGJ/T 220）的有关规定。

（9）掺入砌筑砂浆中的有机塑化剂或早强、缓凝、防冻等外加剂，应经检验和试配，符合要求后方可计量使用。有机塑化剂产品，应具有法定检测机构出具的砌体强度型式检验报告。

（10）砌筑砂浆和混凝土的拌合用水应符合现行行业标准《混凝土用水标准》（JGJ 63）的规定。

（11）钢筋进场应有产品合格证书，并按规定取样复验，合格后方可使用。

2. 混凝土复合保温填充砌块建筑施工对砂浆有何要求？

（1）混凝土复合保温填充砌块砌体的砌筑砂浆配合比及其技术要求应符合现行行业标准《砌筑砂浆配合比设计规程》（JGJ/T 98）和《混凝土小型空心砌块和混凝土砖砌筑砂浆》JC 860 的规定，并应按质量比计量配制。

（2）砌筑砂浆应具有良好的保水性，其保水率不得小于88%。轻集料混凝土复合保温砌块的砌筑砂浆稠度宜为60～90mm。

（3）小型混凝土复合保温填充砌块砌块基础砌体必须采用水泥砂浆砌筑，地下室内部及室内地坪以上的小砌块墙体应采用水泥混合砂浆砌筑。施工中用水泥砂浆代替水泥混合砂浆，应按现行国家标准《砌体结构设计规范》（GB 50003）的规定执行。

（4）混凝土复合保温填充砌块墙体采用具有保温功能的砌筑砂浆时，其砂浆强度等级应符合设计要求。

（5）砌筑砂浆应采用机械搅拌，拌合时间自投料完算起，不得少于2min。当掺有外加剂时，不得少于3min；当掺有机塑化剂时，宜为3～5min。

（6）砌筑砂浆应随伴随用，并应在3h内使用完毕；当施工期间最高气温超过30℃时，应在2h内使用完毕。砂浆出现泌水现象时，应在砌筑前再次拌合。

（7）预拌砂浆的性能、运输、储存、使用及检验等应符合现行国家行业标准《预拌砂浆》（JG/T 230）的规定。

（8）砌筑砂浆试块取样应取自搅拌机或运输预拌砂浆车辆的出料口。同盘或同车砂浆应制作一组试块。

（9）砌筑砂浆强度等级的评定应以标准养护、龄期为28d的试块抗压试验结果为准，并应按国家现行标准《建筑砂浆基本性能试验方法》（JGJ/T 70）的规定执行。

（10）同一验收批的砌筑砂浆试块抗压强度平均值应大于或等于设计强度等级所对应的立方体抗压强度值的1.1倍；其中抗压强度最小一组的平均值应大于或等于设计强度等

级所对应的立方体抗压强度的85%。砌筑砂浆的验收批指同类型、强度等级的砂浆试块应不少于3组，每组3块；当同一验收批只有1组或2组试块时，每组试块抗压强度的平均值应大于或等于设计强度等级所对应的立方体抗压强度值的1.1倍；建筑结构的安全等级为一级或设计使用年限为50年及以上的房屋，同一验收批砂浆试块的数量不得少于3组（注：制作试块的砂浆稠度应与工程使用一致）。

（11）每一检验批且不超过一个楼层或250m³，混凝土复合保温填充砌块砌体所用的砌筑砂浆，每台搅拌机应至少抽检一次。当配合比变更时，应制作相应试块。

（12）当施工中或验收时出现下列情况时，宜采用非破损和微破损检验方法对砌筑砂浆和砌体强度进行原位检测，判定砌筑砂浆的强度：

①砌筑砂浆试块缺乏代表性或试块数量不足。

②对砌筑砂浆试块的试验结果有怀疑或争议。

③砌筑砂浆试块的试验结果不能满足设计要求时，需另行确认砌筑砂浆或砌体的实际强度。

④对工程质量事故有疑义。

3. 混凝土复合保温填充砌块建筑施工需要做好哪些准备？

（1）混凝土复合保温填充砌块墙体施工前必须按房屋设计图编绘复合保温砌块平、立面排块图。排块时应根据复合保温填充砌块规格、灰缝厚度和宽度、门窗洞口尺寸、过梁与圈梁或连系梁的高度、芯柱或构造柱位置、预留洞大小、管线、开关、插座敷设部位等进行对孔、错缝搭接排列，并以主规格复合保温填充砌块为主，辅以相应的辅助块。

（2）各种型号、规格的复合保温填充砌块备料量应依据设计图和排块图进行计算，并按施工进度计划分期、分批进入现场。

（3）堆放混凝土复合保温填充砌块的场地应预先夯实平整，应有防潮和防雨雪等排水设施。不同规格型号、强度等级的小砌块应分别覆盖堆放；堆置高度不宜超过1.6m，且不得着地堆放；堆垛上应有标志，垛间应留适当宽度的通道。装卸时，不得采用翻斗卸车和随意抛掷。

（4）砌入墙体内的各种建筑构配件、钢筋网片与拉接筋应事先预制及加工；各种金属拉接件、支架等预埋铁件应做防锈处理，并按不同型号、规格分别存放。

（5）备料时，不得使用有竖向裂缝、断裂、受潮、龄期不足28d的混凝土复合保温填充砌块及插填聚苯板或其他绝热保温材料的厚度、位置、数量不符合墙体节能设计要求的复合保温填充砌块进行砌筑。

（6）带装饰面层的复合保温填充砌块表面的污物和用于芯柱及所有灌孔部位的复合保温砌块，其底部孔洞周围的混凝土毛边应在砌筑前清理干净。

（7）砌筑混凝土复合保温填充砌块底层墙体前，应采用经检定的钢尺校核房屋放线尺寸，允许偏差值应符合表9-2的规定。

表9-2　房屋放线尺寸允许偏差

长度 L，宽度 B（m）	允许偏差（mm）
L（B）≤30	±5
30 < L（B）≤60	±10
60 < L（B）≤90	±15
L（B）>90	±20

（8）砌筑底层墙体前必须对基础工程按有关规定进行检查和验收。当芯柱竖向钢筋的基础插筋作为房屋避雷设施组成部分时，应用检定合格的专用电工仪表进行检测，符合要求后方可进行墙体施工。

（9）配筋混凝土复合保温填充砌块砌体剪力墙施工前，应按设计要求在施工现场建造与工程实体完全相同的具有代表性的模拟墙，剖解后模拟墙质量应符合设计要求，方可正式施工。

（10）编制施工组织设计时，应根据设计按表9-3要求确定小砌块砌体施工质量控制等级。

表9-3　小砌块砌体工程施工质量控制等级

项　目	施工质量等级		
	A	B	C
现场质量管理	监督检查制度健全，并严格执行；施工方有在岗专业技术管理人员，人员齐全，并持证上岗	监督检查制度基本健全，并能执行；施工方有在岗专业技术管理人员，并持证上岗	有监督检查制度，施工方有在岗专业技术管理人员
砌筑砂浆、混凝土强度	试块按规定制作，强度满足验收规定，离散性小	试块按规定制作，强度满足验收规定，离散性较小	试块按规定制作，强度满足验收规定，离散性大
砌筑砂浆拌合方式	机械拌合：配合比计量控制严格	机械拌合：配合比计量控制一般	机械或人工拌合：配合比计量控制较差
建筑工人	中级工以上，其中高级工不少于30%	高、中级工不少于70%	初级工以上

注：1. 砌筑砂浆与混凝土强度的离散性大小，应按强度标准差确定；
　　2. 配筋砌块砌体的施工质量控制等级不允许采用C级；对配筋小砌块砌体高层建筑宜采用A级。

4. 混凝土复合保温填充砌块建筑施工的基本要求是什么？

（1）混凝土复合保温填充墙体砌筑应从房屋外墙转角定位处开始。砌筑皮数、灰缝厚度、标高应与皮数杆标志一致。皮数杆应竖立在墙的转角处和交界处，间距宜小于15m。

（2）砌筑厚度大于240mm的混凝土复合保温填充砌块墙体时，宜在墙体内外侧同时挂两根水平准线。

（3）正常施工条件下，混凝土复合保温填充砌块墙体（柱）每日砌筑高度宜控制在1.4m或一步脚手架高度内。

（4）混凝土复合保温填充砌块砌筑前与砌筑中均不得浇水。尤其是在插填聚苯板或其他绝热保温材料的混凝土复合保温填充砌块时。当施工期间气候异常炎热干燥时，对无聚苯板或其他绝热保温材料的轻集料砌块可在砌筑前稍喷水湿润，但表面明显潮湿的混凝土复合保温填充砌块不得上墙。

（5）砌筑单排孔小砌块、多排孔封底小砌块、插填聚苯板或其他绝热保温材料的混凝土复合保温砌块时，均应底面朝上反砌于墙上。

（6）混凝土复合保温填充砌块墙体内不得混砌黏土砖或其他墙体材料。镶砌时，应采用实心小砌块（90mm×190mm×53mm）或与混凝土复合保温砌块材料强度同等级的预制混凝土块。

（7）混凝土复合保温填充砌块砌筑形式应每皮顺砌。当墙柱（独立柱、壁柱）内设置芯柱时，如门窗洞口时，要使用洞口主块和洞口半块，洞口主块与洞口半块必须对孔、错缝、搭砌，上下两皮砌块搭砌长度应为190mm；当墙体设构造柱或使用多排孔小砌块及插填聚苯板或其他绝热保温材料的混凝土复合保温填充砌块砌筑墙体时应错缝搭砌，搭砌长度不应小于90mm。否则，应在此部位的水平灰缝中设ϕ4 钢筋点焊钢筋网片。网片两端与竖缝的距离不得小于400mm。墙体竖向通缝不得超过两皮小砌块，柱（独立柱、壁柱）宜为 3 皮。

（8）190mm 厚度的非承重复合保温砌块墙体与承重墙同时砌筑。小于190mm 厚的非承重小砌块墙宜后砌，且应按设计要求从承重墙预留出不少于600mm 长的2 ϕ6@400 拉接筋或ϕ4@400 电焊钢筋网片；当须同时砌筑时，小于190mm 厚的非承重墙不得于设有芯柱的承重墙相互搭砌，但可与无芯柱的承重墙搭砌。两种砌筑方式均应在两墙交接处的水平灰缝中预埋置2 ϕ6@400 拉结筋或ϕ4mm 电焊钢筋网片。

（9）混合结构中的各楼层内隔墙砌至离上层楼板的梁、板底尚有100mm 间距时暂停砌筑，且顶皮应采用封底小砌块反砌或用 Cb20 混凝土填实孔洞的小砌块正砌砌筑。当暂停时间超过 7d 时，可用实心小砌块斜砌楔紧且小砌块灰缝及与梁、板间的空隙应用砂浆填实；房屋顶层内隔墙的墙顶应离该处屋面板板底15mm，缝内宜用弹性腻子或1：3 石灰砂浆嵌塞。

（10）砌筑混凝土复合保温填充砌块的砂浆应随铺随砌，水平灰缝应满铺下皮小砌块全部壁肋或单排、多排孔小砌块的封底面；竖向灰缝宜将小砌块一个端面朝上铺满砂浆，上墙挤紧，并加浆插捣密实。灰缝横平竖直。

（11）砌筑时，墙（柱）面应用原浆做勾缝处理。缺灰处应补浆压实，并宜做成凹缝，凹进墙面2mm。

（12）砌入墙（柱）内的钢筋网片、拉接筋和拉接件的防腐要求符合设计规定。砌筑时，应将其放置在水平灰缝的砂浆层中，不得有露筋现象。钢筋网片应采用点焊工艺制作，且纵横筋相交处不得重叠点焊，应控制在同一平面内。2 根ϕ4 纵筋应分置于小砌块内、外壁厚的中间位置，ϕ4 横筋间距应为200mm。

（13）现浇圈梁、挑梁、楼板等构件时，支承墙的顶皮砌块正砌，其孔洞应预先用C20 混凝土填实至140mm 高度，尚余50mm 高的洞孔应与现浇构件同事浇灌密实。

（14）圈梁等现浇构件的侧模板高度除应满足梁的高度外，尚应向下延伸紧贴墙体的两侧。延伸部分不宜少于2～3 皮小砌块高度。

（15）固定现浇圈梁、挑梁等构件侧模的水平拉杆、扁铁或螺栓所需的穿墙孔洞宜在砌体灰缝中预留，或采用设有穿墙孔洞的异形小砌块，不得在砌块上打凿安装洞。内墙可利用侧砌的小砌块孔洞进行支模，模板拆除后应用实心小砌块或 C20 混凝土填实孔洞。

（16）预制梁、板直接安放在墙上时，应将墙的顶皮复合填充砌块正砌，并用 C20 混凝土填实孔洞，或用填实的封底复合保温填充砌块反砌，也可丁砌三皮实心小砌块（90mm×190mm×53mm）。

（17）安装预制梁、板时，支座面应先找平后坐浆，不得两者合一，不得干铺，并按设计要求与墙体支座处的现浇圈梁进行可靠的锚固。预制楼板安装也可采用硬架支模法施工。

（18）钢筋混凝土窗台梁、板的两端伸入墙内部位应预留孔洞。洞口的大小、位置应与此部位的上下皮复合保温填充砌块孔洞完全一致，窗洞两侧的芯柱孔洞应竖向贯通。

（19）墙体施工段的分段位置宜设在伸缩缝、沉降缝、防震缝、构造柱或门窗洞口处。相邻施工段的砌筑高差不得超过一个楼层高度，也不应大于 4m。

（20）墙体的伸缩缝、沉降缝和防震缝内，不得夹有砂浆、碎砌块和其他杂物。

（21）基础或每一楼层砌筑完成后，应校核墙体的轴线位置和标高。对允许范围内的偏差，应在基础顶面或本层楼面上校正。标高偏差宜逐皮调整上部墙体的水平灰缝厚度。

（22）在砌体中设置临时性施工洞口时，洞口净宽度不应超过 1m。洞边离交接处的墙面距离不得小于 600mm，并应在洞口两侧每隔 2 皮保温砌块高度设置长度为 600mm 的 Φ4 点焊钢筋网片及经计算的钢筋混凝土门过梁。

（23）尚未施工楼板或屋面以及未灌孔的墙和柱，其抗风允许自由高度不得超过表 9-4 的规定。当允许自由高度超过时，应加设临时支撑或及时浇注灌孔混凝土、现浇圈梁或连梁。

表 9-4　混凝土复合保温填充砌块墙和柱的允许自由高度

墙（柱）厚度（mm）	墙和柱的允许自由高度（m）		
	风载（kN/m^3）		
	0.3（相当于 7 级风）	0.4（相当于 8 级风）	0.6（相当于 9 级风）
190	1.4	1.0	0.6
240	2.2	1.6	1.0
390	4.2	3.2	2.0
490	7.0	5.2	3.4
590	10.0	8.6	5.6

注：1. 本表适用于施工处相对标高 H 在 10m 范围的情况。如 10m < H ≤ 15m，15m < H ≤ 20m 时，表中的允许自由高度应分别乘以 0.9、0.8 的系数；如 H > 20m 时，应通过抗倾覆验算确定其允许自由高度；
　　2. 当所砌筑的墙有横墙或其他结构与其连接，而且间距小于表中相应墙、柱的允许自由高的 2 倍时，砌筑高度可不受本表限制。

（24）砌筑混凝土复合保温填充砌块墙体应采用双排外脚手架、里脚手架或工具式脚手架，不得在砌筑的墙体上设脚手孔洞。

（25）在楼面、屋面上堆放小砌块或其他物料时，不得超过楼板的允许荷载值。当施工楼层进料处的施工荷载较大时，应在楼板下增设临时支撑。

5. 混凝土复合保温填充砌块建筑施工的具体要求是什么？

（1）在混凝土填充砌块的孔洞中需填充散粒状的隔热或隔声材料时，应砌一皮填满一皮，不得捣实。充填材料的性能指标应符合设计要求，且洁净、干燥。

（2）孔洞内插填聚苯板或其他绝热保温材料的复合保温填充砌块的砌筑要求、铺灰的方法、搭砌长度等应符合相关规范条文的规定。砌筑时，应采用强度等级符合设计要求并具有保温功能的砌筑砂浆。

（3）砌筑混凝土复合填充砌块墙体时，上下左右的复合保温填充砌块内复合绝热保温层对接不得留有缝隙。当复合绝热保温层具有阻断、隔绝墙体任何部位的热桥功能时，按常用砌筑砂浆错位砌筑；当复合绝热保温层（板）的长度和高度均未超出混凝土砌块块体时，应用符合设计强度等级的保温砌筑砂浆砌筑，或在保温层的上面铺一层厚10mm并与保温层等宽的聚苯板，混凝土内叶块体和混凝土外叶块体由普通的砌筑砂浆砌筑。

（4）当使用一次成型无机复合防火保温填充砌块砌筑的墙体时，外叶保温层的长度与高度，均与内叶混凝土块体相同，为了阻断冷桥，在砌筑该种复合防火保温填充砌块墙体时，必须使用两种砂浆，一种是用与砌块外叶保温层相同材料的保温砂浆砌筑，内叶混凝土块体则使用普通的水泥砂浆砌筑。这两种砂浆必须是100%的灰缝饱满度。

（5）当使用填充型复合保温填充砌块砌筑墙体时，由于填充的绝热材料与混凝土块体的高度相等，为了提高墙体的保温隔热功能，最好使用满足墙体强度要求的保温砂浆砌筑，也可以使用两种砂浆同时砌筑，两种砂浆的铺灰宽度各为墙体宽度的1/2，保温砂浆铺设在外围护墙体的外侧，水泥砂浆铺设在外围护墙体的内侧。绝对不可以使用水泥砂浆砌筑，会产生灰缝冷桥，对节能不利。

（6）在混凝土复合保温填充砌块与框架柱的拐角处，复合保温贴面砌块需要外墙外保温系统规定的粘结砂浆，采用满粘的方法，厚度大约5mm。

6. 混凝土复合保温填充砌块墙体芯柱施工的要求是什么？

（1）每根芯柱的柱脚部位应采用带清扫口的过梁块型的复合保温填充砌块砌筑。

（2）砌筑中应及时清除芯柱孔洞内壁及孔道内掉落的砂浆等杂物。

（3）芯柱的纵向钢筋应采用带肋钢筋，并从每层墙（柱）顶向下穿入砌块孔洞，通过清扫口与从圈梁（基础圈梁、楼层圈梁）或连系梁伸出的竖向插筋绑扎搭接。搭接长度应符合设计要求。

（4）用模板封闭清扫口时，应有防止混凝土砂浆外泄的措施。

（5）灌注芯柱的混凝土前，应先浇50mm厚与灌注混凝土成分相同不含粗集料的混凝土砂浆。

（6）芯柱的混凝土应待墙体砌筑砂浆强度等级达到1MPa级以上时，方可浇灌。

（7）芯柱的混凝土坍落度不应小于90mm；当采用泵送时，坍落度不宜小于160mm。

（8）芯柱的混凝土应按连续浇灌、分层捣实的原则进行操作，直到浇至离该芯柱最上一皮混凝土砌块顶面50mm止，不得留施工缝。振捣时，宜选用微型行星式高频振动棒。

（9）芯柱沿房屋高度方向应贯通。当采用预制钢筋混凝土楼板时其芯柱位置处的每层楼面应预留缺口或设置现浇钢筋混凝土板带。

（10）芯柱的混凝土试件制作、养护和抗压强度取值应符合现行国家标准《混凝土结构工程施工质量验收规范》（GB 50204）的规定。混凝土现场实测检验宜采用锤击法敲击芯柱表面。必要时，可采用钻芯法或超声法检测。

7. 混凝土复合保温填充砌块墙体构造柱施工的要求是什么？

（1）设置钢筋混凝土构造柱的混凝土复合保温填充砌块墙体，应按绑扎钢筋、砌筑墙体、支设模板、浇灌混凝土的施工顺序进行。

（2）混凝土复合保温填充砌块墙体与构造柱连接处应砌成马牙槎，从每层柱脚开始，先退后进。槎口尺寸为长 100mm、高 200mm。墙、柱间的水平灰缝内应按设计要求埋置 Φ4 点焊钢筋网片。

（3）构造柱两侧模板应紧贴墙面，不得漏浆。柱模底部应预留 100mm × 200mm 清扫口。

（4）构造柱纵向钢筋的混凝土保护层厚度宜为 20mm，且不应小于 15mm。混凝土坍落度宜为 50 ~ 70mm。

（5）构造柱混凝土浇灌前，应清除砂浆等杂物并浇水湿润模板，然后先注入与混凝土成分相同不含粗集料的水泥砂浆 50mm 厚，再分层浇灌、振捣混凝土，直至完成。凹形槎口的腋部应振捣密实。

（6）在构造柱的外侧使用外墙外保温粘结砂浆，粘贴复合保温贴面砌块，使贴面砌块与混凝土复合保温填充砌块的外表面同在一个平面内。

8. 混凝土复合保温填充砌块墙体施工有何规定？

（1）混凝土复合保温填充砌块填充墙体的砌筑除应满足规程和规范规定的一般施工规定外，尚应符合下列要求：

①混凝土复合保温填充砌块堆放，应充分利用在建框架结构的空间，将混凝土复合保温填充砌块按每层的使用量分散堆放至各层楼面的墙体砌筑位置处。

②混凝土砌块用于未设混凝土反梁或坎台（导墙）的厨房、卫生间及其他需防潮、防湿房间的墙体时，其底部第一皮应用 C20 混凝土填实孔洞的普通小砌块或实心小砌块（90mm × 190mm × 53mm）三皮砌筑。

（2）混凝土复合保温填充砌块墙体与框架或剪力墙间的界面缝连接应按下列要求施工：

①沿框架柱或剪力墙全高每隔 400mm 埋设或用植筋法预留 2Φ6 拉结钢筋，其伸入填充墙内水平灰缝中的长度应按抗震设计要求沿墙全长贯通。

②填充内墙砌筑时，除应每隔 2 皮小砌块在水平灰缝中埋置长度不得小于 1000mm 或至门窗洞口边并与框架柱（剪力墙）拉结的 2Φ6 钢筋外，尚宜在水平灰缝中按垂直间距 400mm 沿墙全长铺设直径为 Φ4 点焊钢筋网片。网片与拉接筋可不设在同皮水平灰缝内，宜相距一皮小砌块的高度。网片应按相关规定的要求进行制作与预埋，不得翘曲。铺设时，应将网片的纵、横向钢筋分置于小砌块的壁肋上。网片间搭接长度不宜小于 90mm 并

焊接。

③除芯柱部位外，填充墙的底皮和顶皮砌块宜用 C20 轻集料混凝土预先填实后正砌砌筑。

④界面缝采用柔性连接时，填充墙与框架柱或剪力墙相接处应预留 10～20mm 宽的缝隙；填充墙顶与上层楼面的梁底或板底间也应预留 10～20mm 宽的缝隙。缝内中间处宜在填充墙砌完后 28d 用聚乙烯（PE）棒材嵌缝，其直径宜比缝宽大 2～5mm。缝的两侧应充填聚氨酯泡沫填缝剂（PU 发泡剂）或其他柔性嵌缝材料。缝口应在 PU 发泡剂外再用弹性腻子封闭；缝内也可嵌填宽度为墙厚减 60mm，厚度比缝宽大约 1～2mm 的膨胀聚苯板，应挤紧，不得松动。聚苯板的外侧应喷 25mm 厚 PU 发泡剂，并用弹性腻子封至缝口。

⑤界面缝采用刚性连接时，填充墙与框架柱或剪力墙相接处的灰缝必须饱满、密实，并应二次补浆勾缝，凹进墙面宜 5mm；填充墙砌至接近上层楼面的梁、板底时，应留空隙 100mm 高。空隙宜在填充墙砌完后 28d 用实心小砌块（90mm×190mm×53mm）斜砌挤紧，灰缝等空隙处的砂浆应饱满密实。

⑥填充墙与框架柱或剪力墙之间不埋设拉接钢筋，并相离 10～15mm；墙的两端与墙中或 1/3 墙长处以及门窗洞口两侧各设 2～3 孔配筋芯柱或构造柱，其纵筋的上下两端应采用预留钢筋、预埋铁件、化学植筋或膨胀螺栓等连接方式与主体结构固定；墙体内应按相关规定的要求，在砌筑时每隔 2 皮小砌块沿墙长铺设 Φ4 点焊钢筋网片。

⑦墙顶除芯柱或构造柱部位外，宜留 10～15mm 宽的缝隙，并按要求进行界面缝施工。填充外墙尚应在窗台与窗顶位置沿墙长设置现浇钢筋混凝土连系带，并与各芯柱或构造柱拉接。连系带宜用 U 形过梁砌块砌筑，内置的纵向水平钢筋应符合设计要求且不得小于 2Φ12。

（3）混凝土复合保温填充砌块墙体与框架柱、梁或剪力墙相接处的界面缝的正反两面，均应平整地紧贴墙、柱、梁的表面钉设钢丝直径为 0.5～0.9mm、菱形网孔边长 20mm 的热镀锌钢丝网。网宽应为缝两侧各 200mm，且不得使用翘曲、扭曲等不平整的钢丝网。固定钢丝网的射钉、水泥钉、骑马钉（U 形钉）等紧固件应为金属制品并配带热圈或压板压紧。同时，在此部位的抹灰层面层且靠近面层的表面处，宜增设一层与钢丝网外形尺寸相同由聚酯纤维制成的无纺布或薄型涤棉平布。

（4）混凝土复合保温填充砌块填充墙内设置构造柱时，应按相关规定进行施工。

（5）填充墙中的芯柱施工除底部设清扫口外，尚应在 1/2 柱高与柱顶处设置。芯柱纵向钢筋的下料长度应为 1/2 柱高加搭接长度，数量应为两根，并应同时放入中部的清扫口向上提升，在顶部清扫口与上层梁、板底的预留筋或其他方式连接。底部清扫口应在清除孔道内砂浆等杂物后先行封膜；中部清扫口应在芯柱下半部的混凝土浇灌、振捣完成后封闭，并继续浇灌直至顶部清扫口下缘。顶部清扫口内应用 C20 干硬性混凝土或粗砂拌制的 1:2 水泥砂浆填实。

（6）内嵌式填充外墙当采用复合保温填充砌块砌筑时，宜将整个墙体外挑，其挑出宽度不得大于 50mm，且应沿墙底全长用经防腐处理的金属托条支承。托条宜采用一肢宽度为 40～50mm、厚度不小于 5mm 的不等边角钢或高强铝合金件，且与主体结构的梁、柱或墙固定。

（7）填充外墙采用夹芯复合保温小砌块砌筑时，宜采取外贴式外包框架外柱；当采用内嵌式砌筑时，应按规定的要求将整个墙体外挑。

9. 混凝土复合保温填充砌块墙体钢筋施工有何要求？

（1）配置混凝土复合保温填充砌块墙体内的水平系梁钢筋，应置于反砌的过梁砌块槽口内，并应对称位于墙体中心线两侧，水平中心距宜为80mm，用定位拉筋固定；环箍钢筋、S形拉筋应埋置在水平灰缝砂浆层中，不得露筋。

（2）墙、柱的纵向钢筋应按相关的规范要求进行穿孔安装。

（3）有配筋的复合保温填充砌块墙体内的上下楼层的纵向钢筋（竖筋），宜对称位于砌块孔洞中心线两侧并相互搭接；竖筋在每层墙体顶部处应用定位钢筋焊接固定；竖筋表面离砌块孔洞内壁的水平净距不宜小于20mm。

（4）环箍钢筋的两端应焊接闭合，且在同一平面上。

（5）芯柱柱与构造柱的每个砌块孔洞中宜放置1根纵向钢筋，不应超过2根。当孔内设置2根时，2根钢筋的搭接接头不得在同一位置，应上下错开一个搭接长度的距离。

（6）芯柱、构造柱的箍筋与拉筋应埋设在水平灰缝或灌孔混凝土中。箍筋与拉筋置于灌孔混凝土内时，应将其通过砌块壁、肋的部位开出槽口。槽的宽度宜比箍筋或拉筋的直径大2mm，高度宜为50mm；箍筋与拉筋置于水平灰缝时，其直径不得大于10mm。

10. 混凝土复合保温填充砌块墙体灌孔混凝土施工有何要求？

（1）灌孔混凝土浇灌前，应按工程设计图对墙、柱内的钢筋品种、规格、数量、位置、间距、接头要求及预埋件的规格、数量、位置等进行隐蔽工程验收。

（2）墙肢较短的配筋混凝土复合保温填充砌块砌体与构造柱，在浇灌混凝土前应有防止砌体侧向移位的措施。

（3）灌孔混凝土应采用粗集料粒径5~16mm的预拌混凝土。浇灌时，混凝土不得有离析现象。坍落度宜为230~250mm。

（4）灌孔混凝土浇灌应按《混凝土小型空心砌块建筑技术规程》第8.6.4~第8.6.6条及第8.6.8条要求执行，并符合下列规定：①采用混凝土泵浇灌时，混凝土应经浇灌平台再入模（墙、柱），不得直接灌入墙、柱内；②振捣时，应逐孔按顺序捣实。振动棒在小砌块各个孔洞内的插入深度宜一致，不得遗漏或重复振捣；③浇灌时，应防止混凝土流入非承重墙的小砌块孔洞内。

11. 混凝土复合保温填充砌块建筑管线与设备安装施工有何要求？

（1）水、电管线应按复合保温填充砌块排块图的要求进行敷设安装，并应与土建施工进度密切配合。

（2）设计规定或施工所需的孔洞、沟槽和预埋件等，应在砌筑时进行预留或预埋，不得在已砌筑的墙体上打洞和凿槽。设计更改或施工遗漏的少量孔洞、沟槽宜用石材切割机开设。

（3）水、电、煤气管道的进户水平向总管应埋于室外地面下；竖向总管应敷设于管道井内或楼梯间等阴角部位。

（4）照明、电信、有线电视等线路可采用内穿 12 号钢丝的白色增强塑料管。水平管线宜敷设在圈梁（连梁）模板内侧或现浇混凝土楼板（屋面板）中，也可预埋于专供安装水平管的带凹槽的异形砌块内，凹槽深 50mm，宽为 130mm；竖向管线应随墙体砌筑埋设在小砌块孔洞内或在墙内水平钢筋与小砌块孔洞内壁之间。管线出口处采用 U 形小砌块（190mm×190mm×190mm）竖砌或用石材切割机开出槽口，内埋安装开关、插座或接线盒等配件，四周应用水泥砂浆填实且凹进墙面 2mm。

（5）冷、热给水管应明装。当非配筋墙体需暗设时，水平管可敷设在带凹槽的异形砌块内；立管宜安装在 E 形或 6 形特殊砌块的开口孔洞中。给水管道经试水验收合格，应按相关规程的要求进行封闭。

（6）安装在砌块凹槽内与开口孔洞中的管道应用管卡与墙体固定，不得有松动、反弹现象。浇水湿润后用 1:2 水泥砂浆或 C20 干硬性细石混凝土填实凹槽，封闭面宜凹于墙面 2mm。外设 10mm×10mm 直径为 0.5~0.9mm 的钢丝网，网宽应跨过槽、洞口，每边与墙搭接的宽度不得小于 100mm。

（7）污水管、粪便管等排水管不论立管还是水平管均宜明管安装。

（8）挂壁式的卫生设备安装宜用膨胀螺栓与墙体固定。

（9）电表箱、电话箱、水表箱、煤气表箱、有线电视铁盒及信报箱等应按设计要求在砌筑墙体时留设或明装。当安装表箱的洞口宽度大于 400mm 时，洞顶应设外形尺寸符合小砌块模数的钢筋混凝土过梁。

（10）排油烟机和空调机的排气管与排水管应按集中排放的要求，预留出墙洞口的位置。在外墙面同一部位的上下洞口位置应垂直对齐，洞口直径的允许偏差为 15mm，上下洞口位置偏移不得大于 20mm。

12. 混凝土复合保温填充砌块建筑门窗框安装施工有何要求?

（1）木门窗框两侧与非配筋墙体连接处的上、中、下部位，宜砌入单排孔小砌块（190mm×190mm×190mm）。孔洞内应预埋满涂沥青的楔形木块，其端头小的端面应与小砌块洞口齐平，四周用 C20 混凝土填实，或砌入 3 皮一顺一丁的实心小砌块（90mm×190mm×53mm）。木门窗框应用铁钉与木块连接或用射钉、膨胀螺栓与实心小砌块固定。

（2）配筋小砌块墙体及非配筋墙体的门窗洞口两侧的小砌块用 C20 普通混凝土或 CL20 轻集料混凝土填实时，门窗框与墙体间的连接件可采用射钉或膨胀螺栓固定，其施工方法同实心混凝土墙体（剪力墙）的门窗安装。

（3）工业建筑、公共建筑及单层房屋中的大型、重型及组合式的门窗安装，应按设计要求在洞边和洞顶现浇钢筋混凝土门窗框与过梁。夹芯墙上的门窗洞口现浇钢筋混凝土框时，应按相关规程的要求与内、外叶墙连接。

（4）外墙门窗框与墙体间空隙的室外一侧应采用外墙弹性腻子封闭，室内侧及内墙门窗框与墙的间隙处均应用聚氨酯泡沫填缝剂（PU）充填。

（5）外墙为外保温系统时，门窗框与墙体之间预留的缝隙宽度应考虑保温层的厚度。整个保温系统遮盖门窗框的宽度不应大于 20mm。

（6）当混凝土复合保温砌块墙体的门窗洞口的两侧设有芯柱时，可直接将门窗框固定在其上，无需做其他处理。

13. 混凝土复合保温填充砌块建筑雨季、冬期施工有何要求？

（1）雨量为小雨及以上时，应停止砌筑，并对已砌筑的砌体与堆放在室外的填充型混凝土复合保温砌块进行遮盖。继续施工时，应复核墙体的垂直度。

（2）室外日平均气温连续5d稳定低于5℃或气温骤然下降，以及冬期施工期限以外的日最低气温低于0℃时，均应采取冬期施工措施。

（3）冬期施工，砌筑砂浆的稠度应视实际情况适当减小。每日砌筑高度不宜超过1.2m。

（4）混凝土复合保温填充砌块冬期施工应按国家现行标准《砌体结构工程施工质量验收规范》（GB 50203）和《建筑工程冬期施工规程》（JGJ/T 104）的规定执行。

（5）冬期施工所用的材料，应符合下列规定：

①不得使用表面结冰的混凝土复合保温砌块；②砌筑砂浆宜用普通硅酸盐水泥拌制；③石灰膏应防止受冻，若遭冻结，应融化后使用；④砌筑砂浆、构造柱混凝土和灌孔混凝土所用的砂与粗集料不得含有冰块和直径大于10mm的冻结块；⑤拌合砌筑砂浆时，水的温度不得超过80℃，砂的温度不得超过40℃，砂浆稠度宜较常温适当减小；⑥干粉砂浆应按需适量拌制，随拌随用；⑦现场拌制、运输与储存砂浆应有冬期施工措施。

（6）冬期施工应及时用保温材料对新砌砌体进行覆盖，砌筑面不得留有砂浆。继续砌筑前，应清扫砌筑面。

（7）冬期施工时，砌筑砂浆的强度等级应视气温的高低比常温施工至少提高1级。

（8）冬期施工时砌筑砂浆试块的留置除应按常温规定外，尚应增留不少于1组与砌体同条件养护的试块，测试实验28d强度。

（9）砌筑砂浆使用时的温度不应低于5℃.

（10）记录冬期砌筑的施工日记除应按常规要求外，尚应记载室外空气温度、外加剂掺量以及其他有关数据。

（11）构造柱混凝土与灌孔混凝土的冬期施工应按现行行业标准《建筑工程冬期施工规程》（JGJ/T 104）的规定执行。

（12）基土无冻胀性时，基础可在冻结的地基上砌筑；基土有冻胀性时，应在未冻的地基上砌筑。在基槽、基坑回填土前应采取防止地基遭受冻结的措施。

（13）混凝土复合保温填充砌块砌体不得采用冻结法施工。配筋复合保温砌块砌体与埋有未经防腐处理的钢筋及钢筋网片的砌体，不得使用掺氯盐的砌筑砂浆。

（14）采用掺外加剂法时，其掺量应由试验确定，并应符合现行国家标准《混凝土外加剂应用技术规范》（GB 50119）的有关规定。

（15）采用暖棚法施工时，小砌块和砂浆在砌筑时的温度不应低于5℃，同时离所砌的结构底面500mm处的棚内温度也不应低于5℃。

（16）暖棚内的混凝土复合保温填充砌块砌体养护时间，应根据暖棚内的温度按表9-5确定。

表 9-5　暖棚法小砌块砌体的养护时间

暖棚内温度（℃）	5	10	15	20
养护时间不少于（d）	6	5	4	3

14. 后模塑发泡成型聚苯夹芯复合保温填充砌块施工应注意哪些问题？

后模塑发泡聚苯夹芯复合保温砌块的施工应注意问题如下：

（1）施工场地要平整，夯实硬化，并要求留有排水沟。

（2）带木制托盘的保温砌块，堆放整齐，分类堆放，要有醒目的产品标识牌，并用防雨布覆盖，防止保温砌块被雨水淋湿，淋湿的产品绝对不能上墙砌筑。

（3）放线排块，必须根据设计图纸上的门窗、过梁、框架柱的位置及楼层标高、砌块尺寸和灰缝厚度等砌块排块图，并尽量采取主规格砌块。

（4）使用专用砌筑砂浆和抹面砂浆。

（5）砌筑时按图纸要求砌筑，（半）盲孔朝上反砌，对孔压槎砌筑。

（6）灰缝要做到横平竖直，水平灰缝的砂浆饱满度≥90%，竖缝两侧的砌块应两边挂灰，砂浆的饱满度为100%，不许有瞎缝和透明缝。

（7）砌筑时，铺灰长度不得超过800mm（两个主砌块的长度），严禁用水冲浆灌缝，也不得采用以石子、木楔等物塞灰缝的操作方法。

（8）后模塑发泡成型夹芯复合保温砌块墙体的水平灰缝厚度和竖直灰缝宽度应控制在8～12mm；不得将砂浆洒在聚苯保温板上，否则会造成水平灰缝过宽和有的水平灰缝超过了20mm，如此叠加，会导致模数的不一致，框架柱的拉接筋或水平系梁的拉接筋模数位置有误，必须严格控制砌筑质量。

（9）砌筑后模塑夹芯复合保温砌块墙体时，宜采用以原浆压缝，随砌随压，深度≤3mm，并要求平整密实。

（10）抹灰施工条件及做法：外墙面或内墙面为混水墙时，须在墙体砌筑30d后方可抹灰，抹灰应用密实砂浆，抹灰厚度要均匀，一般12mm为佳，宜分两次抹灰。外墙面抹灰宜做分隔线，分块面积≤15m²。抹灰后喷水养护≥3d。在进行内外墙抹灰前，应清理砌块墙体表面的浮灰和杂物，用水泥砂浆填实孔洞和水电管槽或梁、柱、板和砌体之间的缝隙，并在前一天浇水湿润，用水泥砂浆或聚合物水泥浆做界面处理。

（11）勾缝做法：①内墙勾缝：便于装修，内墙原浆勾缝，在砂浆达到"指纹硬化"时，进行勾缝，要压实平整勾成平缝。在墙体的平整度、垂直度很好的情况下，可以不再抹灰；②外墙勾缝：为防止外墙灰缝渗水，外墙可以采用两次勾缝。首先，在砌筑时按原浆勾缝，在砂浆达到指纹硬化时，把灰缝略勾得深一些，留12mm的余量，灰缝要压密实，然后划出毛刺。主体完工后进行第二次勾缝，勾缝前用喷壶把灰缝浇湿，采用灰砂比为1:1水泥防水砂浆（采用细砂，内掺一定比例的防水粉或抗渗剂），勾成圆缝，灰缝要求密实压光，保持光滑平整均匀，凹进4mm左右。

15. 一次成型无机复合保温防火砌块施工应注意哪些问题？

一次成型无机复合防火保温砌块的施工需要注意的问题如下：

（1）平整施工场地、放线、排块。

（2）无机复合防火保温砌块强度等级应符合设计要求，并保证28d养护龄期后再砌筑。

（3）现场堆放时，底部应有托板垫起，严禁无机复合防火保温砌块直接码放在土地上，应分类码放整齐，堆放高度不得超过2m，应有防潮湿、防雨措施。

（4）砌筑砂浆使用两种砂浆，混凝土砌块内叶块体使用混合砂浆，无机防火保温材料层使用相同材料保温性能的保温砂浆。此两种砂浆物理性能均要符合相应标准的技术要求。砂浆应采用机械搅拌，搅拌时间应按照现行的国家规范和标准的规定执行。

（5）框架结构用填充墙体材料，一般应采用粘结强度较高的中保水性的砂浆砌筑，砂浆的厚度减薄，无机复合防火保温砌块的水平灰缝厚度为8～12mm。

（6）一次成型无机复合防火保温砌块在砌筑前不得浇水，墙体内不得砌筑其他材料。严格使用两种砌筑砂浆，不能因为嫌麻烦使用一种砂浆，并且应使用原浆勾缝处理。

（7）框架柱与无机复合防火保温砌块墙体采用软连接，在框架柱的一侧放好EPS保温板，无机复合防火保温砌块的端部顶紧保温板。在浇筑水平系梁时，一定要振捣密实。

（8）各种孔洞、管道、沟槽和预埋件等，应在墙体砌筑时进行预留，不得在已砌好的墙体上打洞开凿。

（9）芯柱和钢筋混凝土水平系梁使用的是同一种混凝土，芯柱、水平系梁混凝土应有较好的流动性和低收缩性，其强度等级不低于C20，技术要求应符合《混凝土小型空心砌块灌孔混凝土》（JC 861）的规定，并经过试验验证符合要求后方可使用。

（10）芯柱的浇筑必须待墙体的砌筑砂浆强度等级大于1MPa时方可浇筑。

（11）芯柱应按层分段、定量浇筑。每次浇筑的高度不应大于1.5m，混凝土注入芯柱后，要用直径小于30mm的振动棒略加振捣，待3～5min左右时间多余的水分被块体吸收后，再进行二次振捣，以保证芯柱灌实。

16. 后发泡成型泡沫混凝土复合保温填充砌块施工应注意哪些问题？

后发泡成型泡沫混凝土夹芯复合防火保温砌块的施工需要注意的问题如下：

（1）平整施工场地、放线、排块。

（2）后发泡成型泡沫混凝土复合防火保温砌块强度等级应符合设计要求，并保证28d养护龄期后再砌筑。

（3）现场堆放时，底部应有托板垫起，严禁将后发泡成型泡沫混凝土夹芯复合防火保温砌块直接码放在土地上，应分类码放整齐，堆放高度不得超过2m，应有防潮湿、防雨措施。

（4）砌筑砂浆使用普通混合砂浆，混凝土砌块内叶块体和外叶块体使用混合砂浆，无机泡沫混凝土绝热层上，置放与其等宽的、高度为10mm的泡沫混凝土保温压条。此种保温压条的密度等级、强度等级等力学和热工性能与复合保温砌块的泡沫混凝土芯材一致，并符合相应标准的技术要求。砂浆应采用机械搅拌，搅拌时间应按照现行的国家规范和标准的规定执行。

（5）框架结构用填充墙体材料，一般应采用粘结强度较高的中保水性的砂浆砌筑，砂浆的厚度减薄，后发泡泡沫混凝土防火保温填充砌块的水平灰缝厚度为8～12mm。

（6）后发泡成型泡沫混凝土夹芯复合防火保温砌块在砌筑前不得浇水，墙体内不得砌筑其他材料。砌筑砂浆的饱满度应在95%以上，要做到水平灰缝和竖直灰缝横平竖直，并且应使用原浆勾缝处理。

（7）框架柱与无机复合防火保温砌块墙体采用软连接，在框架柱的一侧放好EPS保温板，无机复合防火保温砌块的端部顶紧保温板。在浇筑水平系梁时，一定要振捣密实。

（8）各种孔洞、管道、沟槽和预埋件等，应在墙体砌筑时进行预留，不得在已砌好的墙体上打洞开凿。

（9）芯柱和钢筋混凝土水平系梁使用的是同一种混凝土，芯柱、水平系梁混凝土应有较好的流动性和低收缩性，其强度等级不低于C20，技术要求应符合《混凝土小型空心砌块灌孔混凝土》（JC 861）的规定，并经过试验验证符合要求后方可使用。

（10）芯柱的浇筑必须待墙体的砌筑砂浆强度等级大于1MPa时方可浇筑。

（11）芯柱应按层分段、定量浇筑。每次浇筑的高度不应大于1.5m，混凝土注入芯柱后，要用直径小于30mm的振动棒略加振捣，待3～5min左右时间多余的水分被块体吸收后，再进行二次振捣，以保证芯柱灌实。

17. 填充型混凝土复合保温填充砌块墙体施工应遵守哪些事项？

（1）填充型混凝土复合保温填充砌块、结构性热桥保温材料等进场时应有质量证明文件、型式检验报告，并按《自保温混凝土复合砌块墙体应用技术规程》（JGJ/T 323—2014）进行查检和复验，合格后方可采用。

（2）填充型混凝土复合保温填充砌块，在工厂的自然养护龄期或蒸汽养护后的停放时间应不少于28d。

（3）砌入填充型混凝土复合保温填充砌块墙体内的各种建筑构配件、预埋件、钢筋网片、拉接筋等应事先预制及加工；各种金属类拉接件、支架等预埋铁件应做防锈处理，并按不同型号、规格分别存放。

（4）填充型混凝土复合保温填充砌块墙体的施工，应在前道工序验收合格后进行。

（5）墙体施工前应按照房屋设计图编绘复合保温填充砌块平面、立面排块图。应根据混凝土复合保温填充砌块的规格、灰缝厚度和宽度、门窗洞口尺寸、过梁与水平系梁的高度、构造柱位置、预留洞大小、结构性热桥与剪力墙保温构造、管线、开关、插座敷设部位等进行错缝搭接排列，并以主规格砌块为主，辅以相应的配套砌块。

（6）填充型混凝土复合保温填充砌块砌筑前不应浇水。但在施工期间气候异常炎热干燥时，可适当喷水湿润。

（7）填充型混凝土复合保温填充砌块墙体内不应混砌不同材质的墙体材料，镶砌时应采用与复合保温填充砌块同类材质的配套砌块。

（8）对设计规定或施工所需的孔洞、管道、沟槽和预埋件等，应在砌筑时进行预留或预埋，不应在已砌筑的墙体上打洞和凿槽。水电管线的敷设安装应按填充型混凝土复合保温填充砌块排块图的要求与土建施工进行密切配合，不应事后凿槽打洞。

（9）结构性热桥部位保温材料的施工应符合以下规定：

①粘贴式保温系统施工应符合下列规定：

a. 施工前宜根据热桥部位尺寸进行排板设计。

b. 保温板粘贴宜采用满粘法。

c. 粘贴顺序应自下而上沿水平方向横向铺贴，上下相邻两行板缝应错缝搭接，阴阳角部位应槎口咬合，现场裁切保温板的切口边缘应平直。

d. 锚栓施工时，锚栓应采用拧入打结式。螺钉应用不锈钢或镀锌的沉头自攻钢钉，膨胀套管外径应为 $7\sim10mm$，用尼龙6或尼龙66制成，不应使用回收的再生材料，且应带大于 $\phi50$ 塑料圆盘压住保温板或带U形金属压盘固定钢丝网。单个锚栓抗拉承载力标准值不应小于 $0.6kN$。

e. 锚栓安装应在保温板粘贴24h后进行。锚栓孔应采用旋转方式钻孔并清孔。孔深应大于锚栓长度至少20mm，锚入结构有效深度不应小于25mm。

②外贴保温砌块施工应符合下列规定：

a. 施工前应根据热桥部位尺寸进行排块设计，并按排块设计划线分格。

b. 施工时应优先选用主规格复合保温填充砌块，辅助规格及局部不规则处可现场锯切。

c. 按设计要求在基层钻孔锚固或射钉固定拉接网片。

d. 从填充型混凝土复合保温砌块墙体凸出部分或挑板往上贴砌，应采用专用砂浆砌贴，竖缝应逐行错缝，砌贴时2m靠尺及托线板检查平整度和垂直度，砌贴应牢固，不应有松动及空鼓。

e. 墙角处的外贴保温砌块交错压槎。

（10）填充型混凝土复合保温填充砌块墙体与钢筋混凝土柱、梁、剪力墙等不同材料的交接处，应采用耐碱玻璃纤维网格布或热镀锌钢丝网增强。

（11）砌筑填充型混凝土复合保温填充砌块墙体应采用双排外脚手架、里脚手架或工具式脚手架，不应在砌筑的墙体上设脚手孔洞。

（12）填充型混凝土复合保温填充砌块墙体抹灰应在墙体工程质量验收、结构性热桥部位保温措施及防止墙体开裂的增强网施工验收合格后进行，宜在保温砌块墙体砌筑14d后进行抹灰。

（13）抹灰前应将填充型复合保温填充砌块墙面的灰缝、孔洞、凿槽填补密实、整平，清除浮灰。墙面不宜洒水。当天气炎热干燥时，可在施工前 $1\sim2h$ 适量喷水。

（14）房屋顶层墙体内外抹灰粉刷宜待屋面保温层施工完成后进行。

（15）填充型混凝土复合保温填充砌块墙体外墙抹灰层应设置分格缝，水平分格缝宜与窗口上沿或窗口下沿平齐、垂直分格缝间距不宜大于6m，且宜与门窗两边线对齐。分格缝宽度宜为 $8\sim15mm$，并采用高弹塑性、高粘结力、耐老化的密封材料嵌缝。

（16）饰面工程应在抹灰基层、细部处理、门窗框安装及其他相关安装工程完毕并验收合格后进行。

（17）采用饰面砖作外墙饰面时，填充型混凝土复合保温填充砌块墙体与不同材料的交接处应采用双层耐碱玻璃纤维网格布或热镀锌电焊钢丝网作为增强网，并用锚栓固定。

（18）外墙饰面砖粘贴应设置分格缝，外墙饰面砖分格缝应与抹灰层设置的分格缝一致，并采用高弹塑性、高粘结力、耐老化的密封材料嵌缝。

18. Z 形混凝土复合保温填充砌块墙体施工应注意哪些事项？

哈尔滨天硕建材工业有限公司认为，要满足墙体工程基本技术目标，则必须以明晰的系统工程理念系统地研发自保温墙体技术，而不仅仅是生产砌块产品。通俗地说砌块不等于砌体，砌块是单一的产品技术，砌体是砌块和多种配套产品共同形成的工程技术；而且砌体不等于墙体，砌体只是墙体的一部分，墙体包括了混凝土梁柱等结构体和砌体形成的整体。因此保证墙体整体质量的自保温一体化技术，必须系统、完整地研究自保温砌块技术、配套的砌筑砂浆、抹面砂浆和混凝土梁柱部位保温材料技术，也就是基础产品技术。同时必须系统研究这些产品应用时的施工技术、细部节点构造技术以及整体工程质量保障技术，也就是应用工程技术。即基础产品技术系统和施工应用工程技术系统共同形成自保温一体化墙体完整技术系统。Z 形混凝土复合保温填充砌块墙体的施工应注意事项如下：

（1）Z 形混凝土复合保温填充砌块、结构性热桥保温材料、砌筑砂浆等进场时应有质量证明文件、型式检验报告，并按相关标准、规范或规程进行查检和复验，合格后方可采用。

（2）Z 形混凝土复合保温填充砌块在工厂的自然养护龄期或蒸汽养护后的停放时间应不少于 28d。

（3）砌入填充型混凝土复合保温填充砌块墙体内的各种建筑构配件、预埋件、钢筋网片、拉接筋等应事先预制及加工；各种金属类拉接件、支架等预埋铁件应做防锈处理，并按不同型号、规格分别存放。

（4）墙体施工前应按照房屋设计图编绘复合保温填充砌块平面、立面排块图；

（5）填充型混凝土复合保温填充砌块砌筑前不应浇水。但在施工期间气候异常炎热干燥时，可适当喷水湿润。

（6）Z 形混凝土复合保温填充砌块墙体内不应混砌不同材质的墙体材料，镶砌时应采用与复合保温填充砌块同类材质的配套砌块。

（7）对设计规定或施工所需的孔洞、管道、沟槽和预埋件等，应在砌筑时进行预留或预埋，不应在已砌筑的墙体上打洞和凿槽。水电管线的敷设安装应按填充型混凝土复合保温填充砌块排块图的要求与土建施工进行密切配合，不应事后凿槽打洞；

（8）砌筑砂浆不能漏进 8～12mm 的静止空气层内，更不能填实静止空气层，否则就达不到规定的建筑节能指标。

（9）Z 形混凝土砌块上面的凹槽内必须放置等宽等厚度的绝热材料，更不能漏放，或者根本不放绝热材料，这关系到水平灰缝的热桥阻断问题，必须注意。

（10）砌筑砂浆的抗压强度：平均 13.8MPa；粘结强度：0.27MPa；抗冻性（50 冻融循环）：质量损失 1.2%，强度损失 10%。

（11）抹面砂浆的抗压强度：平均 7.9MPa；导热系数：0.37W/（m·k）；粘结强度：0.19MPa；抗冻性（冻融 50 循环）：质量损失 0.9% 强度损失 13.1%。

（12）砌缝抗裂措施：抗裂砌筑砂浆强度和柔性，端面凸台和水平断热桥保温板分别控制铺浆厚度和均匀性、砌块性能稳定及上下两皮错位砌筑，如图 9-1 所示。

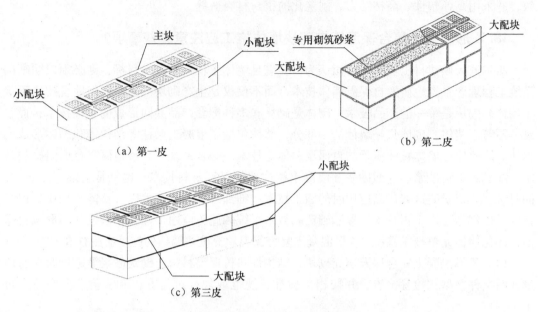

图9-1 哈尔滨天硕公司Z形混凝土复合保温填充砌块墙体排块及砌筑工法

（13）内外立面抗裂措施：抗裂抹面砂浆柔性和抗渗性、强度性能。无机保温板稳定性能与粘接砂浆及嵌缝工艺综合控制。立面为抗裂砂浆或无机保温板同一材质性能相容性。

（14）抗渗、抗冻措施：砌筑和抹面均用抗裂砂浆。无机保温板综合性能形成良好防裂防渗构造。无机保温板改变砌块热应力状态，改善砌块自身变化产生裂、渗，形成抗裂→防渗→防止冻融破坏机能。提高施工过程对工程质量控制的技术途径：以傻瓜相机理念精心设计产品构造，全面提高简便应用条件下产品自身对施工工艺等系统性形成对工程整体质量的有效保障。

（15）砌缝砂浆厚度及均匀性：垂直砌缝：凸台控制最小厚度及饱满度、均匀性。水平砌缝：无漏料且30mm×15mm保温板条控制最小厚度、饱满度及均匀性。

（16）内外立面平整度：上下皮第一块立面平齐：侧凸台自控本皮平齐和立面平整度。水平砌缝厚度均匀控制垂直立面不倾斜。

19. TS轻集料混凝土复合自保温填充砌块墙体施工应注意的问题是什么？

TS轻集料混凝土复合自保温填充砌块建筑构造体系，是大庆市天晟建筑材料厂研发的一种新型节能与保温一体化的建筑构造体系，是由墙体保温砌块的TS系列块型、框架梁和框架柱保温用TS外砌自保温砌块系列块型、建筑外墙砌体用的TS砌筑保温砂浆、TS外墙外抹灰保温砂浆和TS外墙内抹灰保温砂浆、施工方法及节点等构成。除了按一般的砌块砌筑外，在墙体施工时，还应注意如下问题：

（1）TS轻集料混凝土复合自保温填充砌块及梁柱用的TS外砌自保温砌块，必须包装进入施工现场，施工现场要对产品出厂检验报告进行查验，尤其是：生产养护龄期、抗压强度、堆积密度、吸水率和相对含水率等指标。

（2）施工现场对进场的保温砌块要有防雨措施，不能直接码在地面上，防止雨水浇湿砌块和其中的绝热材料，保证墙体施工质量和保温性能。

（3）由于该建筑构造体系是在框架梁和框架柱的保温采用外包贴砌施工工艺，需要的 TS 自保温砌块块型相对就要多一些，因此，在施工前必须做好各个外墙部位的排块图，并要对施工技术人员、监理技术人员和施工工人进行培训。

（4）由于该体系要求使用三种 TS 保温砂浆，即：TS 外墙砌筑保温砂浆，TS 外墙内抹灰砂浆和 TS 外墙外抹灰砂浆，不应弄混，因为该三种砂浆的物理力学性能和热工性能有差异，必须用心施工。

（5）在施工时一定保证砌筑保温砂浆灰缝厚度和砂浆的饱满度。同时还必须注意在 TS 自保温砌块墙体砌筑完成后 28d 开始进行内外墙抹灰，一次抹灰不应超过 15mm，应分层抹灰，保证抹灰质量。

（6）从 TS 自保温砌块墙体凸出部分或挑板上砌贴，应采用专用砂浆砌贴，竖缝应逐行错缝，砌贴时用 2m 靠尺及托线板检查平整度和垂直度，砌贴应牢固，不应有松动和空鼓。

（7）挑檐处的抹灰处理更尤为注意，采用高强度耐碱玻璃纤维网格布增加强度，应分层抹外墙外抹灰砂浆，其厚度为 20mm。

（8）墙角处的外砌 TS 自保温砌块应交错互锁。

第十章 混凝土装饰保温贴面砌块块型与性能

1. 混凝土装饰保温贴面砌块的定义、分类及立体结构图是什么？

贴面型混凝土复合保温砌块是指：沿墙体厚度方向的任意剖面，由受力块体或护壁材料（如混凝土）与绝热材料的双层复合结构，组合为一体的复合保温砌块。

混凝土装饰保温贴面砌块是指：沿墙体厚度方向的任意剖面，由受力块体或护壁材料（如混凝土）和装饰面层与绝热材料的三层复合结构，组合为一体的复合保温砌块。

装饰保温贴面砌块按绝热材料可以分为：有机绝热材料装饰保温贴面砌块和无机绝热材料装饰保温贴面砌块两类，如聚苯板装饰保温贴面砌块和泡沫混凝土装饰保温贴面砌块；装饰保温贴面砌块按装饰面层可以分为：彩色混凝土面层装饰保温贴面砌块、彩色涂料面层装饰保温贴面砌块和真石漆面层装饰保温贴面砌块三类。

该种混凝土装饰保温贴面砌块是由特殊加工的绝热材料如聚苯保温板、混凝土保护层和装饰面层复合为一个整体，其中混凝土保护层和装饰面层的尺寸为 390mm×50mm×190mm，绝热材料的尺寸为 400mm×Dmm×200mm（D 为绝热材料层的宽度，不同地区的建筑节能标准不同，绝热材料层的厚度也不相同。），保温绝热材料的一个大面上有两个以上的竖直燕尾槽，并且在该大面规定的 1/2 处，设有一个水平燕尾槽，以增大两者之间的剪切力；在绝热材料的另一个大面上加工有井字形的沟槽，以增大绝热材料层与建筑物外墙体的粘结力。根据《建筑设计防火规范》（GB 50016—2014）的要求，装饰保温贴面砌块的混凝土保护层和装饰层的厚度为 50mm 以上，以满足建筑防火规范的要求（该种贴面砌块的专利号为：201020571840.0），如图 10-1、图 10-2 所示。

按混凝土装饰保温贴面砌块的尺寸和在建筑中使用的部位不同分为：主块、半块、长阴角主块、长阴角半块、阴角主块、阴角半块、阳角块、洞口块、模数补块和挑檐保温装饰块十种类型。

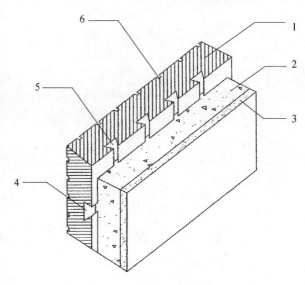

图 10-1 混凝土装饰保温贴面砌块

1—聚苯保温板；2—混凝土保护层；3—装饰面层；

4—水平燕尾槽；5—竖直燕尾槽；6—井字形沟槽

图 10-2 混凝土装饰保温贴面砌块

2. 混凝土装饰保温砌块的用途及特点是什么？

（1）混凝土装饰保温贴面砌块是由特殊加工的绝热材料如聚苯保温板、混凝土保护层和装饰面层复合为一个整体。其主要用途如下：

①高层钢筋混凝土剪力墙建筑的外墙（外）夹芯保温，由于该种混凝土装饰保温贴面砌块的构造特点，有别于传统意义上的外墙外保温系统，也不同于夹芯墙体保温建筑构造，而是一种特殊的双叶墙体保温构造。

②用于混凝土复合保温填充砌块的框架梁和框架柱的外保温，与混凝土复合保温填充砌块的外表面平齐，同为一种材料，其膨胀系数相同，可减少框架梁柱处出现通长的水平裂缝或竖直裂缝。

③用于多层砖混结构建筑的外保温，不论是哪种墙体材料，均可与之结合成一种特殊的双叶墙体构造。

④用于建筑物的屋面保温。

⑤用于建筑物的地面保温。

（2）混凝土装饰保温贴面砌块具有五大特点：

①防火性能好，保温板的燃烧性能宜为 A 级，且不应低于 B1 级。

②耐冲击强度高。

③节能与结构一体。

④保温材料与建筑物同寿命。

⑤保温、装饰与建筑主体一体化。

3. 混凝土装饰保温贴面砌块的块型有哪些？

按混凝土装饰保温贴面砌块的尺寸和在建筑中使用的部位不同，分为主块、半块、长阴角主块、长阴角半块、阴角主块、阴角半块、阳角块、洞口块、模数补块和挑檐保温装饰块十种类型，这十种贴面砌块构成一种外墙外保温贴面砌块建筑构造体系（专利号：201320696053.2）。除挑檐装饰块外，其余九种块型的规格、尺寸等，如图 10-3 ~ 图 10-12

所示。绝热材料为 XPS 板，厚度为 80mm，混凝土保护层和装饰面层的厚度为 50mm（也可以采用 EPS 保温板，其厚度需要增加，增加多少可根据导热系数进行计算）。

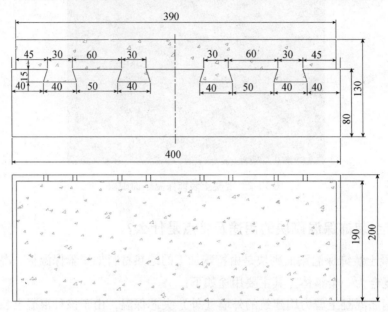

图 10-3　装饰保温贴面砌块主块型

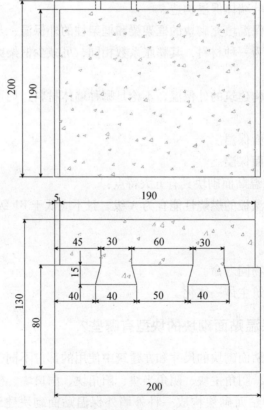

图 10-4　装饰保温贴面砌块半块

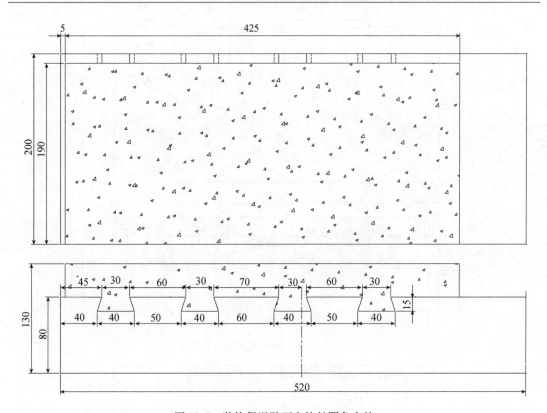

图 10-5　装饰保温贴面砌块长阴角主块

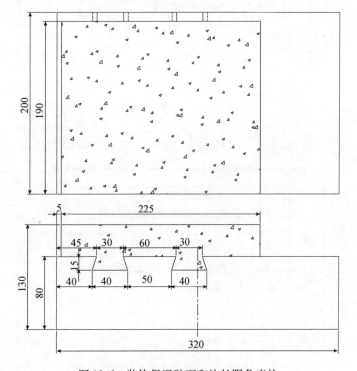

图 10-6　装饰保温贴面砌块长阴角半块

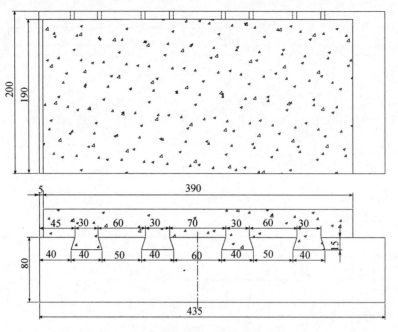

图 10-7　装饰保温贴面砌块阴角主块

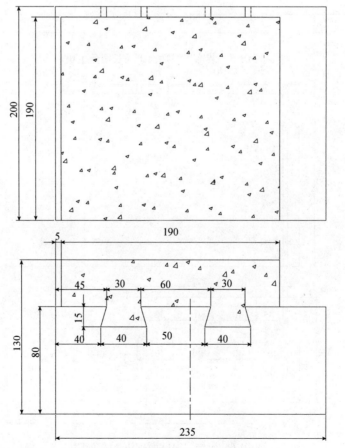

图 10-8　装饰保温贴面砌块阴角半块

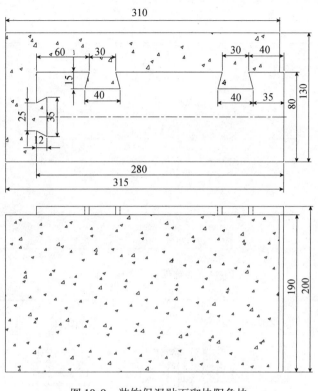

图 10-9　装饰保温贴面砌块阳角块

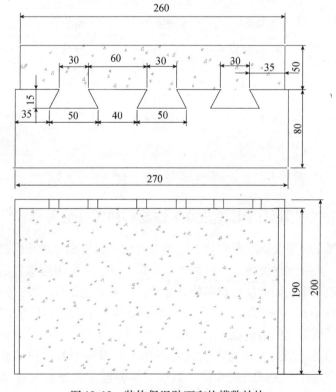

图 10-10　装饰保温贴面砌块模数补块

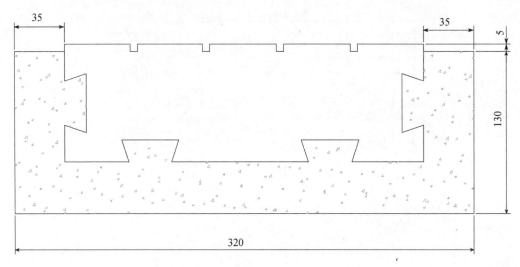

图 10-11　装饰保温贴面砌块洞口块

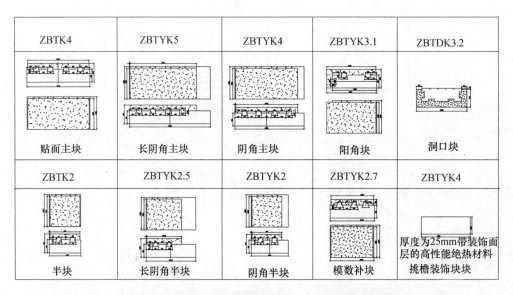

图 10-12　混凝土装饰保温贴面砌块建筑构造体系块型

4. 混凝土装饰保温贴面砌块的力学性能和热工性能怎样?

　　一次成型混凝土保温装饰贴面砌块与建筑物外墙一起构成一个特殊的双叶墙结构,属于双叶墙的范畴。主要起保温装饰与自承重的作用,承重主要由建筑物的外墙来承担。一次成型混凝土保温装饰贴面砌块与建筑物外墙的连接方式主要有三种:(1) 每一层高设一个混凝土挑檐(托梁),承担该层的一次成型装饰保温贴面砌块的质量;(2) 一次成型的混凝土装饰保温贴面砌块保温板有井字形的一面,采用聚合物粘结砂浆满粘在建筑物的外墙外表面;(3) 在水平方向和竖直方向每隔 400mm,设一个 L 形拉结筋,置入建筑物外墙外表面内。三种连接方式同时起作用,确保装饰保温外贴砌块与建筑物外墙达到一体化,装饰与保温一体化,保温材料与建筑物同寿命。

由于混凝土保护层和彩色装饰面层暴露在建筑物的外面，对其密实度有较高的要求，其抗折强度大于 3MPa。齐齐哈尔中齐建材开发有限公司将一次成型保温装饰混凝土贴面砌块产品，送交国家建筑材料测试中心检测，检测的相关数据如下：

（1）燕尾槽拉拔强度 0.11MPa。

（2）混凝土保护层的抗折强度 3.93MPa；混凝土保护层立方体抗压强度应大于 C30。

（3）T（L）形拉结钢筋的抗拉承载力 10.4kN～11.2kN。

（4）XPS（阻燃型）粘结抗拉强度 0.14MPa。

齐齐哈尔中齐建材开发有限公司将一次成型保温装饰混凝土贴面砌块产品，送到国家建筑工程质量监督检验中心，检测砌体的传热系数，保温装饰外贴砌块的规格尺寸 390mm ×110mm×190mm，采用阻燃型保温板（燃烧性能为 B1 级），其厚度为 75mm，混凝土基层及彩色装饰面层厚度 35mm，在保温板面上抹 3～5mm 厚度的水泥聚合物粘结砂浆，装饰混凝土面层不抹砂浆，只做勾缝处理。其热阻 $R = 2.3$（$m^2 \cdot K/W$），其传热系数 $K = 0.41W/(m^2 \cdot K)$，加上外墙主体的热阻，二者之和完全可以满足黑龙江地区节能 65%（传热系数 $K \leqslant 0.40W/(m^2 \cdot K)$）的要求。

5. 什么是一次发泡成型装饰保温泡沫混凝土贴面砌块？

一种装饰保温泡沫混凝土贴面砌块，其特征在于：它是由泡沫混凝土保温层、混凝土装饰层复合而成；泡沫混凝土保温层在竖直方向凸出混凝土装饰层约 10mm，在水平方向每边凸出混凝土装饰层约 5mm；泡沫混凝土保温层浆料、混凝土装饰层拌合料通过振动工作台和成型模具一次复合而成，如图 10-13 所示。

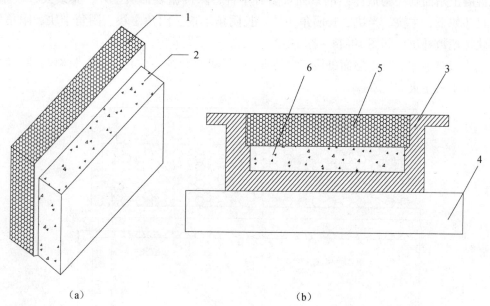

（a）　　　　　　　　　　　（b）

图 10-13　一次成型装饰保温泡沫混凝土贴面砌块

1—泡沫混凝土；2—有装饰效果的混凝土层；3—成型模具；

4—振动工作台；5—泡沫混凝土保温浆料；6—混凝土拌合料

其成型过程如下：

（1）将混凝土装饰层拌合料置入到成型模具中，达到预定的高度。

（2）将盛有混凝土装饰层拌合料的成型模具放到振动工作台上振动4~7s。

（3）将泡沫混凝土保温层浆料注入成型模具内且在混凝土装饰层拌合料的上方，泡沫混凝土保温层浆料浇筑的高度与成型模具等高。

（4）下线，叠放，进行低温养护。

（5）在产品达到脱模强度时进行脱模。

（6）脱模后的产品进行检验，合格产品按不同的规格尺寸进行分别码垛。

（7）继续进行自然养护至规定的时间。

（8）泡沫混凝土保温层在竖直方向凸出混凝土装饰层大约10mm，在水平方向每边凸出混凝土装饰层大约5mm；即泡沫混凝土保温层两端各伸出半个灰缝长度，砌筑粘贴时，若干个泡沫混凝土保温层的上下、左右紧密结合，形成了一面完整的保温墙体，完全杜绝了冷桥。

（9）若干个混凝土装饰层之间形成10mm左右的水平灰缝和竖直灰缝，采用微膨胀防裂砂浆砌筑并勾缝，提高了建筑物外墙体的保温、装饰和耐久性能。

6. 装饰保温泡沫混凝土贴面砌块的块型及特点是什么？

贴面型泡沫混凝土装饰保温砌块是指：沿墙体厚度方向的任意剖面，由受力块体或护壁材料（如混凝土）与绝热材料的双层复合结构，组合为一体的复合保温砌块。装饰保温泡沫混凝土贴面砌块构造体系的系列块型有十种，除挑檐装饰块型外，其余九种块型规格、尺寸如下：主块、半块、长阴角主块、长阴角半块、阴角主块、阴角半块、阳角块、洞口块、模数补块，如图10-14~图10-24所示。

装饰保温泡沫混凝土贴面砌块三大特点："保温与装饰一体化，保温材料与建筑物同寿命，永不发生火灾"。

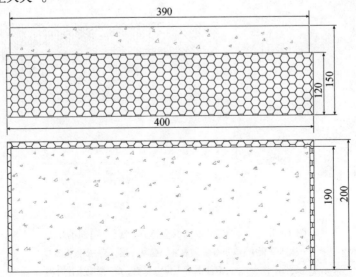

图10-14　一次成型装饰保温泡沫混凝土贴面砌块主块

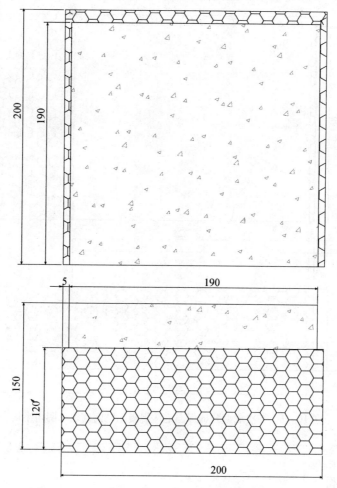

图 10-15 一次成型装饰保温泡沫混凝土贴面砌块半块

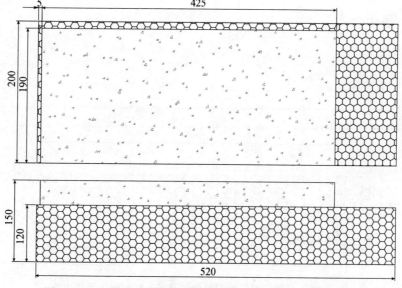

图 10-16 一次成型装饰保温泡沫混凝土贴面砌块长阴角主块

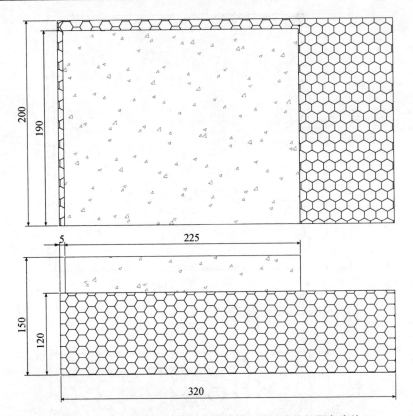

图 10-17　一次成型装饰保温泡沫混凝土贴面砌块长阴角半块

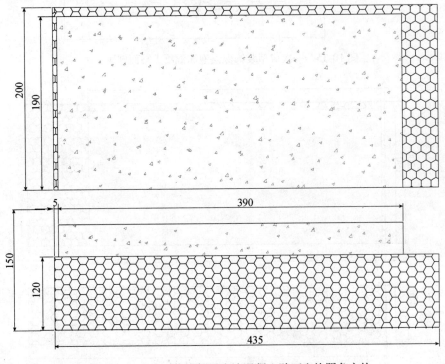

图 10-18　一次成型装饰保温泡沫混凝土贴面砌块阴角主块

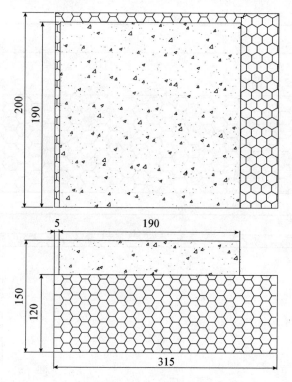

图 10-19　一次成型装饰保温泡沫混凝土贴面砌块阴角半块

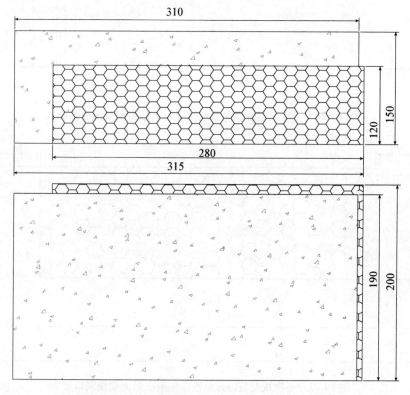

图 10-20　一次成型装饰保温泡沫混凝土贴面砌块阳角块

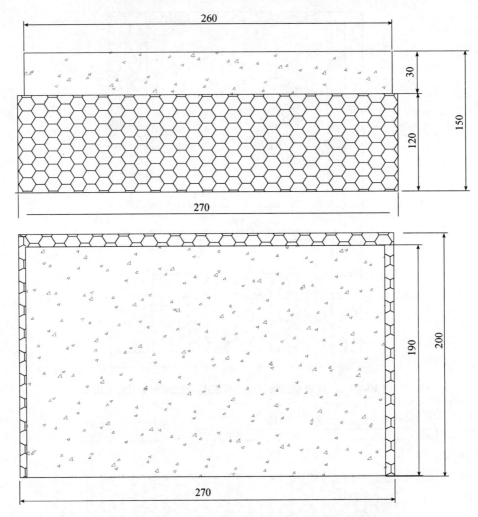

图 10-21　一次成型装饰保温泡沫混凝土贴面砌块模数补块

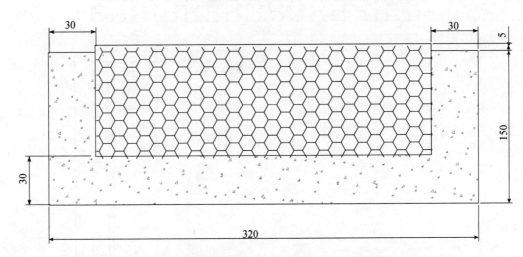

图 10-22　一次成型装饰保温泡沫混凝土贴面砌块洞口块

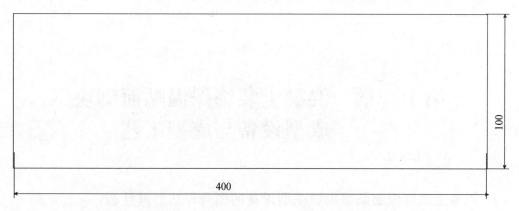

图 10-23　挑檐装饰保温板厚度为 25mm 带装饰面层的高性能绝热材料

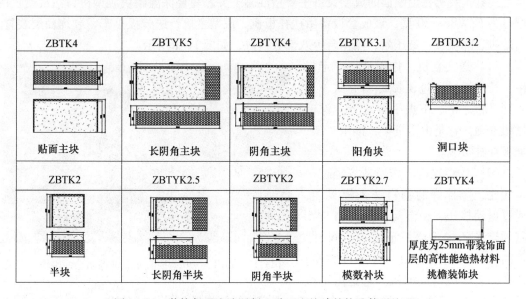

图 10-24　装饰保温泡沫混凝土贴面砌块建筑构造体系块型

第十一章　混凝土装饰保温贴面砌块 成型设备与成型工艺

1. 混凝土装饰保温贴面砌块成型设备的型号与功能是什么？

混凝土装饰保温贴面的成型设备主要指混凝土夹芯复合保温砌块成型机，该成型机的型号为FZWB6—30型，该成套设备由送托板机、成型主机、送苯板小车、装饰面层装置、出砖机、降板机、液压站、操作台等八部分构成，如图11-1所示。

（1）送托板机。作用是将一定规格、特制托板通过机械传动方式，送入到模箱之下、下振平台之上。保证送板准确，它是由主机架、推爪车架、推板油缸组成。

（2）成型主机。作用是将经过一定配比、搅拌好的物料送入模具内，通过振动挤压，使混凝土拌合料与特制的聚苯乙烯保温板形成一定尺寸、不同规格的建筑砌块，再经过脱模，使产品完全脱离成型机。它是由主机

图11-1　FZBW6—30型混凝土装饰保温贴面砌块成型机

架、上模头、下模箱、导向柱、布料车、上模油缸、提升杆、下振总成、电机、提模油缸等组成。

（3）送苯板小车。作用是将一定尺寸规格的聚苯乙烯保温板，由送苯板小车在减速机皮带轮传动下；送入到成型机的模具下方，准备与搅拌好的物料成型。它是由限位开关、电机、减速机、送苯板小车和苯板组成。

（4）装饰面层装置。混凝土装饰面层为二次布料装置，也可以是在线真石漆面层装置。

（5）出砖机。作用是将成型的产品在送板的作用下，由成型机推出送到固定位置的辅助装置。由皮带轮、电机、减速机、水平导向轮组成。

（6）降板机。是将成型好的产品在出砖机上，依次码放成垛，便于叉车运输。由机架、电机、减速机组成。

（7）液压站。是提供成型机各部分动作动力、控制、完成系统，其动作的完整性、可靠性由操作台负责。由油箱、电机、油泵、液压控制阀、冷却器、油路块、滤芯组成。

（8）操作台。是设备运行系统总控制，是设备各个动作指令来源的中枢指挥系统，操

作人员按照产品要求及现场配料情况，准确设定技术参数以及临时调整、处理现场突发情况的运行操作装置。它是由 PLC 可编程序操作控制器、显示屏、变频制动及中间继电器、电源转换器、交流接触器、断路器、热过载继电器元件组成。

FZWB6—30 型混凝土夹芯复合保温砌块成型机的功能比较齐全，属于多功能成型机，不但可以生产混凝土实心砖、空心砖、普通混凝土小型块型砌块、带面层的混凝土饰面砖，还可以生产填充型混凝土复合保温砌块，混凝土聚苯夹芯复合保温砌块，还可以生产混凝土装饰保温贴面砌块。生产出的所有产品均能达到国家标准的相关指标要求。

2. 混凝土装饰保温贴面砌块生产方法和步骤是什么？

传统的聚苯夹芯复合保温砌块和外保温砌块（CN2568727Y）都是竖直成型法生产的，全部采用干硬性混凝土，由成型机生产，如图 11-2～图 11-4 所示。

图 11-2　传统竖直成型法生产的混凝土夹芯复合保温砌块

图 11-3　传统竖直成型法生产的混凝土外保温砌块

传统竖直成型法生产外保温砌块的致命缺陷：第一，由于生产脱模过程和下线输送过程产生的振动，导致竖直燕尾槽混凝土产生裂缝或断裂，合格率大大降低，严重时会降低抗拉强度，造成安全隐患；第二，采用竖直成型法生产的外贴保温砌块，贴在建筑物的外围护墙体后，还需要在外贴保温砌块的混凝土层的外面进行抹灰和装饰，这就大大增加了施工工序和工程造价，缺乏市场竞争力。

"一次成型保温装饰外贴砌块生产方法"（发明专利号：201010568889.5）即：水平成型法生产工艺将保温板竖直置入模内，改为将保温板水平置入模具内。水平成型法生产工艺克服了传统的竖直成型

图 11-4　人工用小车单板小心输送混凝土外保温砌块

法生产工艺生产"外保温砌块"的致命缺陷。实现二次布彩色混凝土面层，或在线喷涂真石漆装饰面层。

结合图 11-5 中①至⑨所示，说明一次成型保温装饰外贴砌块生产方法，包括如下步骤：

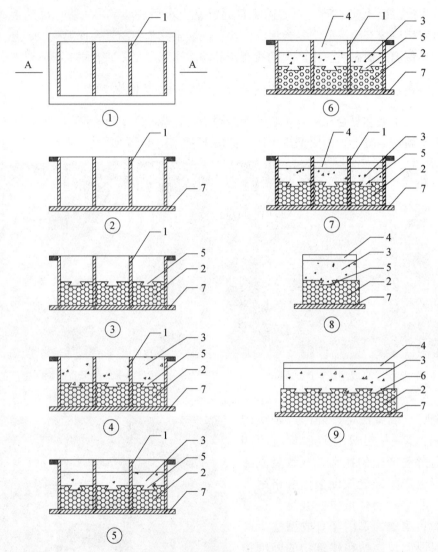

图 11-5　一次成型保温装饰外贴砌块生产方法工艺步骤

1—下模箱；2—保温板；3—底料；4—装饰面料；5—水平燕尾槽；6—竖直燕尾槽；7—托板

（1）加工保温板，所述的保温板在一个大面上均匀加工有若干个竖直燕尾槽，并在相同一面的中部加工有一个水平燕尾槽。

（2）置入保温板，将保温板有横、竖燕尾槽的一面朝上，水平置入下模箱的空腔内。

（3）布底料，当装有保温板的下模箱下落在托板上面后，装有底料的布料小车向前运动到下模箱的正上方，使混凝土底料布入下模箱的空腔内保温板的上面。

（4）微振、预压，位于下模箱下方的振动平台产生微小振动，上模头下降对下模箱内的混凝土底料预压，其深度约为15mm。

（5）二次布料装置开始布装饰面料，上模头升起，装有装饰面料的小车向前运动到下模箱的正上方，将装饰面料布入下模箱内混凝土底料的上面，面料小车退回到初始位置。

（6）振动加压成型，位于下模箱下方的振动平台产生强力振动的同时，上模头下降对下模箱内的面料下压，直至达到预定的高度为止。

（7）脱模下线，上模头保持不动，下模箱向上提升，产品从下模箱内脱在托板上，下线养护；到此为止，一次成型保温装饰外贴砌块生产步骤结束，设备回到初始位置。准备进入下一个循环。

水平成型法生产工艺的确是外保温砌块生产工艺的一个革命，极大地解放了生产力。产品质量提高了，生产难度降低了，劳动强度降低了，产品成本下降了，班产量上来了，工人收入提高了，市场份额增加了，收到了很好的经济效益和社会效益。水平生产装饰保温外贴砌块和外保温砌块，如图11-6～图11-10所示。

图11-6　齐齐哈尔中齐建材开发公司水平成型法生产外贴保温砌块（一）

图11-7　齐齐哈尔中齐建材开发公司采用水平成型法生产的外贴保温砌块（二）

图11-8　齐齐哈尔中齐建材开发公司水平成型法生产的装饰保温外贴砌块（一）

图11-9　齐齐哈尔中齐建材开发公司水平成型法生产的装饰保温外贴砌块（二）

图 11-10　齐齐哈尔中齐建材开发公司水平成型法生产的复合保温外贴砌块

3. 生产混凝土装饰保温贴面砌块专用模具的结构特点是什么？

生产一次成型装饰保温外贴砌块专用模具（专利号：201310212679.7；201320310794.2），其特征是由上模头、下模箱平板、短外箱板、短内隔板、长外箱板、长内隔板和舌形凸台构成；两个内侧上部呈凸台状的短外箱板，与两个内侧上部呈凸台且该凸台上均匀排布有若干个舌形凸台的长外箱板构成一个矩形框架，长内隔板位于两个长外箱板中心且相互平行，两个断面成倒凸形状的短内隔板位于两个短外箱板中间，其与两短外箱板相互平行且间距相等；该模具短内隔板和短外箱板的凸台凸出半个灰缝的长度，长外箱板的凸台凸出一个灰缝的长度，舌形凸台凸出高度等于 XPS 保温板中的竖直燕尾槽的深度，XPS 保温板从模箱的底部水平插入模箱内，且具有竖直燕尾槽的一面朝上，舌形凸台插入竖直燕尾槽内阻挡混凝土拌合料流动。

其生产装饰保温外贴砌块的工艺过程如下：（1）将加工有若干个竖直燕尾槽的 XPS 聚苯保温板水平置入下模箱内，且有燕尾槽的一面朝上；（2）当装有 XPS 聚苯保温板的下模箱下落在托板上后，装有混凝土拌合料布料车向前运动到下模箱的正上方，使混凝土拌合料布入下模箱空腔内的 XPS 聚苯保温板的上面；（3）进行振动和预压混凝土拌合料，压下 35～40mm；（4）再往下模箱内的 XPS 聚苯保温板上面的混凝土基层上面布满混凝土面料；（5）强力振动和大力压制，使混凝土基层与混凝土面层与 XPS 聚苯保温板三者之间紧密连结；（6）脱模后就得到水平成型法生产的一次成型装饰保温墙体砌块。

图 11-11～图 11-20 所示。1 为上模头；2 为下模箱平板；3 为短外箱板；4 为短内隔板；5 为长外箱板；6 为长内隔板；7 为舌形凸台；8 为 XPS 聚苯保温板；9 为竖直燕尾槽；10 为托板；11 为混凝土基层；12 为混凝土、真石漆面层。

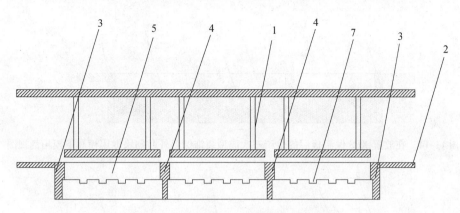

图 11-11 生产一次成型装饰保温外贴砌块专用模具主视图

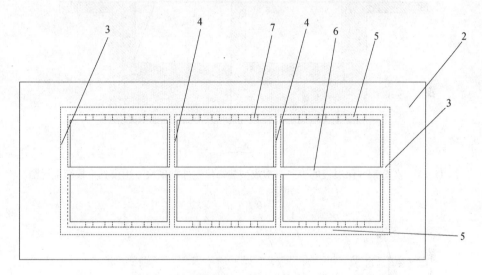

图 11-12 生产一次成型装饰保温外贴砌块专用模具下模箱俯视图

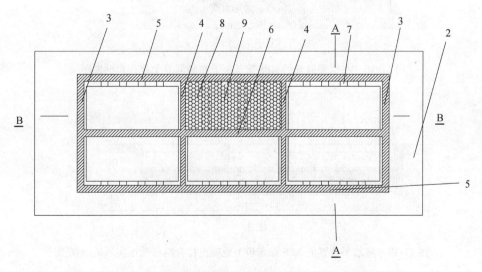

图 11-13 生产一次成型装饰保温外贴砌块专用模具下模箱仰视图

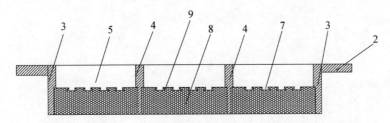

图 11-14　在放置 XPS 保温板后的生产一次成型装饰保温外贴砌块专用模具下模箱剖视图

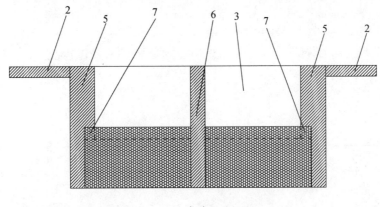

A–A

图 11-15　放置 XPS 保温板的生产一次成型装饰保温外贴砌块专用模具下模箱剖视图

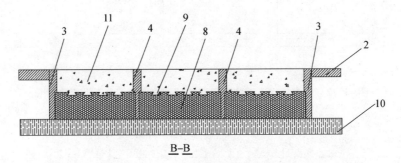

B–B

图 11-16　在水平放置的 XPS 聚苯板上布满混凝土拌合料剖视图

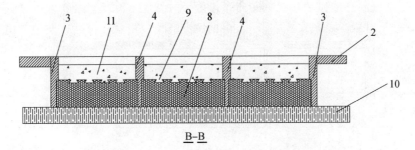

B–B

图 11-17　将水平放置的 XPS 聚苯板上混凝土拌合料振动压实后的剖视图

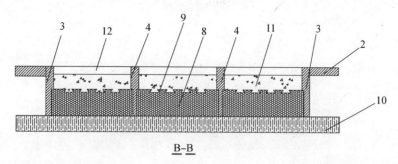

图 11-18　在水平放置的 XPS 聚苯板和振动压实后的混凝土基础上布满混凝土面层拌合料的剖视图

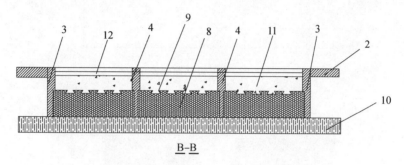

图 11-19　振动压实混凝土面层拌合料后的剖视图

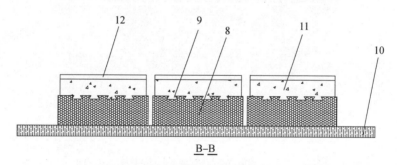

图 11-20　水平成型方法生产的装饰保温贴面砌块

4. 混凝土装饰保温贴面砌块在模具中排布方式有几种?

混凝土装饰保温贴面砌块建筑构造体系需要十种块型, 除挑檐装饰块外, 其余九种需要复合保温块成型机水平成型方式生产, 根据块型规格、形状、尺寸以及成型机托板模具的大小等分为三组: 主块 (ZBTK4) 为一组, 六块排布在一个模具内; 长阴角主块、长阴角半块、阴角主块、阴角半块、模数补块为一组, 五块排布在一个模具内; 洞口块、阳角块为一组, 两个阳角块、一个洞口块共三块排布在一个模具内。如图 11-21 ~ 图 11-23 所示。由于洞口块的混凝土为 U 形, 阳角块的混凝土为 L 形, 对于这两种混凝土的特殊结构, 需要采用带抽拉装置的模具生产, 由于该抽拉装置需要空间, 不能像其他两个模具一样, 排布成两排, 只能排布成一排, 并位于模具的后方位置, 模具的前部下方的位置是模具抽拉装置。

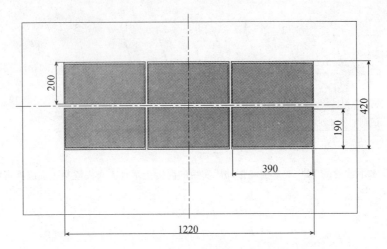

图 11-21　混凝土装饰保温贴面砌块主块模具排布

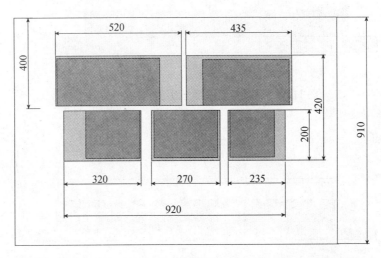

图 11-22　混凝土装饰保温贴面砌块长阴角主块、长阴角半块、
阴角主块、阴角半块、模数补块模具排布

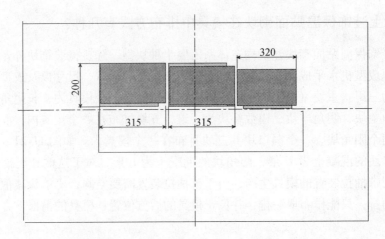

图 11-23　混凝土装饰保温贴面砌块阳角块（两个）洞口块（一个）模具排布

5. 一次成型混凝土装饰保温贴面砌块生产工艺是怎样实施的？

与传统的混凝土复合保温砌块的成型工艺不同，一次成型混凝土装饰保温贴面砌块的成型工艺，是将加工好的聚苯板等绝热材料水平置入成型模具的下模箱内。而在我国的东北地区生产外保温砌块的成型工艺，仍然使用传统的复合保温砌块成型工艺，即：将加工好的聚苯板等绝热材料竖直置入成型模具的下模箱内，然后通过布料小车向下模箱内填满混凝土拌合料，上模头下降到下模箱内的混凝土拌合料上，在振动台或下模箱强力振动的同时，上模头加压，这种强力振动与大力加压相结合的方式，方能使聚苯板等绝热材料通过燕尾槽的形式与混凝土拌合料拉接为一个整体，脱模后外保温砌块成型完毕。由于外保温砌块的高度为190mm，要保证混凝土保护层的抗压强度或抗折强度，压力一定要大，布料一定要密实，聚苯保温板一定要达到国家标准规定的密度，才能保证生产出的外保温砌块的质量达标。但事实并非如此简单，传统竖直成型法生产出的外保温砌块，常常在聚苯板等绝热材料与混凝土结合的燕尾槽处出现开裂、断裂、由于布料不均形成的混凝土缺料或多料而导致的外保温砌块混凝土保护层的尺寸偏差大、强度离散性大等问题。有时候脱模后的外保温砌块并不开裂，或者仅仅是微小的开裂，但由于是竖直成型法，保温板只有50～60mm，混凝土保护层仅有50mm，由于外保温砌块的宽高比小，稳定性很差，在从生产线到养护窑（或阳光大棚）的途中，由于机械振动等原因，导致外保温砌块在燕尾槽连接处的开裂严重：原先没有开裂的产生微小开裂，原来的微小开裂变成较大开裂，原先较大的开裂变成更大的开裂。这是一个十分严峻的事实，严重地影响产品质量，加大了产品成本，减弱了市场竞争力。

由此可见，传统竖直成型法生产外保温砌块的致命缺陷：第一，由于生产脱模过程和下线输送过程产生的振动，导致竖直燕尾槽连接处的混凝土产生裂缝或断裂，合格率大大降低，严重时会降低抗拉强度，造成安全隐患；第二，采用竖直成型法生产的外保温砌块，贴在建筑物的外围护墙体后，还需要在外保温砌块的混凝土层的外面进行抹灰和装饰，这就大大增加了施工工序和工程造价，缺乏市场竞争力。

"一次成型保温装饰外贴砌块生产方法"（发明专利号：201010568889.5）即：水平成型法生产工艺将聚苯保温板竖直置入成型模具内，改为将聚苯保温板水平置入成型模具内。水平成型法生产工艺克服了传统的竖直成型法生产工艺生产"外保温砌块"的致命缺陷。实现二次布彩色混凝土面层，或在线喷涂真石漆装饰面层。

要实现一次成型法生产混凝土装饰保温贴面砌块，传统的竖直法生产外保温砌块的模具是不能满足需要的，如图11-24所示。必须设计出适应水平成型法生产装饰保温贴面砌块的模具，如图11-11和图11-25所示。

一种生产一次成型装饰保温贴面砌块专用模具，它是由上模头、下模箱平板、短外箱板、短内隔板、长外箱板、长内隔板和舌形凸台构成；两个内侧上部呈凸台状的短外箱板，与两个内侧上部呈凸台且该凸台上均匀排布有若干个舌形凸台的长外箱板构成一个矩形框架，长内隔板位于两个长外箱板中心且相互平行，两个端面成倒凸形状的短内隔板位于两个短外箱板中间，其与两短外箱板相互平行且间距相等；该模具短内隔板和短外箱板的凸台凸出半个灰缝的长度，长外箱板的凸台凸出一个灰缝的长度，舌形凸台凸出高度等

图 11-24　传统竖直成型法生产外保温砌块的模具的下模箱

图 11-25　水平成型法生产装饰保温贴面砌块模具的下模箱

于 XPS 保温板中的竖直燕尾槽的深度，XPS 保温板从模箱的底部水平插入模箱内，且具有竖直燕尾槽的一面朝上，舌形凸台插入竖直燕尾槽内，阻挡混凝土拌合料流动。

一次成型保温装饰贴面砌块生产方法，包括如下步骤（如图 11-5 中①至⑨所示）：

（1）加工好聚苯保温板 2，所述的聚苯保温板在一个大面上均匀加工有若干个竖直燕尾槽，并在相同一面的中部加工有一个水平燕尾槽。

（2）将聚苯保温板置入模具下模箱内，将聚苯保温板有横、竖燕尾槽的一面朝上，水平置入下模箱的空腔内。

（3）混凝土底料小车开始布底料，当装有聚苯保温板的下模箱下落在托板上面后，装有混凝土底料的布料小车向前运动到下模箱的正上方，使混凝土底料布入下模箱的空腔内聚苯保温板的上面。

（4）微振、预压，位于下模箱下方的振动平台产生微小振动，上模头下降对下模箱内的混凝土底料产生预压，其深度约为 15mm。

（5）二次布料装置开始布装饰面料，上模头升起，装有装饰面料的小车向前运动到下模箱的正上方，二次布料装置将装饰面料布入下模箱 1 内混凝土底料的上面，面料小车退回到初始位置。

（6）振动加压成型，位于下模箱下方的振动平台产生强力振动的同时，上模头下降对下模箱内的面料下压，直至达到预定的高度为止。

（7）脱模下线，上模头保持不动，下模箱向上提升，产品从下模箱内脱在托板上、下线养护。

（8）如果不执行动作（5），则可以在线直接在成型好的湿产品上喷涂真石漆等装饰面层，下线养护。

到此为止，一次成型保温装饰外贴砌块生产步骤结束，设备回到初始位置，准备进入下一个循环。

6. 一次成型混凝土装饰保温贴面砌块生产工艺流程有哪些？

虽然混凝土装饰保温贴面砌块建筑构造体系仅有十种块型，除挑檐装饰块型外，其余九种块型的形状、规格、尺寸不同，其生产工艺流程也不尽相同，可以分成如下几种生产

工艺:

（1）主块、半块、长阴角主块、长阴角半块、阴角主块、阴角半块、模数补块七种块型，采用混凝土彩色装饰面层的生产工艺流程，如图 11-26 所示。

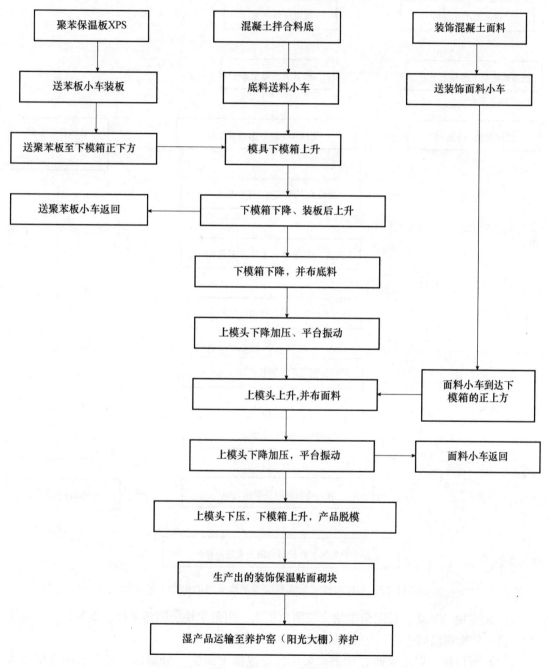

图 11-26　采用混凝土装饰面层的生产工艺流程

（2）主块、半块、长阴角主块、长阴角半块、阴角主块、阴角半块、模数补块七种块型，采用在线喷涂真石漆等装饰面层的生产工艺流程，如图 11-27 所示。

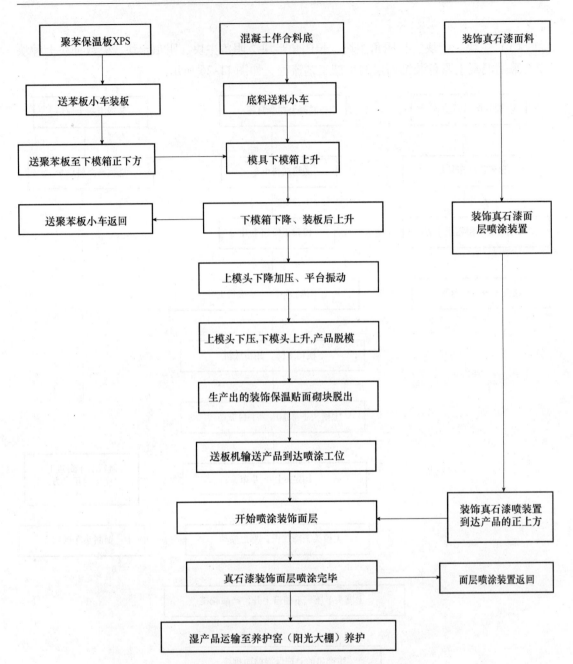

图 11-27　采用在线喷涂真石漆等装饰面层的生产工艺流程

（3）主块、半块、长阴角主块、长阴角半块、阴角主块、阴角半块、模数补块七种块型，没有装饰面层的生产工艺流程，如图 11-28 所示。

（4）洞口块、阳角块两种块型，采用装饰混凝土面层（分通体的彩色装饰面层或通体的本色装饰面层）的生产工艺流程，图如 11-29 所示。

（5）洞口块、阳角块等两种块型，采用在线喷涂真石漆等装饰面层的生产工艺流程。如图 11-30 所示。

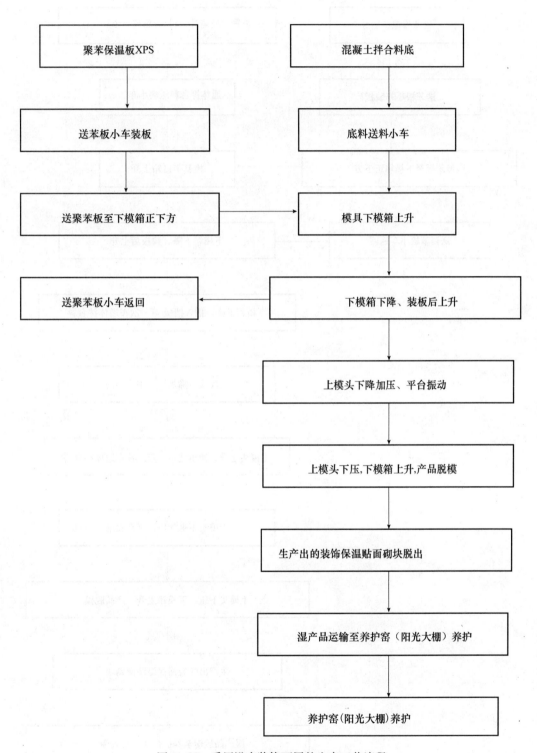

图 11-28　采用没有装饰面层的生产工艺流程

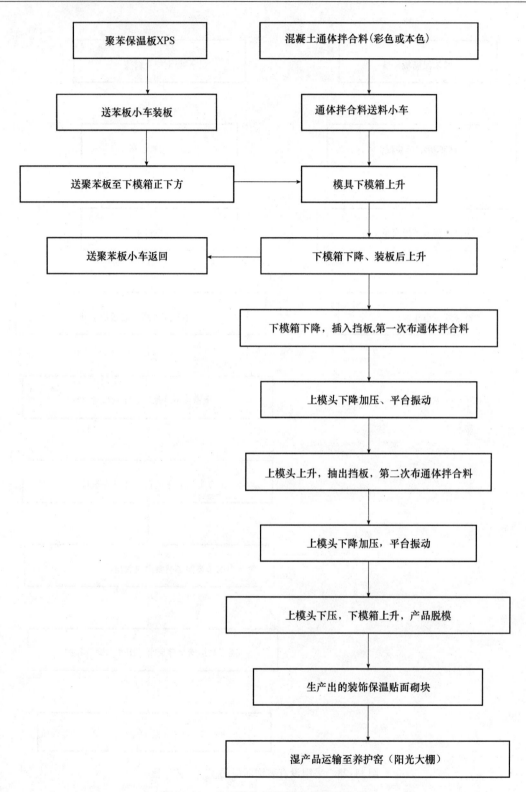

图 11-29 采用装饰面层的生产工艺流程

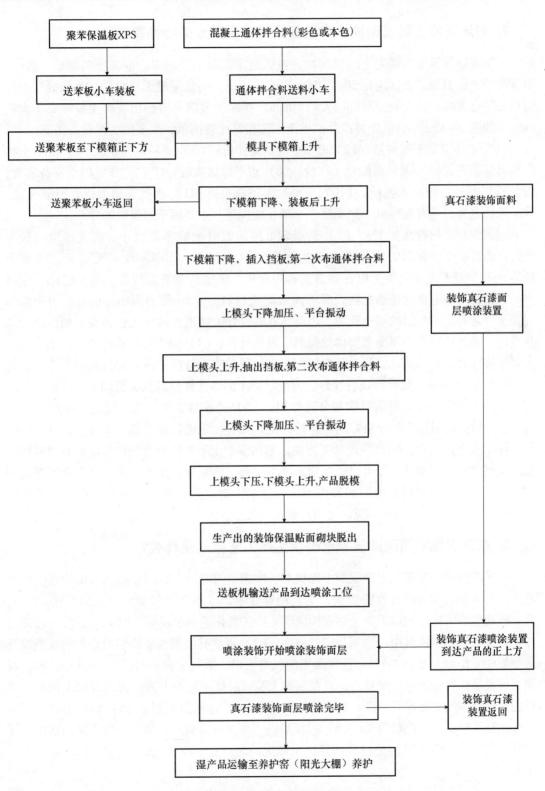

图 11-30 采用真石漆装饰面层的生产工艺流程

7. 泡沫混凝土贴面砌块生产设备及泡沫混凝土的特性有哪些？

一种装饰保温泡沫混凝土贴面砌块，包括泡沫混凝土保温层、混凝土装饰层，其中，泡沫混凝土保温层的密度应是 200~400kg/m³ 的不燃、高效保温无机材料，泡沫混凝土保温层在竖直方向凸出混凝土装饰层大约 10mm，在水平方向每边凸出混凝土装饰层2 大约 5mm（如图 10-13 所示）。此种产品的生产工艺相对比较简单，主要的生产设备如下：

（1）三斗混凝土配料站；（2）350 型双轴搅拌机；（3）皮带输送机；（4）混凝土拌合料计量装置；（5）大台面振动工作台；（6）水平输送皮带；（7）泡沫混凝土制备装置；（8）塑料模盒；（9）木托板；（10）电动地牛输送机；（11）水汽雾化大棚养护窑（室）等。除此之外，还有破碎机、振动筛，小型装载机等，主要用于原材料的处理。

泡沫混凝土的特性如下：（1）质量轻。泡沫混凝土的密度较小，密度等级一般为 300~1800kg/m³，常用的泡沫混凝土的密度等级为 300~1200kg/m³。近几年，密度为 160kg/m³ 的超轻泡沫混凝土也在建筑工程中应用，除了代替普通混凝土外，还用于建筑物的保温，代替有机的绝热材料，属于 A 级防火材料；（2）保温隔热性能好。由于泡沫混凝土中含有大量封闭的细小孔隙，因此，具有良好的热工性能，也就是良好的保温、隔热性能，通常用其作为屋面和墙体的保温、隔热材料；（3）隔声和耐火性能好。泡沫混凝土属于多孔材料，因此，也是一种良好的隔声材料和防火材料；（4）可现场浇筑施工，与主体结合紧密；（5）低弹性减震性好。泡沫混凝土的多孔性使其具有低的弹性模量，从而使其对冲击荷载具有良好的吸收和分散作用；（6）防水性能强。泡沫混凝土的吸水率较低，相对独立的封闭气孔及良好的整体性，使其具有一定的防水性能；（7）耐久性能好。与主体工程寿命相同；（8）生产加工方便。泡沫混凝土不但可以在场内生产出各种各样的泡沫混凝土制品，而且，还可以现场施工浇筑屋面、地面和墙体等；（9）环保性能好。泡沫混凝土使用的原材料为水泥和发泡剂，发泡剂大都接近中性，不含苯、甲醛等有害物质，避免了环境污染和消防隐患；（10）施工方便。

8. 装饰保温贴面泡沫混凝土砌块生产工艺流程是什么？

一次成型的装饰保温泡沫混凝土砌块与一次成型的混凝土装饰保温贴面砌块在生产工艺上大有区别。相对设备投资较少，工艺相对简单，成本相对较低。下面结合图 10-13，就一次成型装饰保温泡沫混凝土贴面砌块的生产工艺作进一步说明：（1）将混凝土装饰层拌合料置入到成型模具中，达到预定的高度；（2）将盛有混凝土装饰层拌合料的成型模具送到振动工作台上振动 4~7s，使混凝土中气泡振出，混凝土拌合料摊平；（3）将泡沫混凝土保温层浆料注入成型模具内，且在混凝土装饰层拌合料的上方，泡沫混凝土保温层浆料浇筑的高度与成型模具等高；（4）下线，叠放，进行低温养护；（5）切掉面包头，在产品达到脱模强度时进行脱模；（6）脱模后的产品进行检验，合格产品按不同的规格尺寸进行分别码垛；（7）继续进行自然养护至规定的时间；（8）检验、包装入库。流程图如图 11-31 所示。

泡沫混凝土保温层在竖直方向凸出混凝土装饰层大约 10mm，在水平方向每边凸出混凝土装饰层大约 5mm；即泡沫混凝土保温层两端各伸出半个灰缝长度，砌筑粘贴时，若干个泡沫混凝土保温层的上下、左右紧密结合，形成了一面完整的保温墙体，完全杜绝了冷桥；
（9）若干个混凝土装饰层之间形成 10mm 左右的水平灰缝和竖直灰缝，采用微膨胀防裂砂浆
砌筑并勾缝，提高了建筑物外墙体的保温、装饰和耐久性能。体现了此种装饰保温泡沫混凝
土贴面砌块三大优势："保温与装饰一体化，保温材料与建筑物同寿命，永不发生火灾"。

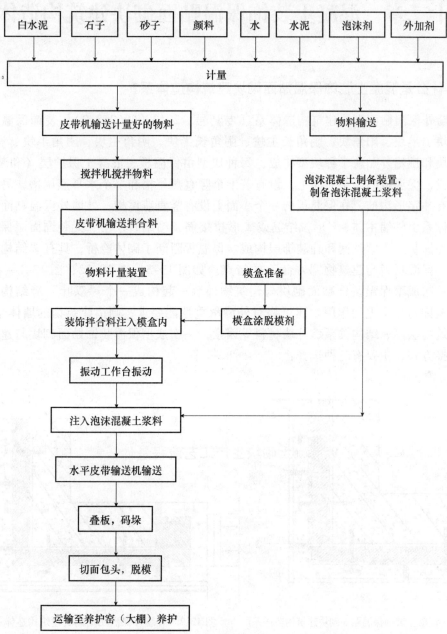

图 11-31　装饰保温泡沫混凝土贴面砌块生产工艺流程

第十二章　混凝土装饰保温贴面砌块建筑构造体系

1. 什么是混凝土装饰保温贴面砌块建筑构造体系？

外墙外保温贴面砌块建筑构造体系（专利号：201320696053.2），装饰保温贴面砌块由主块、半块、阳角块、阴角长主块、阴角长半块、阴角主块、阴角半块、洞口块、模数补块和挑檐外贴块十种块型构成，每种块型由保温板、混凝土保护层（和装饰层）复合而成；保温板的一个大面上，设有若干个竖直燕尾槽和一个水平燕尾槽，另一个大面上设有井字形沟槽，在保温板的一个小面上设有竖直燕尾槽；外墙外保温贴面砌块建筑构造体系由外墙主体、L形拉结筋或T形拉接筋、粘结砂浆层、无装饰面层保温贴面砌块、外抹灰层、钢丝网和外装饰层构成。保温板阻断了砌体冷桥，具有"结构与保温一体化，保温材料与建筑物同寿命"的特点。如图10-3～图10-12，图12-1～图12-2所示。一次成型保温装饰贴面砌块与建筑物外墙一起构成一个"双叶"墙结构，主要起保温装饰与自承重的作用。建筑物对外墙承重性能要求，则由建筑物的墙体来承担。根据建筑物层高、结构关系、外墙材料等因素，一次成型保温装饰贴面砌块与建筑物外墙的连接方式，主要有三种选择：

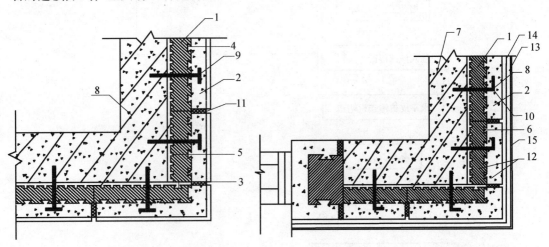

图 12-1　混凝土装饰保温贴面砌块建筑构造体系　　图 12-2　外墙外保温贴面砌块建筑构造体系

1—保温板；2—混凝土保护层；3—水平燕尾槽；4（6）—竖直燕尾槽；5—井字形沟槽；7（8）—外墙主体；9—T形接接筋；10—L形拉接筋；11—砌筑砂浆；12—无装饰面层保温贴面砌块；13—外抹灰层；14—钢丝网；15—外装饰层

（1）在每一层框架梁或楼板处设一个混凝土挑檐，承担该层上的所有一次成型保温装饰贴面砌块的质量。（2）直接采用聚合物粘结砂浆，将贴面砌块条粘在（粘结面积为总面积的2/3）建筑物外墙体的外表面。（3）在砌筑、粘贴贴面砌块时，以外墙面为基准，在水平方向和竖直方向每隔400mm，设一个L（T）形拉接筋，一头植入（或者预埋）在建筑物围墙内。直径为6mm的T（L）形拉接钢筋抗拉承载力，经检测为10.4～11.2kN。为保证混凝土装饰保温贴面砌块的稳定性，三种拉接方式同时采用，足以做到保温装饰一体化，建筑节能与建筑结构一体化，保温材料与建筑物同寿命。

2. 混凝土装饰保温贴面砌块墙体门洞口立面是如何排块的？

门洞口的左侧第一皮为半块，然后为主块，第二皮为主块，依次类推，错缝砌筑。装饰保温贴面砌块与钢筋混凝土剪力墙洞口平齐，在其外面排布洞口块，一直排布到顶部。门洞口的右侧第一皮为主块，第二皮为半块，依次类推，错缝砌筑，一直砌筑到顶部为止，在其外面排布洞口块；门洞上口为洞口块砌筑，在洞口块的上面砌筑主块，压槎排布，保证装饰效果，如图12-3所示。

3. 混凝土装饰保温贴面砌块墙体窗洞口立面是如何排块的？

混凝土装饰保温贴面砌块墙体窗洞口，窗下口在第四皮混凝土装饰保温贴面砌块与剪力墙的上面水平排布洞口块；窗左口第五皮排布半块，然后为主块，第六皮排布主块，依次类推，直到窗洞口顶部，在窗左口外侧排布洞口块直到窗洞口顶部；窗右口第五皮排布混凝土装饰保温贴面砌块主块，第六皮排布半块，然后为主块，依次类推，错缝排布在窗右口外侧排布洞口块，直到顶部；窗上口水平排布洞口块，在窗上口的洞口块之上排布主块，如图12-4所示。

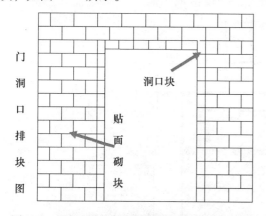

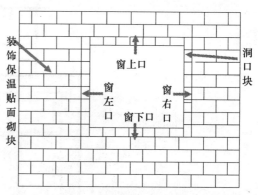

图12-3 混凝土装饰保温贴面砌块墙体门洞口排块　　图12-4 混凝土装饰保温贴面砌块墙体窗洞口排块

4. 混凝土装饰保温贴面砌块墙体窗上口建筑构造是什么样？

混凝土装饰保温贴面砌块窗洞口上口建筑构造是：在钢筋混凝土剪力墙的外面，且与钢筋混凝土剪力墙内表面平齐，水平粘砌洞口块，在洞口块的上面粘砌混凝土装饰保温贴面砌块主块。洞口块将聚苯板完全封闭在墙体内，起到防火的作用，如图12-5所示。

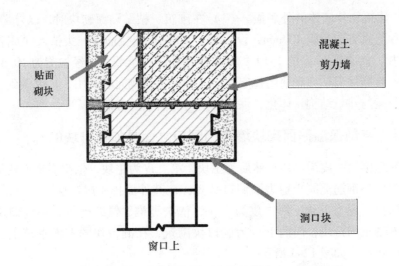

图 12-5　混凝土装饰保温贴面砌块墙体窗上口结构构造

5. 混凝土装饰保温贴面砌块墙体窗下口建筑构造是什么样？

混凝土装饰保温贴面砌块窗洞口下口结构构造是：在钢筋混凝土剪力墙的外面，且与钢筋混凝土剪力墙的上表面平齐，竖直粘砌混凝土装饰保温贴面砌块主块，在装饰保温贴面砌块主块和钢筋混凝土剪力墙的上面，水平粘砌混凝土装饰保温贴面砌块的洞口块，洞口块与混凝土装饰保温贴面砌块主块的外表面和钢筋混凝土剪力墙的内表面平齐。洞口块将聚苯板完全封闭在墙体内，起到防火的作用，如图 12-6 所示。

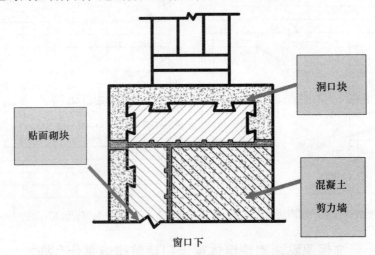

图 12-6　混凝土装饰保温贴面砌块墙体窗下口建筑构造

6. 混凝土装饰保温贴面砌块墙体窗左口建筑构造是什么样？

混凝土装饰保温贴面砌块窗洞口左口建筑构造是：在钢筋混凝土剪力墙的外面，且与钢筋混凝土剪力墙的窗左口竖直表面平齐，水平粘砌混凝土装饰保温贴面砌块主块（或半块），在装饰保温贴面砌块主块（或半块）和钢筋混凝土剪力墙的端面，竖直粘砌混凝土装饰保温贴面砌块的洞口块，洞口块与混凝土装饰保温贴面砌块主块的外表面和钢筋混凝土剪力墙的内表面平齐。洞口块将聚苯板完全封闭在墙体内，起到防火的作用，如图 12-7 所示。

7. 混凝土装饰保温贴面砌块墙体窗右口建筑构造是什么样？

混凝土装饰保温贴面砌块窗洞口右口建筑构造是：在钢筋混凝土剪力墙的外表面，且与钢筋混凝土剪力墙的窗右口竖直表面平齐，水平粘砌混凝土装饰保温贴面砌块主块（或半块），在装饰保温贴面砌块主块（或半块）和钢筋混凝土剪力墙的端面，竖直粘砌混凝土装饰保温贴面砌块的洞口块，洞口块与混凝土装饰保温贴面砌块主块（或半块）的外表面和钢筋混凝土剪力墙的内表面平齐。洞口块将聚苯板完全封闭在墙体内，起到防火的作用，如图 12-8 所示。

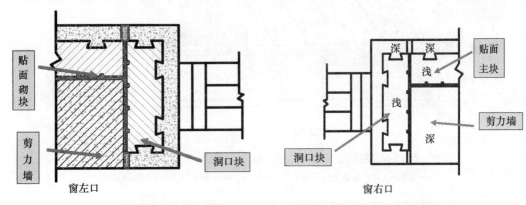

图 12-7　混凝土装饰保温贴面砌块墙体窗
左口建筑构造

图 12-8　混凝土装饰保温贴面砌块墙体窗
右口建筑构造

8. 混凝土装饰保温贴面砌块墙体阳角建筑构造是什么样？

在竖直方向，每隔两皮（400mm）设一个 T 形 $\phi 6$ 的拉接筋，在水平方向上，每隔400mm 设一个拉接筋，拉接筋梅花形排布，在各个阳角部位应适当加密拉接钢筋的数量，水平间距为 200mm。阳角块与主块错缝、压槎砌筑，如图 12-9、图 12-10 所示。

9. 混凝土装饰保温贴面砌块墙体垂直剖面建筑构造是什么样？

在钢筋混凝土剪力墙的外表面，粘贴和砌筑混凝土装饰保温贴面砌块主块，使用的粘结砂浆和砌筑砂浆，拉接筋必须置于两皮砌块的灰缝处，拉接筋成梅花形排布。如图 12-11所示。

10. 混凝土装饰保温贴面砌块墙体水平剖面建筑构造是什么样？

在钢筋混凝土剪力墙或承重结构砌块配筋体系墙体的外表面 8，粘贴和砌筑混凝土装饰保温贴面砌块主块 4，使用的聚合物粘结砂浆 10 和砌筑砂浆 11，拉接筋 9 必须置于两皮砌块的灰缝处，拉接筋成梅花形排布，如图 12-12 所示。

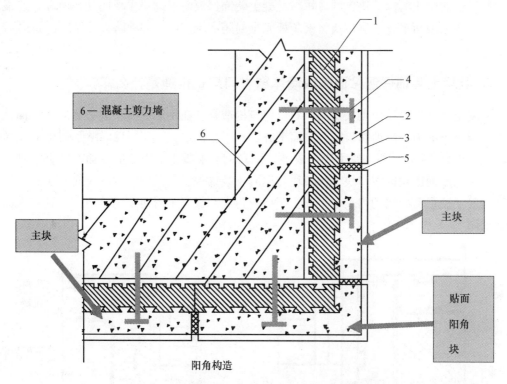

图 12-9　混凝土装饰保温贴面砌块墙体阳角建筑构造（一）

1—保温板；2—混凝土保护层；3—钢丝网；4—T 形拉接筋；5—砌筑砂浆

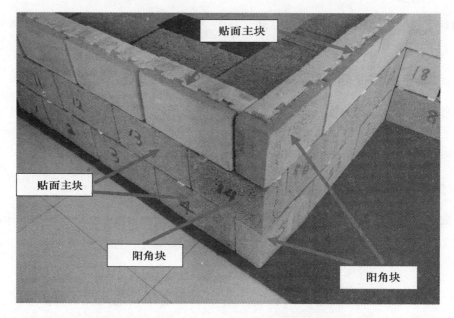

图 12-10　混凝土装饰保温贴面砌块墙体阳角结构构造（二）

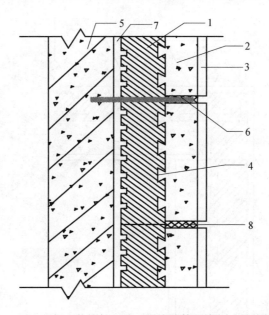

图 12-11 混凝土装饰保温贴面砌块墙体垂直剖面结构构造

1—聚苯板；2—混凝土保护层；3—装饰面层；4—主块

5—混凝土剪力墙；6—φ6 拉接筋；7—粘结砂浆；8—砌筑砂浆

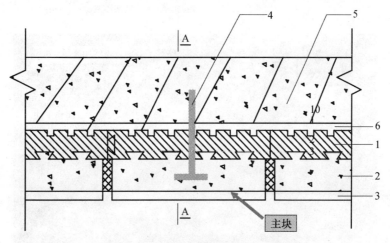

图 12-12 混凝土装饰保温贴面砌块墙体水平剖面建筑构造

1—聚苯板；2—混凝土保护层；3—装饰面层；4—φ6 拉接筋；5—混凝土剪力墙；6—粘结砂浆

11. 混凝土装饰保温贴面砌块墙体阴角建筑构造是什么样？

在钢筋混凝土剪力墙体阴角的外表面，第一皮粘贴和砌筑混凝土装饰保温贴面砌块的长阴角主块和阴角主块，第二皮粘贴和砌筑混凝土装饰保温贴面砌块的长阴角半块和阴角半块，依此类推，错缝、压槎砌筑；使用的粘结砂浆和砌筑砂浆，拉接筋必须置于两皮砌块的灰缝处，拉接筋成梅花形排布，如图 12-13，图 12-14 所示。

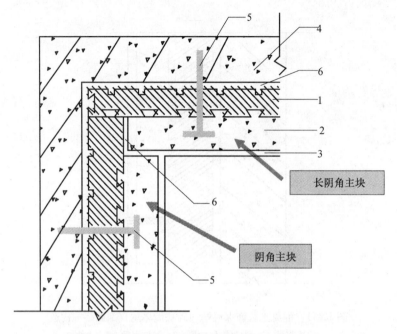

图 12-13　混凝土装饰保温贴面砌块墙体阴角建筑构造（一）

1—聚苯板；2—混凝土保护层；3—装饰面层；
4—混凝土剪力墙；5—拉接筋；6—粘结砂浆

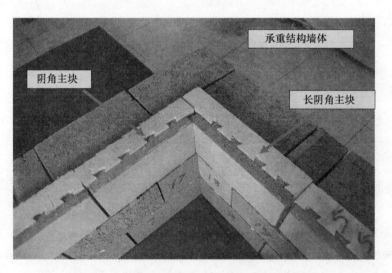

图 12-14　混凝土装饰保温贴面砌块墙体阴角建筑构造（二）

12. 混凝土装饰保温贴面砌块墙体挑檐建筑构造是什么样？

　　在框架钢筋混凝土圈梁的外侧，凸出宽100mm、厚100mm的通长钢筋混凝土挑檐（或托梁），在挑檐的上面第一皮装饰保温贴面砌块主块，采用聚合物粘结砂浆与剪力墙粘贴约5mm，装饰保温贴面主块与挑檐采用保温砂浆砌筑，按规定必须留有导水孔。挑檐（或托梁）的下面采用粘结砂浆，把装饰保温贴面主块与剪力墙粘贴，厚度约5mm。保温板的顶面与挑檐下表面之间的缝隙，采用聚氨酯发泡材料发泡密封，托梁下表面与混凝土保护层的上表面之间的缝隙，采用保温砂浆填实，并与挑檐（托梁）的断面平齐，挑檐的端面粘贴装饰保温板，装饰保温板的外表面与上下部位的混凝土装饰保温贴面砌块在同一个平面内，如图12-15所示。

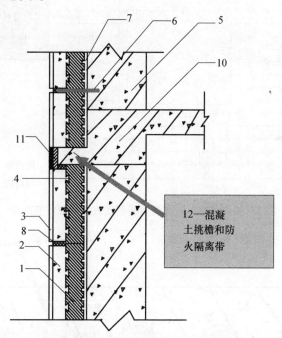

图12-15　混凝土装饰保温贴面砌块墙体挑檐建筑构造
1—聚苯板；2—混凝土保护层；3—装饰面层；4—主块；5—混凝土剪力墙；6—ϕ6拉接筋；
7—粘结砂浆；8—砌筑砂浆；9—混凝土挑檐；10—混凝土框架梁；11—装饰保温板

13. 混凝土装饰保温贴面砌块墙体拉接筋是如何排布的？

混凝土装饰保温贴面砌块不是结构构件，而是一种非结构构件，它只能承受自重的压力，自承重的压力通过每一层位于框架梁处的挑檐（托梁）传递给框架梁或剪力墙钢筋混凝土结构体，考虑到装饰保温贴面砌块抗震及风荷载的作用，应在钢筋混凝土剪力墙的内叶墙体与装饰混凝土贴面砌块的混凝土保护层的外叶墙体之间设有拉接筋，应采用ϕ6的拉接钢筋，水平方向每隔400mm设置一根拉接筋，竖直方向每隔400mm（两皮）设一根拉接钢筋，拉接钢筋成梅花形排布，拉接钢筋应采用后植筋的方式，将钢筋插入钢筋混凝土剪力墙内，其深度达到不小于15d，如图12-16所示。

14. 混凝土装饰保温贴面砌块墙体排水孔平面构造是什么样？

排水孔的设置为每隔200mm一个，排水孔可采用涂油塑料软管或涂油麻绳（直径不大于6mm），砌筑时嵌入水平灰缝砂浆内，在灰缝勾缝时取出，形成排水孔，排水孔应为上斜方向；麻绳也可不取出，形成虹吸路径，如图12-17所示。

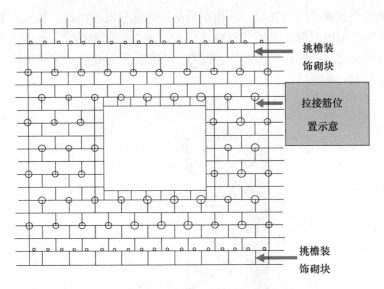

图 12-16 混凝土装饰保温贴面砌块墙体拉接筋排布

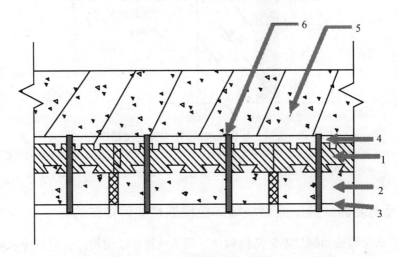

图 12-17 混凝土装饰保温贴面砌块墙体排水孔排布
1—XPS；2—混凝土基层；3—装饰面层；
4—粘结砂浆层；5—混凝土剪力墙；6—排水孔

15. 混凝土装饰保温贴面砌块墙体排水孔是如何确定的？

为了防止由于施工不当造成的灰缝开裂，雨水进入外叶墙体内，造成墙体潮湿，应在每一层的框架梁处的挑檐（托梁）上设有排水孔，排水孔的设置为每隔200mm一个，排水孔可采用涂油塑料软管或涂油麻绳（直径不大于6mm），砌筑时嵌入水平灰缝砂浆内，在灰缝勾缝时取出，形成排水孔，排水孔应为上斜方向；麻绳也可不取出，形成虹吸路径，如图12-18所示。

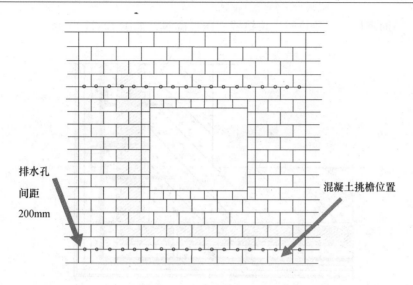

图 12-18　混凝土装饰保温贴面砌块墙体排水孔排布

16. 混凝土装饰保温贴面砌块墙体门洞左口建筑构造是什么样?

装饰保温贴面砌块墙体门洞左口,是在剪力墙外表面与剪力墙门洞口左口竖直表面平齐,水平粘砌混凝土装饰保温贴面砌块主块(或半块),在贴面砌块主块和剪力墙的端面,竖直粘砌贴面砌块的洞口块,洞口块与贴面砌块主块的外表面和剪力墙的内表面平齐。洞口块将聚苯板封闭在墙体内,起防火作用,如图 12-19、图 12-20 所示。

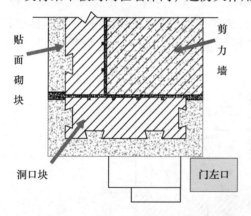

图 12-19　混凝土装饰保温贴面砌块墙体
门洞左口建筑构造(一)

图 12-20　混凝土装饰保温贴面砌块墙体
门洞左口建筑构造(二)

17. 无装饰面层的混凝土保温贴面砌块阳角建筑构造是什么样的?

无装饰面层保温贴面砌块墙体阳角建筑构造不同点是:(1)在竖直方向,每隔两皮(400mm)设一个 L 形 $\phi 6$ 的拉接筋;(2)在水平方向上,每隔 600mm 设一个拉接筋,拉接筋成梅花形排布,在各个阳角部位应适当加密拉接钢筋的数量,水平间距为 200mm;(3)在水平方向上还应设一根直径 6mm 的通长钢筋,并与 L 形拉接筋水平绑扎,位于水

213

平灰缝内，贴面砌块的阳角块与主块错缝、压槎砌筑，如图 12-21 所示。

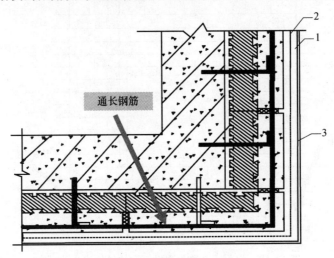

图 12-21　无装饰面层的保温贴面砌块阳角建筑构造
1—外抹灰层；2—钢丝网；3—装饰层

18. 无装饰面层保温贴面砌块墙体水平剖面建筑构造是什么样?

在钢筋混凝土剪力墙或承重结构砌块配筋体系墙体的外表面，粘贴和砌筑无装饰面层的保温贴面砌块主块，使用的粘结砂浆和砌筑砂浆，直径 6mm 的 L 形拉接筋，L 形拉接筋的一头植入混凝土剪力墙内，其植入的深度为不小于 15d。L 形拉接钢筋的另一头与 1 根直径 6mm 的通长钢筋水平绑扎拉接，必须置于两皮砌块的灰缝处，拉接筋成梅花形排布，在贴面砌块的外表面为外抹灰层，钢丝网置于外抹灰层中，最外层是装饰面层，如图 12-22 所示。

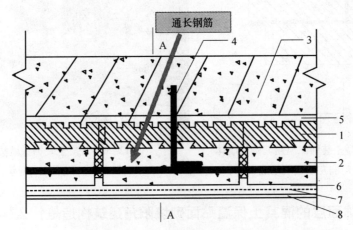

图 12-22　无装饰面层的混凝土保温贴面砌块墙体水平剖面建筑构造
1—聚苯板；2—混凝土保护层；3—混凝土剪力墙；4—L 形拉接筋；
5—粘结砂浆；6—钢丝网；7—外抹灰层；8—装饰层

19. 无装饰面层保温贴面砌块墙体垂直剖面建筑构造是什么样?

在钢筋混凝土剪力墙的外表面,粘贴和砌筑无装饰面层的保温贴面砌块主块,使用的是聚合物粘结砂浆和砌筑砂浆;水平方向每隔600mm设一个拉接筋,竖直方向每隔400mm设一个拉接筋。拉接筋形状为L形,L形拉接筋的直径为6mm,L形拉接筋的一头植入钢筋混凝土剪力墙体内,其植入的深度为15d以上(d为拉接筋的直径),拉接筋的另一头应与直径为6mm的通长钢筋绑扎拉接,绑扎方式应为水平绑扎,绑扎好的通长钢筋必须置于两皮砌块的灰缝处,L形拉接筋8成梅花形排布。无装饰面层的贴面砌块外侧为外抹灰层,在外抹灰层中置入钢丝网片,在外抹灰层的外侧为装饰面层,如图12-23所示。

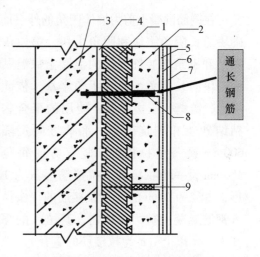

图 12-23　无装饰面层的保温贴面砌块墙体垂直剖面建筑构造

1—聚苯板;2—混凝土保护层;3—混凝土剪力墙;
4—粘结砂浆;5—钢丝网片;6—外抹灰层;
7—装饰面层;8—ϕ6拉接筋;9—砌筑砂浆

20. 无装饰面层的保温贴面砌块墙体窗洞口建筑构造是什么样?

装饰保温贴面砌块墙体窗洞口右口,是在剪力墙外表面与剪力墙门洞口左口竖直表面平齐,水平粘砌混凝土装饰保温贴面砌块主块(或半块),在贴面砌块主块和剪力墙的端面,竖直粘砌贴面砌块的洞口块,洞口块与贴面砌块主块的外表面和剪力墙的内表面平齐。直径6mm拉接筋的一头植入钢筋混凝土剪力墙体内,其植入的深度为15d以上(d为拉接筋的直径),拉接筋的另一头应与直径为6mm的通长钢筋绑扎拉接,绑扎方式应为水平绑扎,绑扎好的通长钢筋必须置于两皮砌块的灰缝处,L形拉接筋成梅花形排布,如图12-24所示。

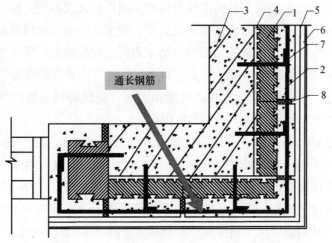

图 12-24　无装饰面层的保温贴面砌块墙体窗洞口建筑构造

1—聚苯板;2—混凝土保护层;3—混凝土剪力墙;4—粘结砂浆;5—钢丝网片;6—外抹灰层;7—L形拉接筋;8—砌筑砂浆

21. 无装饰面层的保温贴面砌块墙体阴角建筑构造是什么样

在钢筋混凝土剪力墙体阴角的外表面，第一皮粘贴和砌筑无装饰面层混凝土保温贴面砌块的长阴角主块和阴角主块，第二皮粘贴和砌筑无装饰面层的混凝土保温贴面砌块的长阴角半块和阴角半块，依此类推，错缝、压槎砌筑；使用的聚合物粘结砂浆和砌筑砂浆；水平方向每隔600mm 设一个拉接筋，竖直方向每隔400mm 设一个拉接筋。拉接筋形状为 L 形；直径为 6mm 的 L 形拉接筋的一头植入钢筋混凝土剪力墙体内，其植入的深度为 15d 以上（d 为拉接筋的直径），拉接筋的另一头应与直径为 6mm 的通长钢筋绑扎拉接，绑扎方式应为水平绑扎，绑扎好的通长钢筋必须置于两皮砌块的灰缝处，L 形拉接筋成梅花形排布，拉接筋必须置于两皮砌块的灰缝处，如图 12-25 所示。

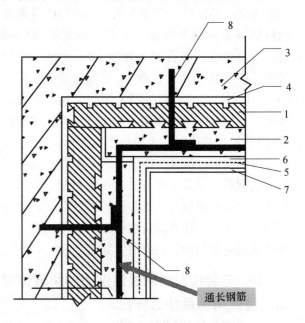

图 12-25　无装饰面层的保温贴面砌块
墙体阴角建筑构造

1—聚苯板；2—混凝土保护层；3—混凝土剪力墙；
4—粘结砂浆；5—钢丝网片；6—外抹灰层；
7—装饰层；8—L 形拉接筋

22. 无装饰面层的保温贴面砌块墙体挑檐建筑构造是什么样？

在框架钢筋混凝土圈梁的外侧，凸出宽 100mm、厚 100mm 的通长混凝土挑檐（或托梁），在挑檐的上面第一皮为无装饰面层的保温贴面主块，采用聚合物粘结砂浆与剪力墙粘贴约 5mm，无装饰面层的保温贴面主块与挑檐采用保温砂浆砌筑，按规定必须留有导水孔。挑檐（或托梁）的下面采用聚合物粘结砂浆，把无装饰面层的保温贴面砌块主块与剪力墙粘贴，厚度约 5mm。保温板的顶面与挑檐下表面之间的缝隙，采用聚氨酯发泡材料发泡密封，托梁下表面与混凝土保护层的上表面之间的缝隙，采用保温砂浆填实，并与挑檐（托梁）的断面平齐，挑檐的端面粘贴高性能保温板，高性能保温板的外表面与上下部位的无装饰面层的保温贴面砌块在同一个平面内。

水平方向每隔 600mm 设一个拉接筋，竖直方向每隔 400mm 设一个拉接筋。拉接筋形状为 L 形；直径为 6mm 的 L 形拉接筋的一头植入钢筋混凝土剪力墙体内，其植入的深度为 15d 以上（d 为拉接筋的直径），拉接筋的另一头应与直径为 6mm 的通长钢筋绑扎拉接，绑扎方式应为水平绑扎，绑扎好的通长钢筋必须置于两皮砌块的灰缝处，L 形拉接筋成梅花形排布，拉接筋必须置于两皮砌块的灰缝处，如图 12-26 所示。

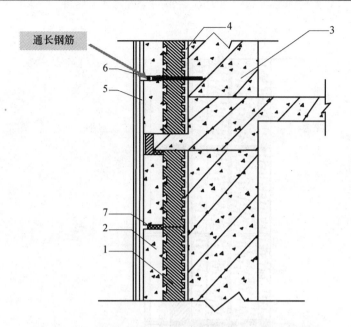

图 12-26　无装饰面层的保温贴面砌块墙体挑檐建筑构造

1—聚苯板；2—混凝土保护层；3—混凝土剪力墙；4—粘结砂浆；5—钢丝网；6—外抹灰层；7—砌筑砂浆

23. 混凝土装饰保温贴面砌块墙体与配筋砌块砌体承重夹芯双叶墙体建筑构造是什么样?

装饰保温贴面砌块墙体与配筋砌块承重夹芯双叶墙体的建筑构造有别于钢筋混凝土剪力墙，钢筋混凝土剪力墙采用后锚固植筋的方法，后粘贴和砌筑的，配筋砌块砌体承重夹芯双叶墙是同时完成的，一般是先砌筑内叶墙，每隔两皮放置钢筋网片，采用直径 4mm的镀锌钢丝，三根长钢丝与短钢丝平焊，短钢丝之间的间距为 400mm，芯柱浇筑混凝土。其他与钢筋混凝土剪力墙的构造完全相同，如图 12-27 ~ 图 12-29 所示。

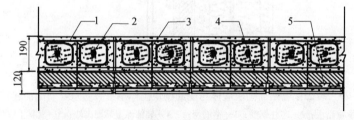

图 12-27　装饰保温贴面砌块墙体与配筋砌块砌体承重夹芯双叶墙体建筑构造

1—承重砌块；2—芯柱钢筋；3—钢筋网片；4—装饰保温贴面砌块；5—混凝土保护层

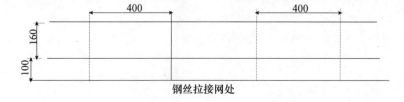

钢丝拉接网处

图 12-28　装饰保温贴面砌块墙体与配筋砌块砌体承重夹芯双叶墙体专用钢丝拉接网片

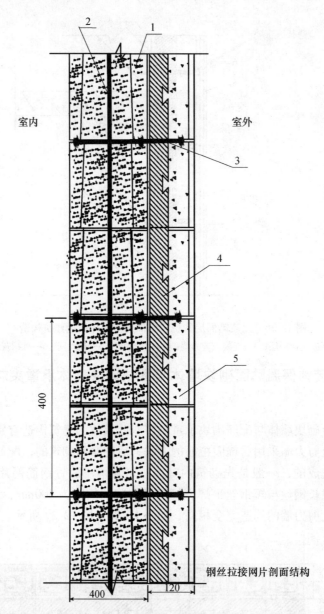

图 12-29　装饰保温贴面砌块墙体与配筋砌块砌体承重夹芯双叶墙剖面建筑构造
1—承重砌块；2—芯柱钢筋；3—钢筋网片；4—装饰保温贴面砌块；5—混凝土保护层

第十三章 混凝土复合保温填充砌块及装饰保温贴面砌块（墙体）的热工计算

1. 国家标准《复合保温砖和复合保温砌块》（GB/T 29060）对复合保温墙体传热系数有何要求？

国家标准《复合保温砖和复合保温砌块》（GB/T 29060—2012），按产品砌筑成墙体试件的传热系数 K 值 [W/(m² · K)] 分为二十六个热工性能等级，如表 13-1 所示。

表 13-1 传热系数 K 值标记　　　　　　　　　　　W/m² · K

传热系数 K 值标记	传热系数 K 值实测值	传热系数 K 值标记	传热系数 K 值实测值
1.2	≤1.2	0.45	≤0.45
1.1	≤1.1	0.42	≤0.42
1.0	≤1.0	0.40	≤0.40
0.9	≤0.9	0.38	≤0.38
0.8	≤0.8	0.36	≤0.36
0.75	≤0.75	0.34	≤0.34
0.7	≤0.7	0.32	≤0.32
0.65	≤0.65	0.30	≤0.30
0.6	≤0.6	0.28	≤0.28
0.57	≤0.57	0.26	≤0.26
0.54	≤0.54	0.24	≤0.24
0.51	≤0.51	0.22	≤0.22
0.48	≤0.48	0.20	≤0.20

2. 混凝土空心砌块的热工计算的公式是什么？

混凝土小型空心砌块的平均热阻是其热工性能的重要指标。《民用建筑热工设计规范》（GB 50176）中，给出由两种以上材料组成的非匀质围护结构的平均热式阻计算公式：

$$\bar{R} = \left[\frac{F_o}{\sum\limits_{j=1}^{n} \frac{F_i}{R_{oj}}} - (R_i + R_e) \right] \cdot \varphi \qquad 式(13-1)$$

式中 $\bar{R}$——平均热阻 [(m² · K)/W]；

F_o——与热流方向垂直的总传热面积（m²）；

F_j——按平行于热流方向划分的第 j 个传热面积（m^2）；

R_{oj}——第 j 个传热面部位的传热阻 $[(m^2 \cdot K)/W]$；

R_i——内表面换热阻，取 0.11 $[(m^2 \cdot K)/W]$；

R_e——外表面换热阻，取 0.04 $[(m^2 \cdot K)/W]$；

φ——修正系数，应按表 13-2 所示取值。

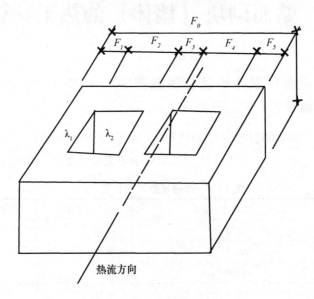

图 13-1 砌块结构

根据混凝土砌块的结构特点（图 13-1），其平均热阻计算公式可由图 13-1 和公式（13-1）改写成如下公式

$$\bar{R} = \left[\frac{F_o}{F_1/R_{01} + F_2/R_{02} + \ldots + F_n/R_{0n}} - (R_i + R_e) \right] \cdot \varphi \qquad 式(13-2)$$

式中　　　F_o——与热流方向垂直的总传热面积（m^2）；

F_1、F_2、…、F_n——按平行于热液方向划分的各个传热面积（m^2）；

R_{01}、R_{02}、…、R_{0n}——各个传热面部位的传热阻 $[(m^2 \cdot K)/W]$；

R_i——内表面换热阻，取 0.11 $(m^2 \cdot K)/W$；

R_e——外表面换热阻，取 0.04 $(m^2 \cdot K)/W$；

φ——修正系数，应按表 13-2 所示取值。

表 13-2 修正系数值

λ_2/λ_1	φ 值
0.09 ~ 0.19	0.86
0.20 ~ 0.39	0.93
0.40 ~ 0.69	0.96
0.70 ~ 0.99	0.98

图 13-1 中 λ 为材料的导热系数。当围护结构由两种材料组成时，λ_2 应取较小值，λ_1 应取较大值，然后求两者的比值；当围护结构由三种材料组成，或有两种厚度不同空气间层时，值应按表 13-2 确定。

上面两个公式计算过程显得较简单，方便工程技术人员的使用，但其计算值偏大，精度与稳定性差。如果对式 13－1 和式 13－2 作些改进，则可使公式计算简便，与实测结果接近，精度较高。根据混凝土小型空心砌块特点，《民用建筑热工设计规范》（GB 5176）提供的计算公式可改写成：

$$\bar{R} = \left[\frac{L}{\dfrac{(L-b)}{R_i + \dfrac{B}{\lambda_h} + R_e} + \dfrac{b}{R_i + \dfrac{(B - n\delta)}{\lambda_k} + nR_k + R_e}} - (R_i + R_e) \right] \varphi \qquad \text{式(13-3)}$$

式中　L——混凝土砌块的长度（m）；

　　B——混凝土砌块的宽度（m）；

　　b——混凝土砌块单排孔的总长度（m）；

　　δ——混凝土砌块单排孔洞的宽度（m）；

　　n——混凝土砌块孔洞排数；

　　λ_h——混凝土砌块的计算导热系数 [W/(m·K)]；

　　R_k——空气间层热阻值 [(m²·K)/W]；

　　λ_k——空气层的当量导热系数 [W/(m·k)]，按 $\lambda_k = \dfrac{\delta}{R_k}$ 计算，或由《民用建筑热工设计规范》（GB 50176）附表中查得；

　　R_i——内表面换热阻，取 0.11（m²·K）/W；

　　R_e——外表面换热阻，取 0.04（m²·K）/W；

　　φ——修正系数。

对于混凝土砌块长度为 0.39m 的标准块，公式可简化式：

$$\bar{R} = \left[\frac{0.39}{\dfrac{(0.39 - b)}{\dfrac{B}{\lambda_h} + 0.15} + \dfrac{b}{\dfrac{(B - n\delta)}{\lambda_k} + nR_k + 0.15}} - 0.15 \right] \varphi \qquad \text{式(13-4)}$$

根据《民用建筑热工设计规范》（GB 50176）要求，围护结构所使用砌块（材料）的热绝缘系数（热阻）与保温隔热性能有关，所有围护结构传热绝缘系数（热阻）R_o 计算按下列公式进行计算：

$$R_o = R + R_i + R_e \qquad \text{式(13-5)}$$

式中　R_o——围护结构传热绝缘系数（热阻）[(m²·K)/W]；

　　R——围护结构砌块砌体热绝缘系数（热阻）[(m²·K)/W]；

　R_i，R_e——同上式。

围护结构热绝缘系数（热阻）R 计算方法。

（1）对于单一材料层的热绝缘系数（热阻）R 的计算方法：

$$R = \frac{\delta}{\lambda} \qquad \text{式(13-6)}$$

式中　δ——材料层的厚度（m）；

　　　λ——材料层的导热系数［W/（m·K）］；

　　　R——热绝缘系数（热阻）［（m²·K）/W］。

（2）对于多层围护结构热绝缘系数（热阻）R的计算方法：

$$R = R_1 + R_2 + \cdots + R_n \qquad 式（13-7）$$

式中　R_1、R_2、…、R_n——每层围护结构的热绝缘系数（热阻）［（m²·K）/W］；

　　　R——同上式。

3. 外墙平均传热系数的计算公式是什么？

建筑物因抗震的需要，每个开间的外墙周边往往需要设置钢筋混凝土或型钢抗震柱和圈梁。这些部位的材料和构造与外墙主体部位不同，材料的导热系数要比主体部位大很多，因此形成热流密度的通道，故称为"热桥"。这些热桥部位必然增加外墙的传热损失，如不加以考虑，则建筑物耗热量的计算结果将会偏小，或是所设计的建筑物将达不到预期的节能效果。因此，在《建筑节能设计标准》（GB 50176）中考虑了外墙周边热桥对传热的影响。具体的做法是，计算出包括外墙热桥部位和主体部位在内的外墙平均传热系数，用来代表外墙的保温性能。所谓外墙节能达标，是指外墙平均传热系数计算值小于或等于上述建筑节能设计标准表中规定的外墙传热系数限值。

外墙平均传热系数按下式计算：

$$K_m = \frac{K_p \cdot F_p + K_{B1} \cdot F_{B1} + K_{B2} \cdot F_{B2} + K_{B3} \cdot F_{B3}}{F_p + F_{B1} + F_{B2} + F_{B3}} \qquad 式（13-8）$$

式中　　　K_m——外墙的平均传热系数［W/（m²·K）］；

　　　　　K_p——外墙主体部位的传热系数［W/（m²·K）］，应按国家现行标准《民用建筑热工设计规范》（GB 50176）的规定计算；

K_{B1}、K_{B2}、K_{B3}——外墙周边热桥部位的传热系数［W/（m²·K）］；

　　　　　F_p——外墙主体部位的面积（m³）；

F_{B1}、F_{B2}、F_{B3}——外墙周边热桥部位的面积（m²）。

外墙主体部位和周边热桥部位如图13-2所示。

这一计算方法是一种简化的（将二维温度场简化为一维温度场）计算方法，因而也是近似的计算方法。在墙体材料导热系数不大、墙体较薄，且采用外保温构造、窗框外侧的窗沿侧壁部位加以保温处理的条件下，计算结果与实际情况较为接近；否则，计算结果与实际情况存在一定差距。但是，与原来的仅仅用主体部位的传热系数来代表外墙保温性能这种做法相比，这种用外墙平均传热系数来代表外墙保温性能的做法，与实际

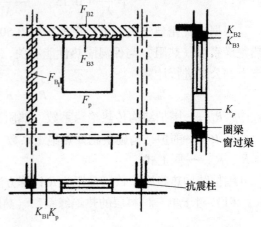

图13-2　外墙主体部位和周边热桥部位示意图

情况接近了一大步。

4. 混凝土复合保温砌块的热工性能是如何计算的?

　　[例1] 试求图13-3所示的浮石混凝土三排孔空心砌块的平均热阻值。已知浮石混凝土的密度为1300kg/m³，导热系数 $\lambda_1 = 0.53$ W/(m・K)；45mm及50mm厚空气间层的当量导热系数分别为 $\lambda_2 = 0.25$，$\lambda_3 = 0.28$；$R_i + R_e = 0.11 + 0.04 = 0.15$ m²・K/W。

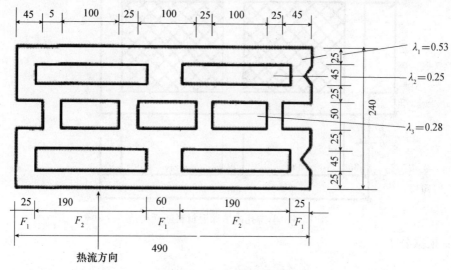

图 13-3　空心砌块断面构造

　　解：首先，将中间一排孔与两侧孔排齐，然后按平行于热流方向将砌块分成5段：

$$F_1 = 2 \times 0.025 + 1 \times 0.06 = 0.11$$

$$F_2 = 2 \times 0.19 = 0.38$$

$$F_0 = 0.49$$

$$R_{01} = \frac{0.24}{0.53} + 0.15 = 0.45 + 0.15 = 0.60$$

$$R_{02} = 4 \times \frac{0.025}{0.53} + 2 \times \frac{0.045}{0.25} + 1 \times \frac{0.05}{0.28} + 0.15$$

$$= 0.19 + 0.36 + 0.18 + 0.15 = 0.88$$

$$\frac{\lambda_2 + \lambda_3}{2} \bigg/ \lambda_1 = \frac{0.25 + 0.28}{2} \bigg/ 0.53 = 0.50$$

　　查表，$\varphi = 0.96$，空心砌块的平均热阻：

$$\bar{R} = \left[\left(\frac{F_0}{\dfrac{F_1}{R_{01}} + \dfrac{F_2}{R_{02}}} \right) - (R_i + R_e) \right] \cdot \varphi$$

$$= \left[\left(\frac{0.49}{\dfrac{0.11}{0.60} + \dfrac{0.38}{0.88}} \right) - 0.15 \right] \times 0.96$$

$$= (0.80 - 0.15) \times 0.96$$

$$= 0.62(\text{m}^2 \cdot \text{K/W})$$

［例2］小型空心砌块，中间孔洞中填保温材料，砌块的材料为轻质混凝土，导热系数 $\lambda_1 = 0.73\text{W}/(\text{m} \cdot \text{K})$；聚苯硬泡沫的导热系数 $\lambda_2 = 0.047\text{W}/(\text{m} \cdot \text{K})$，砌块尺寸为 390mm × 190mm × 190mm。砌块高度为 190mm，如图 13-4 所示。

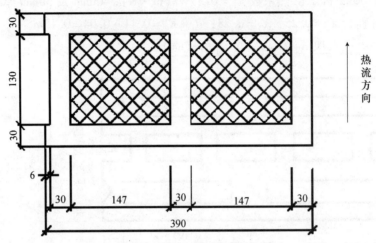

图 13-4 单排孔内填保温材料断面构造

解：根据公式

$$\bar{R} = \left[\frac{F_0}{F_1 / R_{01} + F_2 / R_{02} + \dots F_n / R_{0n}} - (R_i + R_e) \right] \times \varphi$$

（1）传热面积

$$F_1 = 0.03 \times 0.19 \times 3 = 0.0171 \qquad \delta_1 = 0.19$$

$$F_2 = 0.147 \times 0.19 \times 2 = 0.056 \qquad \delta_2 = 0.03$$

$$F_3 = 0.39 \times 0.19 = 0.0741 \qquad \delta_3 = 0.13$$

$$\frac{\lambda_2}{\lambda_1} = \frac{0.047}{0.73} = 0.064 \qquad 查表知修正系数值取 0.86。$$

（2）沿热流方向的热阻值

$$R_1 = \frac{\delta_1}{\lambda_1} = \frac{0.19}{0.73} = 0.26$$

$$R_2 = \frac{\delta_2 \times 2}{\lambda_1} + \frac{\delta3}{\lambda2} = \frac{0.03 \times 2}{0.73} + \frac{0.13}{0.047 \times 1.2}$$

$$= 0.82 + 2.30 = 2.38$$

$$R_{01} = R_1 + R_i + R_e = R_1 + 0.11 + 0.04 = R_1 + 0.15$$

$$R_{02} = R_2 + R_i + R_e = R_2 + 0.11 + 0.04 = R_2 + 0.15$$

（3）将上述值代入

$$\bar{R} = \left[\frac{F_0}{F_1 / R_{01} + F_2 / R_{02} + \dots + F_n / R_{0n}} - (R_i + R_e) \right] \times \varphi$$

$$\bar{R} = \left[\frac{F_0}{\dfrac{F_1}{R_1 + 0.15} + \dfrac{F_2}{R_2 + 0.15}} - 0.15 \right] \times 0.86$$

$$= \left[\frac{0.0741}{\dfrac{0.0171}{0.26 + 0.15} + \dfrac{0.056}{2.38 + 0.15}} - 0.15 \right] \times 0.86$$

$$= \left[\frac{0.0741}{0.042 + 0.023} - 0.15 \right] \times 0.86$$

$$= (1.14 - 0.15) \times 0.86$$

$$= 0.99 \times 0.86 = 0.85 (m^2 \cdot K)/W$$

故390mm×190mm×190mm中间孔洞填保温材料的平均热阻为0.85（$m^2 \cdot K$）/W。

[例3] 轻集料空心砌块，尺寸为390mm×290mm×190mm，无底，孔洞中有保温材料填充。$\lambda_1 = 0.73$，$\lambda_2 = 0.047$，如图13-5所示。

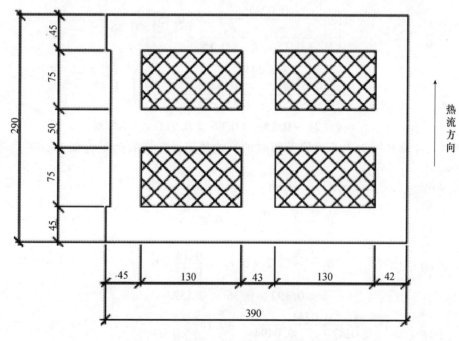

图13-5　双排孔内填充保温材料断面构造

解：根据公式

$$\bar{R} = \left[\frac{F_0}{F_1 / R_{01} + F_2 / R_{02} + \cdots + F_n / R_{0n}} - (R_i + R_e) \right] \times \varphi$$

进行计算

（1）传热面积

$$F_1 = (0.045 + 0.042 + 0.043) \times 0.19 = 0.13 \times 0.19 = 0.0247$$

$$F_2 = 0.13 \times 0.19 \times 2 = 0.0247 \times 2 = 0.0494$$

$$F_0 = 0.39 \times 0.19 = 0.0741$$

$$\delta_1 = 0.29$$

$$\delta_2 = 0.045 + 0.050 + 0.045 = 0.14$$

$$\delta_3 = 0.075 + 0.075 = 0.15$$

（2）热阻值

$$R_1 = \frac{\delta_1}{\lambda_1} = \frac{0.29}{0.73} = 0.4$$

$$R_2 = \frac{\delta_2}{\lambda_1} + \frac{\delta_3}{\lambda_2 \times 1.2} = \frac{0.14}{0.73} + \frac{0.15}{0.047 \times 1.2}$$

$$= 0.192 + 2.66 = 2.85$$

$$\lambda_2 / \lambda_1 = 0.064, \quad \varphi \text{ 取 } 0.86。$$

（3）将上述值代入

$$R_{01} = R_1 + 0.15, R_{02} = R_2 + 0.15,$$

$$\bar{R} = \left[\frac{0.0741}{\dfrac{F_1}{R_1 + 0.15} + \dfrac{F_2}{R_2 + 0.15}} - 0.15 \right] \times 0.86$$

$$= \left[\frac{0.0741}{\dfrac{0.0247}{0.4 + 0.15} + \dfrac{0.0494}{2.85 + 0.15}} - 0.15 \right] \times 0.86$$

$$= (1.21 - 0.15) \times 0.86 = 0.91 (\text{m}^2 \cdot \text{K}) / \text{W}$$

［例4］计算在例3中不插聚苯板时的平均热阻，空气的热阻为0.18，导热系数为$\lambda_2 = 0.29$。

解：（1）$\lambda_2 / \lambda_1 = 0.29 / 0.73 = 0.39$，$\varphi$ 值取 0.93，

$$R_1 = \frac{\delta_1}{\lambda_1} = \frac{0.29}{0.73} = 0.4$$

$$R_2 = \frac{\delta_2}{\lambda_2} + 2 \times 0.18 = \frac{0.14}{0.73} + 0.36$$

$$= 0.192 + 0.36 = 0.552$$

（2）$\bar{R} = \left[\dfrac{0.0741}{\dfrac{0.0247}{0.4 + 0.15} + \dfrac{0.0494}{0.55 + 0.15}} - 0.15 \right] \times 0.93$

$$= (0.0649 - 0.15) \times 0.93$$

$$= 0.46 (\text{m}^2 \cdot \text{K}) / \text{W}$$

可见不插聚苯板的保温性能要差得多。

5. 如何根据外墙材料和构造计算外墙的平均传热系数？

［例5］外墙为240mm厚砖墙，带钢筋混凝土圈梁和抗震柱。房间开间3.3m，层高2.7m，窗户1.5m×1.5m。采用饰面石膏聚苯板（$\delta = 50$）内保温。空气间层厚20mm。外墙构造如图13-6所示。所用材料的导热系数 λ [W/(m·K)]：砖墙0.81，钢筋混凝土1.74，聚苯板0.045。空气间层热阻$R = 0.16$ [(m²·K)/W]。试分析这种墙体的保温效果。

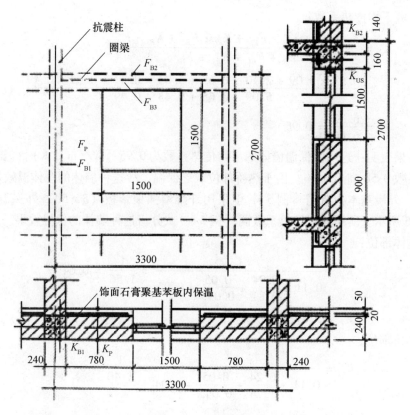

图 13-6 内保温墙体构造

解：主体部位：

$$K_P = \frac{1}{R_i + R + R_e} = \frac{1}{0.11 + \dfrac{0.24}{0.81} + 0.16 + \dfrac{0.05}{0.045} + 0.04} = \frac{1}{1.72} = 0.58$$

$$F_P = \left[(3.3 - 0.24)(2.7 - 0.3)\right] - (1.5 \times 1.5)$$

$$= 3.06 \times 2.4 - 2.25 = 5.09$$

热桥部位：

$$K_{B1} = \frac{1}{0.11 + \dfrac{0.24}{1.74} + \dfrac{0.07}{0.81} + 0.04} = \frac{1}{0.37} = 2.70$$

$$F_{B1} = 2.7 \times 0.24 = 0.65$$

$$K_{B2} = \frac{1}{0.11 + \dfrac{0.31}{1.74} + 0.04} = \frac{1}{0.33} = 3.03$$

$$F_{B2} = 3.03 \times 0.14 = 0.43$$

$$K_{B3} = \frac{1}{0.11 + \dfrac{0.24}{1.74} + 0.16 + \dfrac{0.05}{0.045} + 0.04} = \frac{1}{1.56} = 0.64$$

$$F_{B3} = 3.06 \times 0.16 = 0.49$$

227

外墙平均传热系数：

$$K_m = \frac{K_P \cdot F_P + K_{B1} \cdot F_{B1} + K_{B2} \cdot F_{B2} + K_{B3} \cdot F_{B3}}{F_P + F_{B1} + F_{B2} + F_{B3}}$$

$$= \frac{0.58 \times 5.09 + 2.70 \times 0.65 + 3.03 \times 0.43 + 0.64 \times 0.49}{5.09 + 0.65 + 0.43 + 0.49}$$

$$= \frac{6.32}{6.66} = 0.95$$

计算结果表明：这一内保温墙体的平均传热系数为 0.95 [W/(m²·K)]，要比主体部位的传热系数 0.58 高出 64%。由于热桥部位缺乏保温，故这种墙体的总体温效果较差。

［例6］外墙基本构造同［例5］，但采用纤维增强聚苯板（δ=50）外保温。外墙构造如图 13-6 所示。所用材料导热系数同［例5］，试分析这种墙体的保温效果。

解：主体部位：

$$K_P = \frac{1}{0.11 + \frac{0.24}{0.81} + \frac{0.05}{0.045} + 0.04} = \frac{1}{1.56} = 0.64$$

$$F_P = 5.09$$

热桥部位：

$$K_{B1} = \frac{1}{0.11 + \frac{0.24}{1.74} + \frac{0.05}{0.045} + 0.04} = \frac{1}{1.40} = 0.71$$

$$F_{B1} = 0.65$$

$$K_{B2} = \frac{1}{0.11 + \frac{0.24}{1.74} + \frac{0.05}{0.045} + 0.04} = \frac{1}{2.40} = 0.71$$

$$F_{B2} = 3.06 \times 0.30 = 0.92$$

外墙平均传热系数：

$$K_m = \frac{K_P \cdot F_P + K_{B1} \cdot F_{B1} + K_{B2} \cdot F_{B2}}{F_P + F_{B1} + F_{B2}}$$

$$= \frac{0.64 \times 5.09 + 0.71 \times 0.65 + 0.71 \times 0.92}{5.09 + 0.65 + 0.92} = \frac{4.37}{6.66} = 0.66$$

计算结果表明：这一外保温墙体的平均传热系数为 0.66 [W/(m²·K)]，要比主体部位的传热系数 0.64 仅高出 3%。由于热桥部位和主体部位均已保温，故这种墙体的总体温效果较好。

［例7］外墙保温砌块 砌体热阻 $R = 0.91$ [(m²·K)/W]、[(m²·K)/W] 传热系数 $K = 0.94$ [W/(m²·K)] 房间按 3.3m 开间，层高按 2.7m，柱按 400mm×400mm，梁按 250mm×350mm，水泥砂浆厚单面 20mm，水泥砂浆 $\lambda = 0.93$ [W/(m·K)]，窗户按 1.5m×1.5m，钢筋混凝土 $\lambda_1 = 1.74$ [W/(m·K)]，EPS 苯板 18kg/m³ 以上，热桥部外贴保温板，柱为 20mm 厚，梁 40mm 厚，λ_2 苯板 $= 0.042$ [W/(m·K)]，外墙构造如图 13-7 所示。

求外墙的平均传热系数：

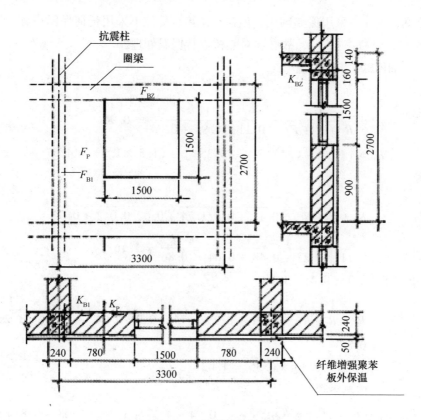

图 13-7 外保温墙体构造

解：（一）热桥不做保温

1. 主体

$$K_p = \frac{1}{R_i + R + R_e} = \frac{1}{0.11 + 0.91 + 0.04} = \frac{1}{1.06} = 0.94$$

$$F_P = \left[(3.3 - 0.4)(2.7 - 0.35)\right] - (1.5 \times 1.5) = 2.29 \times 2.35 - 2.25$$
$$= 6.82 - 2.25 = 4.57$$

2. 热桥

$$K_{B1}(柱) = \frac{1}{0.11 + 0.4/1.74 + 0.04/0.93 + 0.04} = \frac{1}{0.413} = 2.42$$

$$F_{B1}(柱) = 2.7 \times 0.4 = 1.08$$

$$K_{B2}(梁) = \frac{1}{0.11 + 0.25/1.74 + 0.04/0.93 + 0.04} = \frac{1}{0.337} = 2.97$$

$$F_{B2}(梁) = (3.3 - 0.4) \times 0.35 = 1.02$$

3. 外墙的平均传热系数

$$K_m = \frac{K_p \cdot F_p + K_{B1} \cdot F_{B1} + K_{B2} \cdot F_{B2}}{F_p + F_{B1} + F_{B2}} = \frac{0.94 \times 4.57 + 2.42 \times 1.08 + 2.97 \times 1.02}{4.57 + 1.08 + 1.02}$$

$$= \frac{4.296 + 2.61 + 3.03}{6.67} = \frac{9.936}{6.67} = 1.49 \text{W}/(\text{m}^2 \cdot \text{K})$$

由此可见，主体虽采用保温砌块，但柱和梁热桥部位不采用任何保温措施，达到平均保温 $K_m \leqslant 1.1$ ［W/(m² · K)］，故必须对热桥进行保温处理。

（二）热桥用 EPS 苯板保温

1. 主体

$$K_p = \frac{1}{R_i + R + R_e} = \frac{1}{0.11 + 0.91 + 0.04} = 0.94$$

$$F_P = [(3.3 - 0.4)(2.7 - 0.35)] - (1.5 \times 1.5) = 4.57$$

2. 热桥

$$K_{B1}(柱) = \frac{1}{R_i + R + R_e} = \frac{1}{0.11 + 0.4/1.74 + 0.02/0.042 + 0.04}$$

$$= \frac{1}{0.11 + 0.23 + 0.48 + 0.04} = \frac{1}{0.86} = 1.16$$

$$F_{B1}(柱) = 2.7 \times 0.4 = 1.08$$

$$K_{B2}(梁) = \frac{1}{R_i + R + R_e} = \frac{1}{0.11 + 0.25/1.74 + 0.04/0.042 + 0.04} = \frac{1}{1.25}$$

$$= 0.8$$

$$F_{B2}(梁) = (3.3 - 0.4) \times 0.35 = 1.02$$

3. 外墙的平均传热系数

$$K_m = \frac{K_p \cdot F_p + K_{B1} \cdot F_{B1} + K_{B2} \cdot F_{B2}}{F_p + F_{B1} + F_{B2}} = \frac{0.94 \times 4.57 + 1.16 \times 1.08 + 0.8 \times 1.02}{4.57 + 1.08 + 1.02}$$

$$= \frac{4.3 + 1.25 + 0.82}{6.67} = \frac{6.37}{6.67} = 0.96 W/(m² · K)$$

由于采取对热桥保温措施，其外墙的平均传热系数为 0.96，完全符外墙平均传热系数 1.1 的要求。

6. 根据复合保温砌块墙体的传热系数和实心黏土砖的导热系数，如何进行墙体的厚度计算？

［例 8］已知：实心黏土砖的导热系数 $\lambda = 0.81 W/(m · K)$，传热系数 $K = 0.47 W/(m² · K)$ 的 310 混凝土自保温复合承重砌块墙体相当于多少米厚度的实心黏土砖墙体？

解：根据公式 $R = \delta/\lambda$ 可知，$\lambda = 0.81$，R 值不知，但可以通过传热系数求得 R 的值；由此可见，实心黏土砖墙体的厚度 $\delta = R \times \lambda = R \times 0.81$。

由 $K = 1/(R + R_i + R_e) = 1/(R + 0.11 + 0.04) = 1/(R + 0.150)$，可以计算出 $R = 1/(K - 0.15) = 1/(0.47 - 0.15) = 2.128 - 0.05 = 1.978$。

将 $R = 1.978$ 代入 $R = \delta/\lambda$ 可得，$\delta = R \times \lambda = R \times 0.81 = 1.978 \times 0.81 = 1.602 m$。

答：传热系数为 $K = 0.47$ 的 310 混凝土自保温复合承重砌块，与厚度 1.6m 的实心黏土砖墙体的传热系数相当。

7. 如何计算混凝土复合屋面板的传热系数？

［例9］已知：粉煤灰陶粒混凝土现浇楼板的导热系数为：$\lambda_s = 0.73\,W/(m \cdot K)$，聚苯板的导热系数：$\lambda_b = 0.042\,W/(m \cdot K)$。该混凝土现浇屋面板的厚度为80mm，在现浇屋面板的上面铺设100mm厚度的、密度为20kg/m³，聚苯板上面抹10～15mm水泥砂浆。

求：现浇混凝土保温屋面板的传热系数。

解：$R_0 = R_s + R_b + R_i + R_e = \delta_s/\lambda_s + \delta_b/\lambda_b + 0.11 + 0.04 = 0.08/0.73 + 0.1/0.041 + 0.15$
$= 0.11 + 2.38 + 0.15 = 2.641$。

传热系数 $K = 1/R_0 = 1/2.641 = 0.38\,W/(m^2 \cdot K)$。

答：保温屋面板的传热系数 $K = 0.38\,W/(m^2 \cdot K)$。

8. 轻集料混凝土复合保温填充砌块的热工性能是如何计算的？

轻集料混凝土复合保温填充砌块作为填充墙体材料，一般采用煤渣、火山灰渣或陶粒混凝土等。这类混凝土的体积密度约为1300kg/m³，导热系数取0.56W/(m·K)。混凝土自保温复合砌块的混凝土保护面层的厚度是定值，选取不同的EPS板厚时，块体的厚度是不同的，单排孔砌块热阻计算值是0.31～0.32（m²·K）/W。据此对砌块进行热工计算，如表13-3所示。

表13-3 轻集料混凝土自保温复合砌块热工性能技术表

砌块系列	EPS板厚度（有效厚度）mm	砌块热阻 R（m²·K/W）	当量导热系数 $\lambda = B/R$ [W/(m·K)]	传热系数 $K = 1/(R + 0.195)$ W/(m²·K)	热惰性指标 D
30系列 $B=300$（mm）	60（45）	1.29	0.23	0.67	2.75
	65（50）	1.39	0.22	0.63	2.78
	70（55）	1.49	0.20	0.59	2.81
	75（60）	1.59	0.19	0.56	2.85
	80（65）	1.69	0.18	0.53	2.88
32系列 $B=320$（mm）	80（65）	1.69	0.19	0.53	2.84
	85（70）	1.79	0.18	0.50	2.92
	90（75）	1.89	0.17	0.48	2.94
	95（80）	1.99	0.16	0.46	3.00
	100（85）	2.09	0.15	0.44	3.04

注：1. 本表以 $390 \times B \times 190$ 砌块为计算依据。混凝土表观密度为1300kg/m³。

2. EPS保温板厚度超过80mm时，30系列砌块的承重部分块体厚度小于190mm；PS板的厚度小于80mm时，32系列砌块块体厚度大于220mm。故其计算均未列出。

计算表明，混凝土自保温复合砌块保温隔热性能主要由EPS保温板承担。调整EPS保温板的厚度和密度，可以满足不同地区、不同建筑物、不同建筑节能阶段的保温或隔热要求。此外，合理的设计EPS保温板的燕尾槽的间距和尺寸，增加EPS保温板的有效厚度，还可以进一步提高保温隔热性能

9. 已知节能 65% 的夹芯复合保温砌块墙体的传热系数，如何计算节能 75% 的墙体传热系数？

［例10］已知：轻集料混凝土聚苯夹芯复合保温填充砌块墙体热阻 $R = 2.218$ $(m^2 \cdot K)/W$，传热系数 $K = 0.42W/(m^2 \cdot K)$，聚苯板 $\lambda = 0.038W/(m \cdot K)$，轻集料混凝土聚苯夹芯复合保温填充砌块节能墙体的 75% 的节能标准为，传热系数 $K \leqslant 0.4W/(m^2 \cdot K)$。

求：在轻集料混凝土复合保温砌块的混凝土内叶和外叶块体厚度不变的前提下，将聚苯板的厚度增加 10mm，该种墙体的传热系数能否达到节能 75% 的标准。

解：（1）对于单一材料层的热绝缘系数（热阻）R 的计算方法：

$$R = \frac{\delta}{\lambda}$$

式中　δ——材料层的厚度（m）；

　　　　λ——材料层的导热系数 $[W/(m \cdot K)]$；

　　　　R——热绝缘系数（热阻）$[(m^2 \cdot K)/W]$。

将相关数据代入（13-6）式中计算 10mm 的聚苯板能生产多大的热阻值：$\delta = 10mm = 0.01m$，$\lambda = 0.038$，$R_{10} = 0.01 \div 0.038 = 0.263$ $(m^2 \cdot K)/W$。

增加 10mm 聚苯板后的墙体的总热阻 $R_Z = R + R_{10} = 2.218 + 0.263 = 2.481$ $(m^2 \cdot K)/W$。

增加 10mm 聚苯板后的墙体传热系数：

$$
\begin{aligned}
K &= 1/(R_Z + R_i + R_e) \\
&= 1/(2.481 + 0.11 + 0.04) \\
&= 1/2.631 = 0.38W/(m^2 \cdot K)。
\end{aligned}
$$

由于增加 10mm 后的聚苯板能够提供 0.263 的热阻，复合保温砌块墙体的传热系数变为 $0.38W/(m^2 \cdot k)$，显然满足建筑节能墙体的传热系数 $K \leqslant 0.4W/(m^2 \cdot k)$ 的要求。

答：在轻集料混凝土复合保温砌块内叶块体和外叶块体厚度不变的前提下，将聚苯板的厚度增加 10mm，该种复合保温砌块墙体的传热系数能够达到节能 75% 的标准。

10. 混凝土复合保温填充砌块墙体的当量导热系数是如何计算的？

［例11］已知：混凝土复合保温填充砌块墙体热阻 $R = 2.218$ $(m^2 \cdot K)/W$，传热系数 $K = 0.42w/(m^2 \cdot K)$，复合保温填充砌块的规格：$390mm \times 240mm \times 190mm$。

求：混凝土复合保温填充砌块墙体的当量导热系数。

解：将墙体热阻值和砌块墙体的宽度值，代入公式：

$$\lambda_{eq} = d_{ma}/R_{ma}$$

式中　λ_{eq}——复合保温填充砌块墙体的当量导热系数，$W/(m \cdot K)$；

　　　　d_{ma}——复合保温填充砌块墙体的厚度，m；

　　　　R_{ma}——复合保温填充砌块墙体热阻，$(m^2 \cdot K)/W$。

计算出当量导热系数，即：

$$\lambda_{eq} = d_{ma}/R_{ma} = 0.24/2.218 = 0.108W/(m \cdot K)。$$

答：混凝土复合保温填充砌块墙体的当量导热系数为 $\lambda_{eq} = 0.108W/(m \cdot K)$。

11. 混凝土装饰保温贴面砌块墙体传热系数是如何计算的？

［例12］已知：建筑物的外墙为钢筋混凝土剪力墙，厚度为200mm，混凝土装饰保温贴面砌块的挤塑保温板（XPS）厚度为80mm，轻集料混凝土保护层和装饰面层的总厚度为35mm，每一块装饰保温贴面砌块有四个燕尾槽，每个燕尾槽的水平截面为一个等腰梯形，其上底为30mm，下底为40mm 高15mm。

求：使用混凝土装饰保温贴面砌块砌筑的保温墙体的传热系数是多少？墙体结构如图13-8所示。

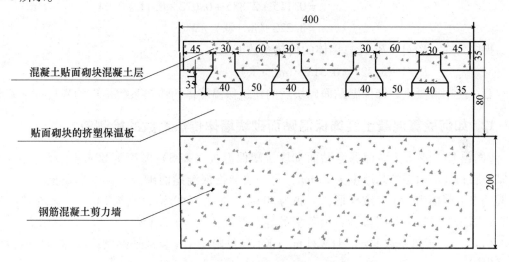

图13-8　钢筋混凝土剪力墙外贴装饰保温贴面砌块的结构构造

解：设钢筋混凝土剪力墙的厚度为δ_1，导热系数为λ_1，热阻为R_1；

挤塑板的厚度为δ_2，导热系数为λ_2，热阻为R_2；

混凝土面层厚度为δ_3，导热系数为λ_3，热阻为R_3；

其中：未给出的数据可以通过相关国家标准中查询。

已知和查询的数据如下：$\delta_1 = 200mm$，$\lambda_1 = 1.74$；$\delta_2 = 80mm$，$\lambda_2 = 0.026$；$\delta_3 = 35mm$，$\lambda_3 = 0.56$；$R_i = 0.11$，$R_e = 0.04$。建筑物外墙体结构见图13-8。

总的热阻为 $R_0 = R_1 + R_2 + R_3 + R_i + R_e$

其中前三项通过公式 $$R = \frac{\delta}{\lambda}$$

式中　δ——材料层的厚度（m）；

λ——材料层的导热系数［W/(m·K)］；

R——热绝缘系数（热阻）［(m²·K)/W］。

由于挤塑板上加工有四个燕尾槽，聚苯板的厚度需要进行修正，通过计算，四个燕尾槽的出现，使得聚苯板的厚度减少了5mm，修正后的聚苯板有效厚度为80 − 5 = 75mm；

由于挤塑板上加工有四个燕尾槽，混凝土面层和保护层的厚度需要进行修正，通过计算，四个燕尾槽的出现，使混凝土的厚度增加了5mm，修正后的混凝土面层和保护层的有效厚度为35 + 5 = 40mm。

计算各项热阻：

$$R_1 = \delta_1/\lambda_1 = (200 \div 1000) \div 1.74 = 0.2 \div 1.74 = 0.115 (m^2 \cdot K)/W;$$

$$R_2 = \delta_2/\lambda_2 = (80 - 5) \div 0.026 = (75 \div 1000) \div 0.026$$
$$= 0.075 \div 0.026 = 2.885 (m^2 \cdot K)/W;$$

$$R_3 = \delta_2/\lambda_2 = (35 + 5) \div 0.56 = (40 \div 1000) \div 0.56$$
$$= 0.04 \div 0.56 = 0.072 (m^2 \cdot K)/W_\circ$$

总分热阻：
$$R_0 = R_1 + R_2 + R_3 + R_i + R_e,$$
$$= 0.115 + 2.885 + 0.072 + 0.11 + 0.04$$
$$= 3.222 \ (m^2 \cdot k)/W_\circ$$

再由公式：$K = 1 \div R_0$ 计算墙体的传热系数 K 值，
$$K = 1 \div 3.222 = 0.31 W/(m^2 \cdot K)_\circ$$

答：使用混凝土装饰保温贴面砌块后的建筑保温墙体的传热系数是 $0.31 W/(m^2 \cdot K)$。

12. 如何验算混凝土装饰保温贴面砌块墙体传热系数的检测值？

[例题13] 混凝土装饰保温贴面砌块挤塑保温板（XPS）厚度为80mm，轻集料混凝土保护层和装饰面层的总厚度为35mm，每一块装饰保温贴面砌块有四个燕尾槽，每个燕尾槽的水平截面为一个等腰梯形，上底为30mm，下底为40mm，高为15mm。如图13-9所示。经国家权威检测部门检验：聚苯板的导热系数为 $\lambda = 0.031 W/(m \cdot K)$，热阻 $R = 2.3$ $(m^2 \cdot K)/W$，传热系数 $K = 0.41 W/(m^2 \cdot K)$（见附录1《装饰外贴砌块墙体传热系数检验报告》）。

试问：通过理论计算，该理论计算所得的传热系数与实际检测的传热系数的差异性。

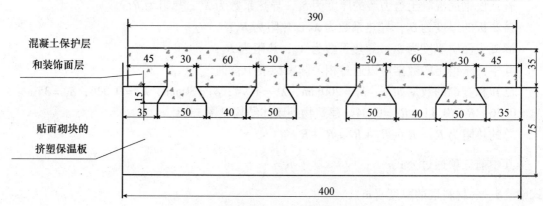

图 13-9　混凝土装饰保温贴面砌块结构构造

解：设挤塑板的厚度为 δ_1，导热系数为 λ_1，热阻为 R_1；

混凝土面层和保护层厚度为 δ_2，导热系数为 λ_2，热阻为 R_2；

其中未给出的数据可以通过相关国家标准中查询；

已知和查询的数据如下：$\delta_1 = 75mm$，$\lambda_1 = 0.031$，$\delta_2 = 35mm$，$\lambda_2 = 0.56$；$R_i = 0.11$，$R_e = 0.04$；

总的热阻为 $R_0 = R_1 + R_2 + R_i + R_e$

其中前二项通过公式

$$R = \frac{\delta}{\lambda}$$

式中　δ——材料层的厚度（m）；

　　　λ——材料层的导热系数 $[W/(m \cdot K)]$；

　　　R——热绝缘系数（热阻）$[(m^2 \cdot K)/W]$。

由于挤塑板上加工有四个燕尾槽，聚苯板的厚度需要进行修正，通过计算，四个燕尾槽的出现，使得聚苯板的厚度减少了约5mm，修正后的聚苯板有效厚度为 75 - 5 = 70mm；

由于挤塑板上加工有四个燕尾槽，混凝土面层和保护层的厚度需要进行修正，通过计算，四个燕尾槽的出现，使混凝土的厚度增加了5mm，修正后的混凝土层的有效厚度为 35 + 5 = 40mm。

计算各项热阻：

$$R_1 = \delta_1/\lambda_1 = (75 - 5) \div 0.031 = (70 \div 1000) \div 0.031$$
$$= 0.07 \div 0.031 = 2.26 (m^2 \cdot K)/W$$
$$R_2 = \delta_2/\lambda_2 = (35 + 5) \div 0.56 = (40 \div 1000) \div 0.56$$
$$= 0.04 \div 0.56 = 0.072 (m^2 \cdot K)/W$$

总分热阻：

$$R_0 = R_1 + R_2 + R_i + R_e$$
$$= 2.26 + 0.072 + 0.11 + 0.04$$
$$= 2.482 \ (m^2 \cdot K)/W$$

再由公式：$K = 1 \div R_0$　计算墙体的传热系数 K 值：

$$K = 1 \div 2.482 = 0.403 W/(m^2 \cdot K)$$

可见，理论计算与实际检测误差为 0.41 - 0.403 = 0.007 = 7‰。

答：通过计算可知，混凝土装饰保温贴面砌块的传热系数检测值与计算值的误差仅有7‰。

第十四章 混凝土装饰保温贴面
砌块墙体的施工技术

1. 施工技术要求的编制依据是什么？

混凝土装饰保温贴面砌块墙体的施工依据：
（1）《砌体结构设计规范》（GB 50003—2011）；
（2）《混凝土结构设计规范》（GB 50010）；
（3）《混凝土小型空心砌块建筑技术规程》（JGJ/T 14—2011）；.
（4）《砌体工程施工质量验收规范》（GB 50203）；
（5）《建筑结构加固工程施工质量验收规范》（GB 50550—2010）；
（6）《混凝土结构后锚固技术工程》（JGJ 145—2004）；
（7）《夹芯保温墙结构构造》（07SG617）；
（8）《夹芯保温墙建筑构造》（07J107）；
（9）《外墙夹芯保温建筑构造通用图集》（11BJ2—4）；
（10）《自保温混凝土复合砌块墙体应用技术规程》（JGJ/T 323—2014）；
（11）《外墙夹芯保温建筑构造通用图集》，北京标办、华北地区标办 11BJ 2—4。

2. 装饰保温贴面砌块墙体施工准备包括哪些事项？

（1）材料要求

①装饰保温贴面砌块：施工现场应按规定的标准与产品出厂合格证，对装饰保温贴面砌块外观质量、规格进行出厂检查验收，并复验装饰保温贴面砌块的抗压强度或抗折强度，必须达到相关标准的规定指标，不得使用养护龄期不足 28d 的装饰保温贴面砌块。装饰保温贴面砌块应包装出厂，其吸水率和相对含水率也要符合相关规定。

②粘结砂浆：装饰保温贴面砌块与钢筋混凝土剪力墙等承重构造外墙体粘结，应使用合格的聚合物粘结砂浆，工程使用的聚合物粘结砂浆必须有厂家的出厂合格证，以保证将装饰保温贴面砌块的聚苯板与钢筋混凝土剪力墙的外表面粘结牢固。当该种粘结砂浆超过三个月时，应复查、试验，并按试验结果使用。

③砌筑砂浆：水泥：应使用强度等级为 42.5 的 P·O 普通硅酸盐水泥。工程使用的水泥应有合格证，并经过复试合格后方可使用。砂：宜使用中砂，采用 4.75 的方孔筛过筛的含泥土量不大于 3%，不得有任何杂质。外加剂：在砂浆中掺入适量的膨胀剂（小于2%），也可以加入适量的防水剂。外加剂的掺量应经过试验确定。

④拉接筋和芯柱钢筋：拉接钢筋采用直径为 6mm 的钢筋，加工成 T 形或 L 形拉接筋，

规格尺寸应满足设计要求，拉接筋使用的钢筋还是配筋砌块砌体承重墙体使用的钢筋，须符合现行国家标准规定，并具有质量证书，经复试合格后方可使用。配筋砌块承重墙体使用的灌孔混凝土的水泥应为强度等级为 P·O42.5 级普通硅酸盐水泥，以保证建筑物的质量。中砂的含泥量不大于 3%，石子的粒径为 5～10mm、10～20mm，含泥量不大于 1%，采用饮用水。

⑤植筋胶：采用合格的植筋胶，并进行试验合格后方可使用。

（2）主要机具

①机械：塔式起重机，卷扬机及井架，砂浆搅拌机，空压机及气压喷枪，冲击钻。

②工具：灰斗，大铲，橡胶锤，各种专用铺灰器，勾缝器，清扫刷，试管刷，注胶器，小推车等。

3. 装饰保温贴面砌块墙体施工操作工艺流程是什么？

混凝土装饰保温贴面砌块墙体施工操作工艺流程，包括：（1）外墙面处清理，去掉残留的混凝土块状物，对于有凹陷的墙面进行抹平，清扫外墙面的浮灰（2）划线、排块，按每个层高单位进行划线和排块；（3）确定拉接筋的位置；（4）钻孔、清孔；（5）植筋；（6）粘贴和砌筑；（7）一次勾缝、二次勾缝；（8）表面清理。施工操作工艺流程如图14-1所示。

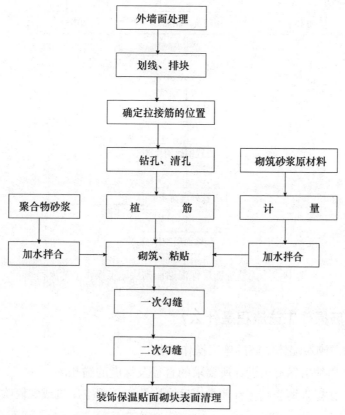

图 14-1　装饰保温贴面砌块施工操作工艺流程

4. 无装饰面层保温贴面砌块墙体施工操作工艺流程是什么？

混凝土无装饰面层的保温贴面砌块墙体施工操作工艺流程，包括：（1）外墙面处清理，去掉残留的混凝土块状物，对于有凹陷的墙面进行抹平，清扫外墙面的浮灰；（2）划线、排块，按每个层高单位进行划线和排块；（3）确定拉接筋的位置；（4）钻孔、清孔；（5）植筋；（6）粘贴和砌筑；（7）一次勾缝；（8）抹外层底灰；（9）加钢丝网；（10）抹外层面灰；（11）装饰面层作业与处理。施工操作工艺流程如图 14-2 所示。

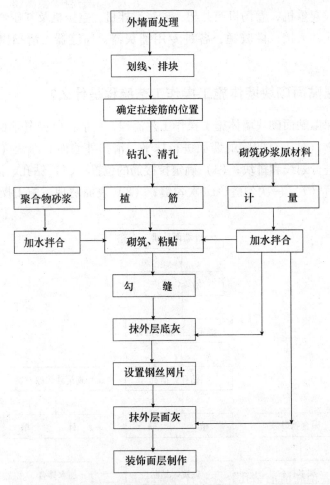

图 14-2　无装饰面层保温贴面砌块施工操作工艺流程

5. 钻孔植筋操作工艺流程是什么？

装饰保温贴面砌块墙体植筋的施工操作工艺：

（1）钻孔：用冲击钻打出设计所要求的直径及深度的锚孔。

（2）清孔：在植入钢筋或螺杆前先用毛刷刷孔，再用空压机或气筒吹孔吹出灰尘，反复刷孔、吹孔三次。

（3）配料：先将 A 组分充分在包装内搅匀，并按 $A:B=100:2$ 的质量比称量；

（4）注胶：用钢筋或螺杆蘸满胶往孔中送胶，直到送到2/3深即可，或者用PPC管横向切开，截取足够长度，将混合好的胶体填满PPC管，然后将管子的一端对准孔口，另一端用钢筋或螺杆向孔中推挤；管状胶的注胶：在胶瓶上装好静态混合器，用胶枪先少量排掉前端部分未完全混合均匀的胶料，然后由孔底至孔口注胶，胶料一般注满孔深的1/2至2/3处。

（5）植筋：钢筋应去除油污、锈蚀，并擦拭干净，以连续旋转的方式将钢筋或螺杆植入孔中，直至触至孔底，有胶体溢出为止，去除孔口多余的胶料。

（6）养护：将锚固件埋植固定后，在室温下固化不少于10h，在胶固化前禁止触动锚固件，以免影响锚固效果。

（7）完全固化后进行植筋质量检验。

（8）检验合格后方可进行下一步的施工操作。

施工工艺流程如图14-3所示。

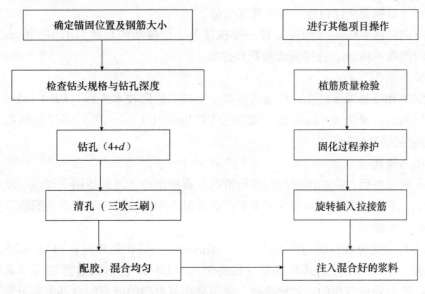

图14-3　植筋施工操作工艺流程

6. 植筋施工过程应注意些什么？

（1）植筋前要彻底清洁钻孔，并将杆体旋转植入孔内，如果孔内无胶流出，必须将杆体拔出，重新注胶操作，未固化前严禁触动杆体，保证锚杆垂直于基材。

（2）冬季施工时可分别将胶和固化剂放入热水中浸泡一段时间，会得到更好的使用效果。

（3）一袋中未使用完的胶（未混合固化剂部分）可封好袋口，放在背阴处，下次继续使用。

（4）胶体固化后若需焊接钢筋，应注意不要使高温影响胶体，会导致胶体性能下降，操作时可将湿抹布包裹于钢筋根部，以隔断高温。

（5）施工时应戴手套、口罩、护目镜、安全帽等防护用品操作。

（6）若不慎弄到皮肤或衣物上，可用专用洗涤剂清洗并用大量清水冲洗，若不慎食用或溅入眼睛，应立即就医。

7. 装饰保温贴面砌块墙体施工操作步骤是什么？

第 1 步　清理外墙面

保证外墙基体的平整度。

第 2 步　划线、排块

以每一个层高为单位，进行划线和排块，做到错缝、压槎砌筑；阳角处用阳角块，不分左右，在阳角到门洞或框架柱墙体段使用主块、半块；在阴角到阳角的墙段，一般使用主块、半块、（长）阴角主块、（长）阴角半块和模数补块和阳角块等块型；在阴角到洞口的墙段，一般使用主块、半块、（长）阴角主块、（长）阴角半块、模数补块及洞口块等块型；洞口的周边使用洞口块。

第 3 步　根据要求定位连接件的准确坐标

竖直方向每隔 400mm（两皮）设一排拉接筋，拉接筋的直径为不小于 6mm，拉接筋在水平方向间隔 400mm，拉接筋成梅花形排布。

第 4 步　钻孔

按规定的孔径和深度钻孔；根据《混凝土结构后锚固技术规程》（JGJ 145—2004）的要求，拉接筋的直径为 $d = 6mm$ 时，必须使用 10mm（$d + 4 = 10$）的钻头钻孔，孔深为 $15d$（d 为拉接筋的直径）以上。

第 5 步　清孔

植筋孔洞钻好后，应先用钢丝刷进行清孔，再用洁净无油的压缩空气或手动吹气筒清除孔内粉尘，如此反复处理不应少于 3 次，必要时应用棉纱沾少量工业丙酮擦净孔壁。

第 6 步　配胶

先将 A 组分充分在包装内搅匀，并按厂家的说明书的比例称量；（FLD－20 系列注射式植筋胶有：FLD－21 注射式植筋胶（经济型）、FLD-22 注射式植筋胶（环氧型）两种规格型号。产品使用专用的注射枪注射，两组分在可更换的静态混合器中充分混合直接注入钻孔内）。如使用注射式植筋胶时，专用注射枪和混合嘴进行预注，混合嘴流出的最初四枪粘胶剂必须废弃不用。

第 7 步　注胶

用钢筋或螺杆蘸满胶往孔中送胶，直到送到 2/3 深即可，或者用 PPC 管横向切开，截取足够长度，将混合好的胶体填满 PPC 管，然后将管子的一端对准孔口，另一端用钢筋或螺杆向孔中推胶。

管状胶的注胶：在胶瓶上装好静态混合器，用胶枪先少量排掉前端部分未完全混合均匀的胶料，将混合嘴插入孔底并开始注胶，一边注胶的同时缓慢地将混合嘴外移，确保孔内无气泡或孔隙，注胶至填满孔深的 2/3 左右处。

第 8 步　植筋，注入植筋胶后，应立即插入钢筋，并按单一方向边转边插，直至达到规定的深度。从注入胶粘剂至植好钢筋所需的时间，应不少于产品使用说明书规定的适用期（可操作时间）。否则应拔掉钢筋，并立即清除胶粘剂，重新按原工序返工。

第9步　静置固化

植入后必须立即校正方向使植入的钢筋与孔壁间的间隙均匀并与外墙表面垂直。胶粘剂未达到产品说明书规定的固化期前，应静置养护，不得扰动所植钢筋。

第10步　制备砂浆

（1）砌筑砂浆。砌筑砂浆必须满足规定要求，砂浆的强度等级不应低于Mb7.5，在砌筑砂浆中植筋，可以加入一定量的防水剂和膨胀剂，同时还应加入适量的保水剂，由于砌筑砂浆用量较少，所以一次搅拌的砌筑砂浆的量不要太大，做到在半个小时内用完。

（2）聚合物粘结砂浆，聚合物粘结砂浆为干粉预拌砂浆，按生产厂家的产品说明书进行操作，一次搅拌的砂浆量也不能太大，保证砂浆的质量和粘结强度。

第11步　粘砌混凝土装饰保温贴面砌块

砌筑顺序是由顶层到一层，在顶层则由下到上砌筑和粘贴。将框架梁凸出的挑檐（托梁）上表面清理干净，并在上表面铺一层保温砂浆，铺好砂浆后，保温砂浆中应加入憎水剂或防水粉，在砂浆铺好后，按设计规定放置导水管或导水麻绳，导水管采用涂油的塑料软管或涂油的麻绳（直径小于6mm），水平间距为200mm，设一个导水孔，导水孔设在砂浆中，在灰缝勾缝时抽出形成泄水孔，也可不取出，形成虹吸路径，泄水孔应朝斜上方向。使用专用铺灰器，先铺装饰保温贴面砌块主块端面的碰头灰，灰缝在10～12mm，然后使用另一种专用铺灰器，往装饰保温贴面砌块主块的聚苯板表面铺设聚合物粘结砂浆约7mm，采用铺灰器的砂浆厚度均匀，铺灰面积准确，砂浆粘结面积为聚苯板面积的2/3，竖向铺粘结三条，聚苯板的长度为400mm，以该聚苯板的中心线为准，中间铺粘结砂浆宽度为130mm，距聚苯板的两端5mm处铺粘结砂浆宽度65mm，这样铺设聚合物砂浆三条，留出两条不铺聚合物砂浆，是为了在粘贴后，聚苯板与外墙面形成两个微型的排湿通道，该通道下部与导水孔相连通。灰缝砂浆达到"指纹硬化"（手指能压出清晰指纹而砂浆不粘手）为准，并应采用原浆勾缝。勾缝形式为圆弧状凹缝、"V"形缝。聚合物粘结砂浆铺设如图14-4～图14-6所示。

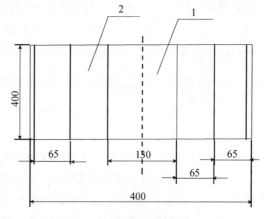

图14-4　聚合物粘结砂浆铺设图（一）

1—聚合物粘结砂浆层；2—聚苯保温板

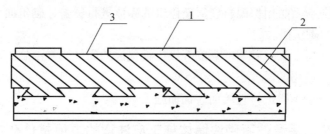

图14-5　聚合物粘结砂浆铺设图（二）

1—聚合物粘结砂浆层；2—聚苯保温板；3—微型排湿通道

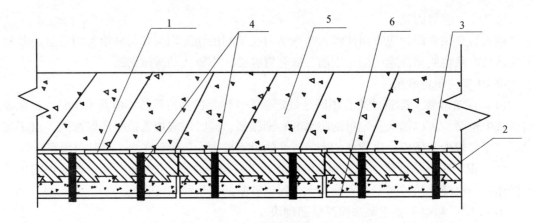

图 14-6　采用聚合物粘结砂浆粘结聚苯板和外墙体形成排湿通道及导水孔

1—聚合物粘结砂浆层；2—聚苯板；3—微型排湿通道；4—排水孔；5—剪力墙；6—装饰保温贴面砌块

第 12 步　二次勾缝

混凝土装饰保温贴面砌块砌筑完毕后，需要进行二次勾缝，二勾缝应在主体墙完工 30d 后进行，在勾缝砂浆中掺入适量的防水剂。

第 13 步　表面清理与处理

装饰保温贴面砌块墙体施工后应及时地对装饰面层进行清理和清扫，发现污染物应及时剔除和补修；在风沙较小的地区可在墙面清扫干净后，喷一层无色透气性憎水剂，达到"抗渗防污"的双重功效。对于风沙较大的地区，可在二次勾缝后采用丙烯酸涂料（一种具有防水功能的弹性涂料）对勾缝进行处理。

8. 装饰保温贴面砌块墙体冬雨期施工要求是什么?

（1）雨期施工应有防雨措施。每日施工高度为 1.2m，收工时砌筑顶面应进行覆盖，雨后继续施工时应复核墙体的垂直度。

（2）冬期施工，砌筑砂浆的稠度应视实际情况适当减少，日砌筑高度不宜超过 1.2m。

（3）不得使用表面结冰的混凝土装饰保温贴面砌块；砌筑砂浆宜采用普通硅酸盐水泥拌制；石灰膏应防止受冻，遭冻结的石灰膏应融化后使用；砌筑砂浆、构造柱混凝土和灌孔混凝土所用的砂与粗集料，不得含有冰块和直径大于 10mm 的冻结块；拌合砂浆时水的温度不得超过 80℃，砂浆的温度不得超过 40℃，砂浆的稠度应较常温减小；干粉聚合物粘结砂浆按需适量拌制，随拌随用；现场拌制、储存于运送砂浆应有冬期施工措施。

（4）冬期施工应及时用保温材料对新砌筑的砌体进行覆盖，砌筑面不得留有砂浆。继续砌筑前，应清扫砌筑面。

（5）冬期施工时，砌筑砂浆的强度等级应视气温的高低比常温施工至少提高 1 级。

（6）砌筑砂浆使用的温度不应低于 5℃。

（7）雨期、冬期不得进行外墙面砖饰面施工。

9. 混凝土装饰保温贴面砌块墙体施工应注意的事项是什么?

（1）在建筑物的外墙面外侧放线、排块，粘贴两皮贴面砌块，应将排水孔预先在最低一皮贴面砌块粘结时，压入砂浆内；排水孔宜用直径小于 6mm 的涂油塑料软管或直径为 6mm 的涂油麻绳，等到二次勾缝时将其取出。

（2）顺墙面沿竖直方向每隔两皮（400mm）设一排直径为 $d=6mm$ 的拉接筋，拉接筋采用后植筋的方式插入钢筋混凝土剪力墙的外墙外侧，后植筋的插入深度应不小于 $15d$（d 为植筋的直径），孔径为 $4+d$，拉接筋呈梅花形排布。

（3）在钢筋混凝土外墙面上钻孔，钻孔后用气泵吹干净孔内的粉尘，并采用刷子刷、吹、刷反复三次。孔深不得小于 100mm。

（4）拉接筋宜作防锈处理，拉接筋的植筋必须按植筋的相关要求去做，保证孔内的植筋胶足够多，插筋时应沿同一方向旋转插入，插到规定长度时，将多余的植筋胶去掉，决不能再振动，在养护规定时间后，经检查植筋合格，方可进行下道施工工序。

（5）将聚合物粘结砂浆条铺在贴面砌块有井字形的面上，然后粘贴在钢筋混凝土剪力墙外表面，条粘的面积为 2/3，按照排块位置粘贴牢固。粘结时需要满足：保温板在竖直方向凸出混凝土保护层和装饰面层大约 10mm，在水平方向凸出混凝土保护层和装饰面层大约 5mm；若干个保温板形成一个完整的保温墙体，完全杜绝了冷桥；条粘的砂浆厚度为 5mm 左右，条粘的砂浆使得保温板与钢筋混凝土剪力墙之间形成了若干个小型透气排湿通道，下部与导水孔相连通，保证排湿通风良好。

第十五章 混凝土复合保温填充砌块及装饰保温贴面砌块在建筑中的应用

1. 混凝土复合保温填充砌块在学校建筑中如何应用？

山东省烟台市栖霞臧家庄学校，占地面积 99381m²，设计规模为中学 40 个班，2000 人，小学 18 个班，810 人；规划新建校舍 2.3 万 m²，投资为 3231 万元。建筑结构为钢筋混凝土框架构造，建筑工程项目包括：中学男、女生宿舍楼、中学综合楼、教学楼、食堂餐厅楼、小学综合楼、教学楼、小学宿舍楼及附属设施等。外围护墙体采用烟台乾润泰新型建材有限公司研发、生产的后模塑发泡成型聚苯夹芯复合保温填充砌块，达到建筑节能 65% 的标准；内隔墙采用加气混凝土砌块。建筑结构抗震按 7 度设防考虑，钢筋混凝土梁和柱与后模塑发泡成型聚苯夹芯复合保温填充砌块墙体，采用脱开的连接方式，为了满足抗震要求，混凝土框架柱和混凝土框架梁与后模塑发泡成型聚苯夹芯复合保温填充砌块外围护墙体实行软连接，在混凝土复合保温填充砌块墙体的中部，设一个水平系梁，在门窗洞口处采用钢筋混凝土芯柱，使其与上下圈梁或楼板相连接，达到外围护墙体出平面的稳定性。在外围护墙体长度超过 6m 且无门窗洞口时，在墙体的中部设一个钢筋混凝土构造柱或者增加钢筋混凝土芯柱，保证外围护墙体在地震时护墙体出平面的稳定性。外围护墙体采用专用的水泥混合砂浆，在砌筑时保证灰缝的饱满度在 95% 以上，在砌筑 28d 后开始抹灰，抹灰前需要对外墙锚固外保温用的钢丝网进行增强，以防止墙体出现开裂，框架梁和框架柱的外侧，采用 40mm 厚的泡沫混凝土进行保温处理。施工情况如图 15-1 ~ 图 15-7 所示。

图 15-1 框架结构外围护保温砌块墙体外表面

图 15-2　框架结构外围护保温砌块墙体窗洞口

图 15-3　正在施工的框架结构教学楼

图 15-4　已完成的教学楼

图 15-5　已经完工的教学楼

图 15-6　已完工的综合楼

图 15-7　已完工的餐厅

2. 混凝土复合保温填充砌块如何在商业建筑中应用？

（1）山东省烟台市栖霞市国际广场项目，建筑面积 20 万 m^2，建筑结构为钢筋混凝土框架构造，建筑工程项目包括：银座超市、银座百货、家居建材市场、数码家电城、美食城、休闲步行街、婚纱摄影一条街、酒店式公寓等。栖霞国际广场是特大型吃、喝、玩、乐、住一站式购物。

该广场建筑物的外围护墙体采用烟台乾润泰新型建材有限公司研发、生产的后模塑发泡成型聚苯夹芯复合保温填充砌块，达到建筑节能 65% 的标准；内隔墙采用加气混凝土砌块。建筑结构抗震按 7 度设防考虑，钢筋混凝土梁和柱与后模塑发泡成型聚苯夹芯复合保温填充砌块墙体，采用脱开的连接方式，为了满足抗震要求，混凝土框架柱和混凝土框架梁与后模塑发泡成型聚苯夹芯复合保温填充砌块外围护墙体实行软连接，在混凝土复合保温填充砌块墙体的中部，设一个水平系梁，在门窗洞口处采用钢筋混凝土芯柱，使其与上下圈梁或楼板相连接，达到外围护墙体出平面的稳定性。在外围护墙体长度超过 6m 且无门窗洞口时，在墙体的中部设一个钢筋混凝土构造柱或者增加钢筋混凝土芯柱，保证外围护墙体在地震时外围护墙体出平面的稳定性。外围护墙体采用专用的水泥混合砂浆，在砌筑时保证灰缝的饱满度在 95% 以上，在砌筑 28d 后开始抹灰，抹灰前需要对外墙钉外保温用的钢丝网进行增强，以防止墙体出现开裂，框架梁和框架柱的外侧，采用 40mm 厚的泡沫混凝土进行保温处理。施工情况如图 15-8 ~ 图 15-10 所示。

（2）山东省烟台市栖霞凤彩山生活广场项目，建筑面积 26 万 m^2，建筑结构为钢筋混凝土框架构造。栖霞凤彩山生活广场是特大型"吃、住、玩、游、乐、购"一站式庄园文化商业综合体。

图 15-8　山东省烟台市栖霞国际广场（一）

图 15-9　山东省烟台市栖霞国际广场（二）

图 15-10　山东省烟台市栖霞国际广场（三）

该庄园式生活广场建筑物的外围护墙体采用烟台乾润泰新型建材有限公司研发、生产的后模塑发泡成型聚苯夹芯复合保温填充砌块，达到建筑节能65%的标准；内隔墙采用加气混凝土砌块。建筑结构抗震按7度设防考虑，钢筋混凝土梁和柱与后模塑发泡成型聚苯夹芯复合保温填充砌块墙体，采用脱开的连接方式，为了满足抗震要求，混凝土框架柱和混凝土框架梁与后模塑发泡成型聚苯夹芯复合保温填充砌块外围护墙体实行软连接，在混凝土复合保温填充砌块墙体的中部，设一个水平系梁，在门窗洞口处采用钢筋混凝土芯柱，使其与上下圈梁或楼板相连接，达到外围护墙体出平面的稳定性。在外围护墙体长度超过6米且无门窗洞口时，在墙体的中部设一个钢筋混凝土构造柱或者增加钢筋混凝土芯柱，保证外围护墙体在地震时外围护墙体出平面的稳定性。外围护墙体采用专用的水泥混合砂浆，在砌筑时保证灰缝的饱满度在95%以上，在砌筑28d后开始抹灰，抹灰前需要对外墙钉外保温用的钢丝网进行增强，以防止墙体出现开裂，框架梁和框架柱的外侧，采用40mm厚的泡沫混凝土进行保温处理。施工现场如图15-11，图15-12所示。

图15-11 山东省烟台市栖霞凤彩山生活广场（一）

图15-12 山东省烟台市栖霞凤彩山生活广场（二）

3. 混凝土复合保温填充砌块如何在住宅建筑中应用?

山东省烟台市莱山区万光山海城居民住宅小区项目,建筑面积 80 万 m²,建筑结构为钢筋混凝土框架构造和钢筋混凝土剪力墙结构,建筑工程项目包括:多层和高层住宅,商业超市、医院等设施。

该小区建筑物的外围护墙体采用烟台乾润泰新型建材有限公司研发、生产的后模塑发泡成型聚苯夹芯复合保温填充砌块,达到建筑节能 75% 的标准;内隔墙采用加气混凝土砌块。建筑结构抗震按 7 度设防考虑,钢筋混凝土梁和柱与后模塑发泡成型聚苯夹芯复合保温填充砌块墙体,采用脱开的连接方式,为了满足抗震要求,混凝土框架柱和混凝土框架梁与后模塑发泡成型聚苯夹芯复合保温填充砌块外围护墙体实行软连接,在混凝土复合保温填充砌块墙体的中部,设一个水平系梁,在门窗洞口处采用钢筋混凝土芯柱,使其与上下圈梁或楼板相连接,达到外围护墙体出平面的稳定性。在外围护墙体长度超过 6m 且无门窗洞口时,在墙体的中部设一个钢筋混凝土构造柱或者增加钢筋混凝土芯柱,保证外围护墙体在地震时外围护墙体出平面的稳定性。外围护墙体采用专用的水泥混合砂浆,在砌筑时保证灰缝的饱满度在 95% 以上,在砌筑 28d 后开始抹灰,抹灰前需要对外墙钉外保温用的钢丝网进行增强,以防止墙体出现开裂,框架梁和框架柱(钢筋混凝土剪力墙)的外侧,采用 40mm 厚的泡沫混凝土进行保温处理。施工现场如图 15-13 ~ 图 15-14 所示。

图 15-13　山东省烟台市万光山海城居民住宅小区项目(一)

图 15-14　山东省烟台市万光山海城居民住宅小区项目（二）

4. 混凝土装饰保温贴面砌块如何在住宅建筑中应用？

黑龙江省大庆市让胡路区的丽水华城水明园住宅小区，12 栋钢筋混凝土剪力墙小高层居民住宅建筑，采用了大庆市广龙公司生产的无装饰面层的混凝土贴面砌块，2009 年施工。总建筑面积 18 万 m²。建筑节能标准为节能 50%，采用 50mm 厚度的挤塑板（XPS），混凝土面层厚度为 30mm。1~2 层在复合保温贴面砌块的面层上粘贴文化石，三层至顶层粘贴不同颜色的装饰瓷砖。经过五年的技术跟踪，未发现因冷桥产生的室内结露和长霉、外贴装饰瓷砖脱落、一层的阳角碰坏及墙体开裂的问题，广大的住户对此外保温方式反映较好，保温材料与建筑物同寿命，减少了使用者对保温材料的更换与维修的经济负担。项目现状如图 15-15，图 15-17 所示

图 15-15　黑龙江省大庆市让胡路丽水华城水明园居民住宅小区项目（一）

图 15-16 黑龙江省大庆市让胡路丽水华城水明园居民住宅小区项目（二）

图 15-17 黑龙江省大庆市让胡路丽水华城水明园居民住宅小区项目（三）

5. Z 形混凝土复合保温层砌块建筑构造体系推广应用如何？

哈尔滨天硕建材工业公司研发的以 Z 形复合保温砌块为主的框架类建筑自保温一体化墙体技术系统，已在东北的沈阳、鞍山、牡丹江、瓦房店、哈尔滨，山东省的济南、平阴，四川省的重庆、成都等地区推广应用，既有公共建筑，也有居民住宅建筑，既有多层建筑，也有小高层乃至高层建筑。累计推广使用的建筑面积超过 100 多万 m^2。实现保温材料与建筑物同寿命，且不发生火灾。项目现状如图 15-18 ～ 图 15-20 所示。

图 15-18 鞍山某居民住宅小区 Z 形混凝土复合保温填充砌块多层框架建筑

图 15-19 济南某居民住宅小区应用 Z 形混凝土复合保温填充砌块框架高层建筑

图 15-20　哈尔滨某皮革城应用 Z 形混凝土复合保温填充砌块多层公用建筑

6. TS 轻集料混凝土自保温填充砌块建筑构造体系应用如何?

TS 轻集料混凝土复合自保温填充砌块建筑构造体系，是大庆市天晟建筑材料厂研发的一种新型节能与保温一体化的建筑构造系统，是由墙体保温砌块的 TS 系列块型、框架梁和框架柱保温用 TS 外砌自保温砌块系列块型、建筑外墙砌体用的 TS 砌筑保温砂浆、TS 外墙外抹灰保温砂浆和 TS 外墙内抹灰保温砂浆、施工方法及节点等构成。该种新型建筑节能与结构一体化的建筑构造体系，具有节能与结构一体化，保温材料与建筑物同寿命，保温与防火为一体显著特点，具有技术先进性和广泛的实用性，不仅适用于我国的北方严寒地区建筑保温，更实用与我国的南方建筑隔热。

在我国的黑龙江省大庆市，该种建筑构造体系应用在低层、多层和高层的框架结构的建筑中，从实际的使用效果和墙体的保温节能运行效率来看，是一种新型的、实用的、具有推广价值的建筑构造体系。目前在大庆应用此建筑体系的建筑物面积超过了 200 万 m^2。如大庆市阳光嘉城 IV 期高档住宅小区，建筑面积为 20 万 m^2，采用大庆市天晟建筑材料厂的 TS 轻集料混凝土复合自保温砌块建筑构造体系的系列产品，如图 15-21，图 15-22。

图 15-21　大庆市阳光嘉城 IV 期高档住宅小区建筑工程

图 15-22　大庆市阳光嘉城 I 期高档住宅小区的高层建筑

附录 检验报告

附录1 装饰外贴砌块墙体传热系数检验报告

国家建筑工程质量监督检验中心检验报告
TEST REPORT OF NATIONAL CENTER FOR QUALITY
SUPERVISION AND TEST OF BUILDING ENGINEERING

报告编号（No. of Report）：BETC—JN1—2011—7　　　　　共 2 页　第 1 页（Page1 of 2 ）

委托单位（Client）		齐齐哈尔中齐建材公司		
地址（ADD）		齐齐哈尔市铁锋区曙光大街60号	电话（Tel）	15933783868
样品 （Sample）	名称（Name）	装饰保温外贴砌块	状 态 （State）	正常
	商标（Brand）	———	规格型号 （Type/Model）	砌块规格： 390mm×110mm×190mm XPS板抹5mm水泥砂浆。 （砌块构造见附页）
生产单位（Manufacturer）		齐齐哈尔中齐建材公司		
送样/抽样日期（Date of delivery/ Sampling）		2011.01.13	地点 （Place）	节能试验室
工程名称 （Name of engineering）		———		
检验 （Test）	项 目 （Item）	砌体热阻；传热系数	数 量 （Quantity）	1组
	地 点 （Place）	节能试验室	日 期 （Date）	2011.01.17～01.18
	依 据 （ Reference documents）	GB/T 13475—2008　绝热 稳态传热性质的测定 标定和防护热箱法		
	设 备 （Equipment）	JW-1型墙体保温性能检测装置		
检验结论（Conclusion）				
		砌体热阻 R=2.3m²·K/W 传热系数 K=0.41W/（m²·K） （本栏以下无正文）		
备注(Remarks)：		热室空气温度23.8℃，冷室空气温度-11.2℃。		
批准（Approval）	审核（Verification）	主检（Chief tester）	联系电话(Tel)	报告日期(Date)
周辉	钱美丽	小立新	010-88386983 010-88386985	2011.01.20

256

国家建筑工程质量监督检验中心检验报告

TEST REPORT OF NATIONAL CENTER FOR QUALITY
SUPERVISION AND TEST OF BUILDING ENGINEERING

报告编号（No. of Report）：BETC—JN1—2011—7(附页)　共 2 页　第 2 页(Page 2 of 2)

装饰保温外贴砌块构造图

附录2 复合保温砌块抗拉强度检验报告

2007000586E

国家建筑材料测试中心
(National Research Center of Testing Techniques for Building Materials)

检 验 报 告
(Test Report)

中心编号：20101C00668   第1页 共2页

样品名称	复合保温砌块	检验类别	委托检验
委托单位	中齐建材开发公司	商　　标	————
生产单位	中齐建材开发公司	样品描述	————
来样日期	2010年4月27日	来样编号	————
生产日期	————	生产批号	————
型号规格	390×300×190（mm）	样品数量	3块
检验依据	参照GB 50367-2006 混凝土结构加固设计规范（附录F）		
检验项目	抗拉强度		
检验结论	送检产品所检项目检测结果见第2页。 签发日期：2010年05月24日 (测试检验章)		
附注：			

批　准：　　　　　审　核：　　　　　主　检：

检验单位地址：北京市朝阳区管庄中国建材院南楼　　电话：65728538　　邮编：100024

国家建筑材料测试中心
(National Research Center of Testing Techniques for Building Materials)

检 验 报 告
（Test Report）

中心编号： 20101C00668

第 2 页 共 2 页

序号	检验项目	检验值
1.	抗拉强度	0.07MPa
2.	（以下空白）	
3.		
4.		
5.		
6.		
7.		
8.		
备注：		

审 核：　　　　　　　　　　　　主 检：

检验单位地址：北京市朝阳区管庄中国建材院南楼　　电话：65728538　　邮编：100024

259

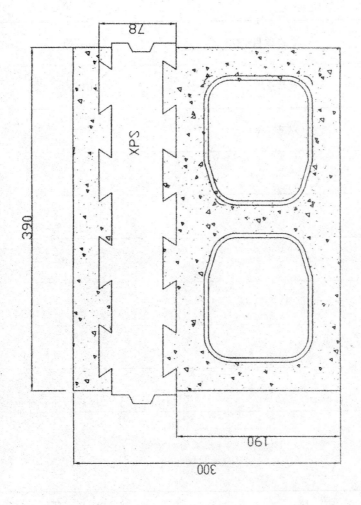

附录3　夹芯复合保温砌块墙体传热系数检验报告

国家建筑工程质量监督检验中心检验报告
TEST REPORT OF NATIONAL CENTER FOR QUALITY
SUPERVISION AND TEST OF BUILDING ENGINEERING

报告编号（No. of Report）：BETC—JN1—2010—129　　　共 2 页　第 1 页（Page1 of 2 ）

委托单位（Client）		中齐建材开发公司		
地址（ADD）		齐齐哈尔市铁锋区曙光大街60号	电话（Tel）	13933969918
样品 （Sample）	名称（Name）	夹芯复合保温砌块	状 态 （State）	正常
	商标（Brand）	——	规格型号 （Type/ Model）	砌块规格： 390mm×300mm×190mm 砌体厚度300mm，内外表面各抹 10mm 厚水泥砂浆。 （砌块构造见附页）
生产单位（Manufacturer）		中齐建材开发公司		
送样/抽样日期（Date of delivery/ Sampling）		2010.04.27	地 点 （Place）	试验室
工程名称 （Name of engineering）		——		
检验 （Test）	项 目 （Item）	砌体热阻；传热系数	数 量 （Quantity）	1组
	地 点 （Place）	试验室	日 期 （Date）	2010.05.11～05.13
	依 据 （Reference documents）	GB/T 13475—2008　绝热 稳态传热性质的测定 标定和防护热箱法		
	设 备 （Equipment）	JW-1 型墙体保温性能检测装置		
检验结论（Conclusion）				
		砌体热阻 R=2.33m²·K/W 传热系数 K=0.40W/（m²·K） （本栏以下无正文）		
备注(Remarks)：		热室空气温度 22.7℃，冷室空气温度-9.0℃。		

批准（Approval）	审核（Verification）	主检（Chief tester）	联系电话(Tel)	报告日期（Date）
			010-88386983 010-88386985	2010. 05.13

国 家 建 筑 工 程 质 量 监 督 检 验 中 心 检 验 报 告
TEST REPORT OF NATIONAL CENTER FOR QUALITY
SUPERVISION AND TEST OF BUILDING ENGINEERING

报告编号 (No. of Report): BETC—JN1—2010—129(附页)　　共 2 页　第 2 页(Page 2 of 2)

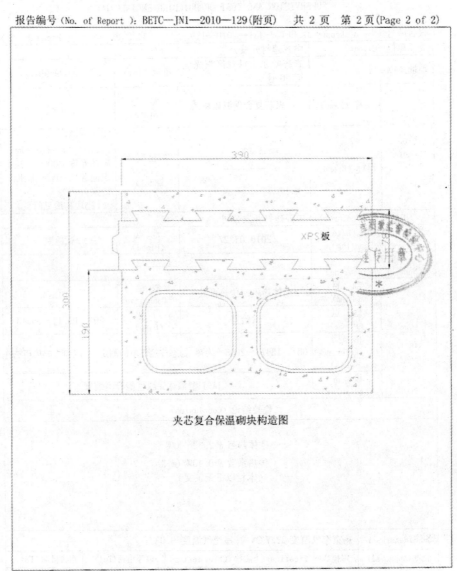

夹芯复合保温砌块构造图

附录4　混凝土插筋抗拉承载力检验报告

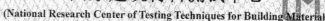

国家建筑材料测试中心
(National Research Center of Testing Techniques for Building Materials)

检验报告
（Test Report）

2010000586E

中心编号：20111C00085　　　　　　　　　　　　　第1页 共2页

样品名称	混凝土插筋	检验类别	委托检验
委托单位	齐齐哈尔市中齐建材公司	商　标	———
生产单位	齐齐哈尔市中齐建材公司	样品状态	样品完好
来样日期	2011 年 01 月 13 日	来样编号	———
生产日期	———	生产批号	———
型号规格	———	样品数量	3 根
检验依据	JGJ 145－2004《混凝土结构后锚固技术规程》		
检验项目	抗拉承载力（钢筋规格：Φ6mm 圆钢）		
检验结论	*经检验，依据 JGJ 145－2004《混凝土结构后锚固技术规程》，检验结果见第 2 页。* 　　　　　　　　　　　　　签发日期：2011 年 04 月 11 日 　　　　　　　　　　　　　（检验专用章）		
附注：（此处空白）			

批　准：　　　　　审　核：　　　　编　制：

检验单位地址：北京市朝阳区管庄中国建材院南楼　　电话：65728538　　邮编：100024

中国建筑材料检验认证中心
China Building Materials Test & Certification Center

国家建筑材料测试中心
(National Research Center of Testing Techniques for Building Materials)
检 验 报 告
（Test Report）

中心编号：20111C00085　　　　　　　　　　　　　第 2 页 共 2 页

序号	检验项目	试样规格	安装尺寸	钢筋屈服值	检验结果
1	抗拉承载力	Φ6mm 圆钢	钻孔直径：10mm 埋设深度：70mm	6.6kN	10.7kN 钢筋滑移
					11.2kN 钢筋滑移
					10.4kN 钢筋滑移

（以下空白）

备注：（此处空白）

检验单位地址：北京市朝阳区管庄中国建材院南楼　　电话：65728538　　邮编：100024

ctc 中国建筑材料检验认证中心
China Building Material Test & Certification Center

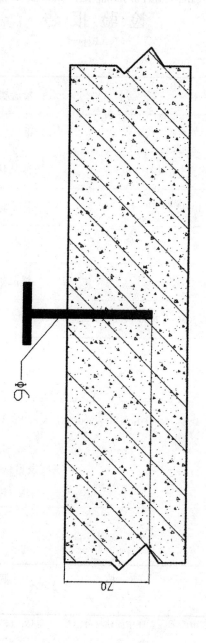

附录5 外贴保温砌块正拉粘结强度检验报告

国家建筑材料测试中心

(National Research Center of Testing Techniques for Building Materials)

检 验 报 告

（Test Report）

2010000586E

中心编号：20111C00086

第 1 页 共 2 页

样品名称	外贴保温砌块	检验类别	委托检验
委托单位	齐齐哈尔市中齐建材公司	商 标	——
生产单位	齐齐哈尔市中齐建材公司	样品状态	样品完好
来样日期	2011 年 01 月 13 日	来样编号	——
生产日期	——	生产批号	——
型号规格	390×115×190（mm）	样品数量	3 块
检验依据	参照 GB 50367－2006《混凝土结构加固设计规范》（附录 F）		
检验项目	正拉粘结强度		
检验结论	*经检验，参照 GB 50367－2006《混凝土结构加固设计规范》（附录 F），检验结果见第 2 页。* 签发日期：2011 年 04 月 11 日 （检验专用章）		
附注：（此处空白）			

批 准：　　　　　审 核：　　　　　编 制：

检验单位地址：北京市朝阳区管庄中国建材院南楼　　电话：65728538　　邮编：100024

中国建筑材料检验认证中心
China Building Material Test & Certification Centre

国家建筑材料测试中心
(National Research Center of Testing Techniques for Building Materials)
检 验 报 告
（Test Report）

中心编号：　20111C00086　　　　　　　　　　第 2 页 共 2 页

序号	检验项目	检验结果	检验依据
1	正拉粘结强度	0.11MPa	参照 GB 50367－2006（附录 F）

（以下空白）

备注：（此处空白）

检验单位地址：北京市朝阳区管庄中国建材院南楼　　电话：65728538　　邮编：100024

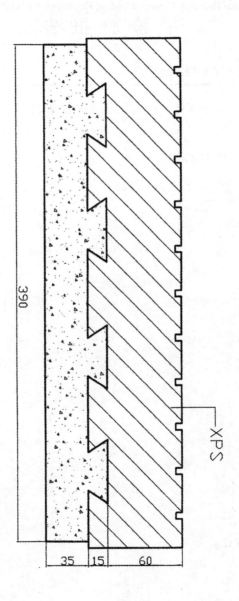

附录6　外贴保温砌块正拉粘结强度检验报告

国家建筑材料测试中心

(National Research Center of Testing Techniques for Building Materials)

检 验 报 告

（Test Report）

2010000586E

中心编号：　20111C00084

第 1 页 共 2 页

样品名称	外贴保温砌块	检验类别	委托检验
委托单位	齐齐哈尔市中齐建材公司	商　标	——
生产单位	齐齐哈尔市中齐建材公司	样品状态	样品完好
来样日期	2011 年 01 月 13 日	来样编号	——
生产日期	——	生产批号	——
型号规格	390×115×190（mm）	样品数量	3 块
检验依据	参照 GB 50367－2006《混凝土结构加固设计规范》（附录F）		
检验项目	正拉粘结强度		
检验结论	*经检验，参照 GB 50367－2006《混凝土结构加固设计规范》（附录F），检验结果见第 2 页。* 签发日期：2011 年 04 月 11 日 （检验专用章）		
附注：（此处空白）			

批　准：　　　　审　核：　　　　编　制：

检验单位地址：北京市朝阳区管庄中国建材院南楼　　电话：65728538　　邮编：100024

中国建筑材料检验认证中心
China Building Materials Test & Certification Centre

269

国家建筑材料测试中心
(National Research Center of Testing Techniques for Building Materials)
检 验 报 告
(Test Report)

中心编号：20111C00084　　　　　　　　　　第 2 页 共 2 页

序号	检验项目	检验结果	检验依据
1	正拉粘结强度	0.14MPa	参照 GB 50367 - 2006 （附录 F）

（以下空白）

备注：（此处空白）

检验单位地址：北京市朝阳区管庄中国建材院南楼　　电话：65728538　　邮编：100024

中国建筑材料检验认证中心
China Building Material Test & Certification Center

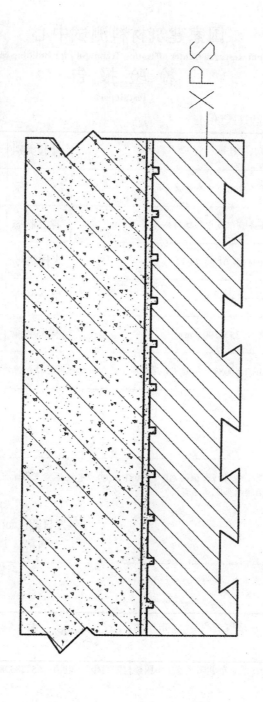

附录 7　混凝土外贴块抗折强度检验报告

国家建筑材料测试中心
(National Research Center of Testing Techniques for Building Materials)

检验报告
(Test Report)

中心编号：__20111C00144__

第 1 页 共 2 页

样品名称	混凝土外贴块	检验类别	委托检验
委托单位	齐齐哈尔市中齐建材公司	商　标	——
生产单位	齐齐哈尔市中齐建材公司	样品状态	样品完好
来样日期	2011 年 01 月 24 日	来样编号	——
生产日期	——	生产批号	——
型号规格	390×35×190（mm）	样品数量	5 块
检验依据	GB/T 50081-2002《普通混凝土力学性能试验方法标准》		
检验项目	抗折强度		
检验结论	*经检验，依据 GB/T 50081-2002《普通混凝土力学性能试验方法标准》，检验结果见第 2 页。*　　　　　　　　签发日期：2011 年 04 月 11 日　　　　　　（检验专用章）		
附注：（此处空白）			

批　准：　　　　审　核：　　　　编　制：

检验单位地址：北京市朝阳区管庄中国建材院南楼　　电话：65728538　　邮编：100024

国家建筑材料测试中心

(National Research Center of Testing Techniques for Building Materials)

检 验 报 告

(Test Report)

中心编号： <u>20111C00144</u>　　　　　　　　　　　　第 2 页 共 2 页

序号	检验项目	检验结果	检验依据
1	抗折强度	3.93MPa	GB/T 50081－2002

（以下空白）

备注：（此处空白）

检验单位地址：北京市朝阳区管庄中国建材院南楼　　电话：65728538　　邮编：100024

附录8　后模塑发泡成型聚苯夹芯复合保温砌块检测报告

山东省建筑工程质量监督检验测试中心检测报告

Shandong Provincial Center for Quality Supervision and Test Of Building Engineering Test Report

2013150148R
鲁建备字第01002号

QS/C07-041

共3页第1页（Page1 of 3）

委托单位 Client	山东省墙体革新与建筑节能办公室	报告编号 NO. of report	QTJ13040753
样品名称 Sample description	QRT混凝土夹心复合自保温砌块	试验编号 NO. of test	4-847
生产单位 Manufacturer	烟台乾润泰新型建材有限公司	规格型号 Type/Model	390 mm×240 mm× 190 mm
检测类别 Test type	委托检测	样品状态 Sample state	灰色块体无缺棱掉角
检测性质 Test property	省认定抽检	注册商标 Brand	/
抽样地点 Sampling place	厂内成品区	抽样人 Sampler	孙鲁军 刘绍华
抽样基数 Sampling base	1500m³	抽样日期 Sampling date	2013.04.26
抽样数量 Quantity of sample	36块	生产日期 Date of produce	/
检测地点 Test place	墙材试验室	委托日期 Date of entrustment	2013.04.28
检测设备 Test equipments	台秤、电热鼓风干燥箱、压力机、碳化仪、冷冻箱、干燥收缩仪	检测日期 Date of test	2013.04.29～ 2013.06.14
检测依据 Reference documents	GB/T 4111-1997《混凝土小型空心砌块试验方法》 GB 6566-2010《建筑材料放射性核素限量》 GB/T 13475-2008《绝热 稳态传热性质的测定 标定和防护热箱法》		
检测项目 Test item	密度等级、强度等级、含水率、质量吸水率、干燥收缩值、碳化系数、软化系数、抗冻性、放射性、热阻		
该产品依据相关标准检测，所检结果均为实测值。 检测数据详见附页。 以下空白 检测结论 Conclusion			

检测单位（盖章）
签发日期：2013年08月20日

批准(Approval):　　　　审核(Verification):　　　　主检(Chief tester):

山东省建筑工程质量监督检验测试中心检测报告
Shandong Provincial Center for Quality Supervision and Test
0f Building Engineering Test Report

QS/C07-041
（附页）

样品名称 Sample description	QRT 混凝土夹心复合自保温砌块		报告编号 NO. of report	QTJ13040753
检测依据 Reference documents	GB/T 4111-1997《混凝土小型空心砌块试验方法》 GB 6566-2010《建筑材料放射性核素限量》		试验编号 NO. of test	4-847

检 测 数 据
Data of test

检测项目 Test item	性能指标 Property index	检测结果 Test result	单项结论 Monomial conclusion
密度等级 Density grade	/	879kg/m³	/
强度等级 Strength grade	/	抗压强度平均值：5.4MPa 抗压强度单块最小值：5.2MPa	/
含水率 % Moisture content	/	三组平均值：2.9	/
质量吸水率 % Water absorption rate	/	三组平均值：12.7	/
干燥收缩值 mm/m Dry shrinkage	/	三组平均值：0.42	/
碳化系数 Carbonization	/	0.94	/
软化系数 Softening coeffcient	/	0.94	/
抗冻性 % Cold resistance	/	经 35 次冻融循环后 质量损失：0.3 抗压强度损失：7	/
放射性 Radioactivity	/	内照射指数 I Ra：0.6 外照射指数 I γ：0.8	
以下空白 Blank			
检测说明 Test note		/	

山东省建筑工程质量监督检验测试中心检测报告

Shandong Provincial Center for Quality Supervision and Test
of Building Engineering Test Report

QS/C07-041

(附页)

共3页第3页 (Page 3 of 3)

样品名称 sample description	QRT 混凝土夹心复合自保温砌块		报告编号 NO. of report	QTJ13040753
检测依据 Reference documents	GB/T 13475-2008《绝热 稳态传热性质的测定 标定和防护热箱法》		试验编号 NO. of test	4-753
检 测 数 据 Test data				
检测项目 Test item	性能指标 Property index	检测结果 Test result		结 论 Conclusion
复合墙体热阻 m²·K/W Heat resistance	/	2.218		/

热阻试验复合墙体示意图

QRT 混凝土夹心复合自保温砌块

检测说明 Test note	1. 试验墙由生产单位在实验室现场制作，在自然条件下养护29天后进行试验。 2. 该试验墙体所用砌筑及抹面砂浆均为普通水泥砂浆。 3. 砌块内填充燕尾槽 EPS 泡沫。 4. 自保温砌块面干质量 15.4kg。

参 考 文 献

[1] 苑磊，苑振芳. 论复合保温砌块墙体的设计应用 [J]. 建筑砌块与砌块建筑, 2009 (2).

[2] GB 50574—2010. 墙体材料应用统一技术规范 [S].

[3] GB/T 15229—2011. 轻集料混凝土小型空心砌块 [S].

[4] GB/T 29060—2012. 复合保温砖和复合保温砌块 [S].

[5] GB 50003—2011. 砌体结构设计规范.

[6] JGJ/T 14—2011. 混凝土小型空心砌块建筑技术规程 [S].

[7] JGJ 144—2004. 外墙外保温工程技术规程 [S].

[8] GB 50176—93. 民用建筑热工设计规范 [S].

[9] DGJ32/TJ85—2009. 混凝土复合保温砌块（砖）非承重自保温体系应用技术规程 [S].

[10] DBJ/T 14—079—2011. 非承重砌块自保温体系应用技术规程 [S].

[11] GB/T 17431.1—2010. 轻集料及其试验方法第1部分：轻集料 [S].

[12] GB/T 17431.2—2010. 轻集料及其试验方法第2部分：轻集料试验方法 [S].

[13] JC/T 1062—2007. 泡沫混凝土砌块 [S].

[14] JG/T 266—2011. 泡沫混凝土 [S].

[15] JG 149—2003. 膨胀聚苯板薄抹灰外墙外保温系统 [S].

[16] JC/T 870—2012. 彩色硅酸盐水泥 [S].

[17] GB 175—2007. 通用硅酸盐水泥 [S].

[18] JG/T 158—2013. 胶粉聚苯颗粒外墙外保温系统 [S].

[19] 08BJ2—2. 北京标办，框架填充轻集料砌块建筑构造通用图集华北地区标办 [S].

[20] 10SG614—2. 中国建筑标准设计研究院砌体填充墙构造详图（二）[S].

[21] 02J102—2. 中国建筑标准设计研究院框架结构填充小型空心砌块墙体建筑构造 [S].

[22] 08BJ2—8. 北京标办，混凝土小型空心砌块建筑构造通用图集华北地区标办 [S].

[23] 11BJ2—4. 北京标办，外墙夹芯保温建筑构造通用图集华北地区标办 [S].

[24] 中国建筑标准设计研究院.07SG617. 夹芯保温墙结构构造.

[25] 中国建筑标准设计研究院.07J107. 夹芯保温墙建筑构造.

[26] GB 50011—2010. 建筑抗震设计规范 [S].

[27] GB 50550—2010. 建筑结构加固工程施工质量验收规范 [S].

[28] JGJ 145—2004. 混凝土结构后锚固技术规程 [S].

[29] JGJ 55—2011. 普通混凝土配合比设计规程 [S].

[30] JGJ 51—2002. 轻集料混凝土技术规程 [S].

[31] DB 21/T 1779—2009. 混凝土结构砌体填充墙技术规程 [S].

[32] JG/T 407—2013. 自保温混凝土复合砌块.

[33] 杨善勤. 民用建筑节能设计手册 [M]. 北京：中国建筑工业出版社, 1997.

[34] 金立虎. 一次成型的保温装饰贴面混凝土砌块 [J]. 建筑砌块与砌块建筑, 2011 (6).

[35] 金立虎. 混凝土自保温复合砌块生产与应用技术问答 [M]. 北京：中国建材工业出版社，2010.

[36] 金立虎，秦大春. 一次成型保温装饰防火混凝土外贴砌块构造体系 [A]. 黑龙江省 2013 年新型墙材和节能墙体应用技术研讨会论文集 [C]，2013.4.

[37] 薛正，金立虎. 一次成型无机复合防火保温砌块 [J]. 墙材革新与建筑节能，2012（7）.

[38] 朱传晟，刘传伟等. 一种后模塑发泡成型聚苯夹芯复合保温砌块生产与应用 [S]. 墙材革新与建筑节能，2014（3）.

[39] 高安林，刘传伟，金立虎. 一种后模塑发泡成型聚苯夹芯复合保温砌块工艺技术初探 [J]. 建筑砌块与砌块建筑，2014（2）.

[40] 王武祥，等. 发泡混凝土充填式多功能复合砌块生产技术初探 [J]. 建筑砌块与砌块建筑，2013（2）.

[41] 金立虎. 一种后发泡成型泡沫混凝土夹芯复合保温防火砌块 ZL201320332297.2 [P].

[42] 张晓玲，等. 设计节能墙体应考虑的问题及解决方案 [J]. 墙材革新与建筑节能，2001（4）.

[43] 金立虎. 一次成型保温装饰外贴砌块. ZL201020571840.0. [P].

[44] 霍曼琳，等. 粉煤灰混凝土分体成型插接式复合保温砌块的研制 [J]. 兰州交通大学学报，2012（3）.

[45] 赵学明. 谈复合保温砌块的发展现状 [J]. 山西建筑，2012（3）.

[46] 金立虎. 一次成型保温装饰外贴砌块生产方法. ZL2010568889.5. [P].

[47] 金立虎. 一种装饰保温泡沫混凝土贴面砌块. ZL201320447323.6. [P].

[48] 金立虎. 一种后发泡成型泡沫混凝土夹芯复合保温砌块制造方法. ZL201310232286.1 [P].

[49] 金立虎. 一种外墙外保温贴面砌块建筑构造体系. ZL 201320696053.2. [P].

[50] 金立虎. 一种后发泡成型硬质聚氨酯泡沫塑料夹芯复合保温砌块. ZL: 201420253441.8. [P].

[51] 金立虎. 一种生产一次成型无机复合保温砌块专用模具. ZL201120541386.9. [P].

[52] 孙惠镐，等. 混凝土小型空心砌块建筑施工技术 [J]. 北京：中国建材工业出版社. 2001.

[53] 刘传伟. 一种后模塑发泡聚苯夹芯复合保温砌块. ZL201320114658.6. [P].

[54] 刘传伟. 一种后模塑发泡聚苯夹芯复合保温砌块用拉结件. ZL201320114629.X. [P].

[55] 刘传伟. 一种后模塑发泡聚苯夹芯复合保温砌块专用模具. ZL201320114643.X. [P].

[56] 刘传伟. 一种后模塑发泡聚苯夹芯复合保温砌块成型机，ZL201320124375.X. [P].

[57] 刘传伟. 一种后模塑发泡聚苯夹芯复合保温砌块成型机及实现方法，ZL201310087224.6. [P].

[58] 刘传伟. 一种新型自动上料卸扳机，ZL201420293812.5 [P].

[59] 刘传伟. 一种复合保温砌块专用模转，ZL201420293811.0 [P].

[60] 刘传伟. 一种后模塑发泡聚苯夹芯复合保温砌块成型机. ZL201410244714.7 [P].

[61] 刘传伟. 一种后模塑发泡聚苯夹芯复合保温砌块的生产工艺. ZL201410244715.1 [P].

[62] 刘传伟. 一种夹芯复合自保温砌块. ZL201420293802.1 [P].

[63] 刘传伟. 建筑用外墙体自保温砌块. ZL201430166094.0 [P].

[64] 金立虎. 一次成型保温装饰防火外贴砌块构造体系 [J]. 墙材革新与建筑节能，2012（1）.

[65] 曹启坤. 建筑节能工程材料与施工 [M]. 北京：化学工业出版社，2009，5.

[66] 张兰英，等. 新型复合保温装饰混凝土砌块在新农村建设工程中的应用 [J]. 建筑砌块与砌块建筑，2011（3）.

[67] 黄欣怡，等. 复合保温砖和砌块研发的几点体会 [J]. 建筑砌块与砌块建筑 2011（2）.

[68] JGJ/T 323—2014. 自保温混凝土复合砌块墙体应用技术规程 [S].

[69] 康玉范，等. 框架类建筑自保温一体化墙体技术系统的研究 [J]. 墙材革新与建筑节能，2013（5）.

[70] GB 50016—2014. 建筑设计防火规范 [S].

[71] 13J811—1. 国家建筑标准设计图集 [S].